Java
程序设计基础(第2版)

耿祥义 ◎ 编著

清华大学出版社
北　京

内 容 简 介

Java语言是很优秀的语言,具有面向对象、与平台无关、安全、稳定和多线程等优良特性,特别适用于网络应用程序的设计,已经成为网络时代最重要的编程语言之一。

本书按照基础知识、基础训练、上机实践组织教材的体系结构。基础知识体现最重要和实用的知识,是教师需要重点讲解的内容;基础训练是针对基础知识需要具备的编程能力;上机实践是要求学生独立完成的实践活动。全书共分12章,包含了Java的基本数据类型,语句,类与对象,子类与继承,接口与实现,匿名类,函数接口与Lambda表达式,异常类,常用实用类,输入、输出流,JDBC数据库操作,Java swing图形用户界面,Java多线程机制,Java网络编程和综合实训等内容。

本书适合作为高等职业院校及应用型本科院校相关专业的Java程序设计教材。

本书封面贴有清华大学出版社防伪标签,无标签者不得销售。
版权所有,侵权必究。举报:010-62782989,beiqinquan@tup.tsinghua.edu.cn。

图书在版编目(CIP)数据

Java程序设计基础/耿祥义编著. —2版. —北京:清华大学出版社,2021.8(2024.7重印)
ISBN 978-7-302-54290-2

Ⅰ. ①J… Ⅱ. ①耿… Ⅲ. ①JAVA语言—程序设计 Ⅳ. ①TP312.8

中国版本图书馆CIP数据核字(2019)第271689号

责任编辑:田在儒 聂军来
封面设计:刘 键
责任校对:赵琳爽
责任印制:刘海龙

出版发行:清华大学出版社
  网 址:https://www.tup.com.cn,https://www.wqxuetang.com
  地 址:北京清华大学学研大厦A座 邮 编:100084
  社 总 机:010-83470000 邮 购:010-62786544
  投稿与读者服务:010-62776969,c-service@tup.tsinghua.edu.cn
  质量反馈:010-62772015,zhiliang@tup.tsinghua.edu.cn
  课件下载:https://www.tup.com.cn,010-83470410
印 装 者:三河市天利华印刷装订有限公司
经 销:全国新华书店
开 本:210mm×285mm 印 张:21.75 字 数:666千字
版 次:2012年11月第1版 2021年8月第2版 印 次:2024年7月第2次印刷
定 价:59.00元

产品编号:086546-01

前言
PREFACE

本书按照基础知识、基础训练、上机实践组织教学过程,提供了82个基础知识模块和相应的82个基础训练以及82个上机实践模块;提供了2个综合实践、30个由作者制作或录制的课外读物微课,扫描二维码即可观看学习。

基础知识体现最重要和实用的知识,是教师需要重点讲解的内容;基础训练注重掌握基础知识后应具备的编程能力;上机实践给出了需要学生独立完成的实践活动。全书共分12章,包含了Java的基本数据类型、语句、类与对象、子类与继承、接口与实现、匿名类、函数接口与Lambda表达式、异常类、常用实用类、输入、输出流、JDBC数据库操作、Java swing图形用户界面、Java多线程机制、Java网络编程和综合实训等内容。

第1章基础知识部分介绍了Java语言的来历、地位、重要性和Java的平台无关性,基础训练部分主要训练学生掌握开发Java程序的基本步骤,以便为后续内容的学习奠定基础。第2章和第3章介绍了基本数据类型、Java运算符和控制语句。第4章和第5章是本书的重点内容之一,讲述了类与对象、子类与继承、接口与多态、函数接口与Lambda表达式等内容,基础知识点明确,基础训练重点体现面向抽象和接口的设计思想。第6章讲述常用的实用类,包括字符串、日期、正则表达式及数学计算等,基础训练环节特别体现怎样用所学实用类去解决软件开发中的常见问题。第7章的主要内容是Java的输入、输出流,是Java语言中很丰富和优秀的一部分内容,尽管Java提供了20多种流,但它们的用法、原理却很类似,根据这一特点,本章在基础知识上突出原理,在基础训练上注重任务的实用性,以便激发学生的学习兴趣。第8章的主要内容是Java程序中和数据库相关的有关技术,在任务驱动部分特别注重结合任务训练学生连接数据库的操作能力。第9章主要讲解组件的有关知识,把事件处理难点分散到各个基础训练单元,特别突出某些具体的组件,因为只要真正理解掌握了一种组件事件的处理过程,就会掌握其他组件的事件处理。多线程是Java语言中的一大特点,占有很重要的地位。第10章的基础训练注重使读者掌握多线程中的重要概念,并学习怎样用多线程来解决实际问题。第11章是关于网络编程的知识,针对套接字通俗而准确地设计了合理的基础训练,使学生认识到多线程在网络编程中的重要作用,在上机实践环节结合基础知识给出了一些实用性强的实践活动。第12章由2个综合实训构成,其目的是训练学生运用知识的综合能力、巩固教材所学知识、提高学生的编程能力。

本书适合作为高等院校高职、高专相关专业的Java程序设计教材。

本书代码全部在JDK11环境下编译通过。使用本书进行教学活动的教师可登录清华大学出版社网站http://www.tup.com.cn下载电子讲义、源代码和习题解答。普通读者可扫描下列二维码下载源代码。

本书教学资源

目 录
CONTENTS

第 1 章　初识 Java ··· 1
   1.1　开发环境 ··· 1
   1.2　简单的 Java 程序 ·· 4
   1.3　小结 ··· 9
   1.4　课外读物 ··· 9
   习题 1 ··· 9

第 2 章　基本数据类型与数组 ··· 12
   2.1　整数类型 ·· 12
   2.2　字符类型 ·· 15
   2.3　浮点类型 ·· 17
   2.4　逻辑类型 ·· 20
   2.5　类型转换运算 ·· 21
   2.6　输入、输出数据 ··· 24
   2.7　数组 ··· 27
   2.8　小结 ··· 31
   2.9　课外读物 ·· 31
   习题 2 ·· 31

第 3 章　运算符、表达式和语句 ·· 35
   3.1　运算符与表达式 ··· 35
   3.2　分支语句 ·· 39
   3.3　循环语句 ·· 43
   3.4　小结 ··· 46
   3.5　课外读物 ·· 46
   习题 3 ·· 46

第 4 章　类与对象 ·· 50
   4.1　数据和算法的封装 ·· 50
   4.2　类的结构 ·· 54
   4.3　构造方法与对象的创建 ·· 59
   4.4　Java 程序的结构 ··· 63

4.5 对象的引用和实体 ……………………………………………………………… 65
4.6 对象的组合 …………………………………………………………………… 68
4.7 实例成员与类成员 …………………………………………………………… 71
4.8 this 关键字 …………………………………………………………………… 75
4.9 方法重载 ……………………………………………………………………… 78
4.10 包语句 ……………………………………………………………………… 81
4.11 import 语句 ………………………………………………………………… 84
4.12 访问权限 …………………………………………………………………… 86
4.13 可变参数与 var 局部变量 ………………………………………………… 89
4.14 小结 ………………………………………………………………………… 91
4.15 课外读物 …………………………………………………………………… 92
习题 4 …………………………………………………………………………… 92

第 5 章 继承与接口 …………………………………………………………………… 99

5.1 子类 …………………………………………………………………………… 99
5.2 成员变量的隐藏和方法重写 ………………………………………………… 102
5.3 super 关键字 ………………………………………………………………… 104
5.4 final 关键字 ………………………………………………………………… 107
5.5 对象的上转型对象 …………………………………………………………… 109
5.6 多态和抽象类 ………………………………………………………………… 112
5.7 接口与实现 …………………………………………………………………… 115
5.8 接口回调 ……………………………………………………………………… 119
5.9 匿名类 ………………………………………………………………………… 122
5.10 函数接口与 Lambda 表达式 ……………………………………………… 125
5.11 异常类 ……………………………………………………………………… 128
5.12 小结 ………………………………………………………………………… 131
5.13 课外读物 …………………………………………………………………… 131
习题 5 …………………………………………………………………………… 131

第 6 章 常用实用类 …………………………………………………………………… 140

6.1 String 对象 …………………………………………………………………… 140
6.2 String 对象与数组 …………………………………………………………… 144
6.3 String 对象与基本数据的相互转化 ………………………………………… 147
6.4 正则表达式 …………………………………………………………………… 150
6.5 分解 String 对象 ……………………………………………………………… 153
6.6 日期与时间 …………………………………………………………………… 155
6.7 数学公式 ……………………………………………………………………… 160
6.8 StringBuffer 对象 …………………………………………………………… 163
6.9 小结 …………………………………………………………………………… 164
6.10 课外读物 …………………………………………………………………… 164
习题 6 …………………………………………………………………………… 165

第 7 章 输入、输出流 ………………………………………………………………… 169

7.1 File 类 ………………………………………………………………………… 169

- 7.2 文件字节输入流 ······ 172
- 7.3 文件字节输出流 ······ 174
- 7.4 文件字符输入、输出流 ······ 177
- 7.5 缓冲流 ······ 179
- 7.6 随机流 ······ 183
- 7.7 数据流 ······ 186
- 7.8 解析文件 ······ 189
- 7.9 小结 ······ 192
- 7.10 课外读物 ······ 192
- 习题 7 ······ 192

第 8 章 JDBC 数据库操作 ······ 195

- 8.1 连接 Access 数据库 ······ 195
- 8.2 查询操作 ······ 198
- 8.3 更新、插入与删除操作 ······ 203
- 8.4 预处理语句 ······ 206
- 8.5 标准化考试 ······ 209
- 8.6 小结 ······ 212
- 8.7 课外读物 ······ 212
- 习题 8 ······ 212

第 9 章 Java Swing 图形用户界面 ······ 213

- 9.1 Java Swing 概述 ······ 213
- 9.2 窗口 ······ 215
- 9.3 菜单条、菜单与菜单项 ······ 218
- 9.4 常用组件 ······ 220
- 9.5 容器与布局 ······ 223
- 9.6 ActionEvent 事件 ······ 226
- 9.7 ItemEvent 事件 ······ 231
- 9.8 FocusEvent 事件 ······ 235
- 9.9 MouseEvent 事件 ······ 237
- 9.10 KeyEvent 事件 ······ 243
- 9.11 Lambda 表达式做监视器 ······ 247
- 9.12 对话框 ······ 249
- 9.13 小结 ······ 255
- 9.14 课外读物 ······ 256
- 习题 9 ······ 256

第 10 章 多线程 ······ 257

- 10.1 Java 中的线程 ······ 257
- 10.2 Thread 类 ······ 261
- 10.3 线程间共享数据 ······ 264
- 10.4 线程的常用方法 ······ 268
- 10.5 线程同步 ······ 271

10.6 协调同步的线程 …… 274
10.7 线程联合 …… 277
10.8 计时器线程 …… 279
10.9 GUI 线程 …… 282
10.10 小结 …… 285
10.11 课外读物 …… 286
习题 10 …… 286

第 11 章 Java 网络编程 …… 292

11.1 URL 类 …… 292
11.2 套接字 …… 295
11.3 使用多线程 …… 300
11.4 UDP 数据报 …… 307
11.5 小结 …… 314
11.6 课外读物 …… 314
习题 11 …… 314

第 12 章 综合实训 …… 315

12.1 限时回答问题 …… 315
12.2 保存计算过程的计算器 …… 319
12.3 课外读物 …… 338

参考文献 …… 339

第1章 初识Java

主要内容

- 开发环境
- 简单的Java程序

在学习Java语言之前,读者应当学习过C语言,并熟悉计算机的一些基础知识。读者学习过Java语言之后,可以继续学习和Java相关的一些重要内容。比如,如果希望编写和数据库相关的软件,可以深入学习Java Database Connectivity(JDBC);如果希望从事Web程序的开发,可以学习Java Server Pages(JSP);如果希望从事手机应用程序设计,可以学习Android;如果希望从事和网络信息交换有关的软件设计,可以学习XML(eXtensible Markup Language);如果希望从事大型网络应用程序开发与设计,可以学习Java EE(Java Platform Enterprise Edition),如图1-1所示。

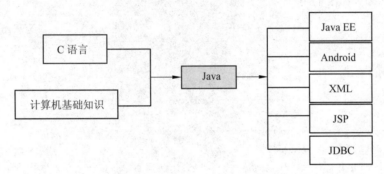

图1-1 Java的先导知识与后继技术

本章通过基础训练(见第1.2节)掌握Java程序开发的基本步骤,掌握这些基本步骤对后续章节的学习是非常重要的。

1.1 开发环境

1.1.1 基础知识

学习任何一门编程语言都需要选择一种针对该语言的开发工具。学习Java最好选用Java SE(Java标准版)提供的Java软件开发工具箱:JDK(Java Development Kit)。Java SE平台是学习掌握Java语言的最佳平台,而掌握Java SE又是进一步学习Java EE和JSP所必需的。

可以登录Oracle官方网址免费下载Java SE提供的JDK:

http://www.oracle.com/technetwork/java/javase/downloads/index.html

本书使用Windows操作系统(64位机器),因此下载的版本为JDK 11(jdk-11.0.2_windows-x64_bin.zip)。如果读者使用其他的操作系统,可以下载相应的JDK。

在出现的下载页面上找到Java SE 11 (LTS,长时间支持的版本)后,单击相应的JDK Download,然后在出现的下载选择列表中选择jdk-11.0.2_windows-x64_bin.zip即可。目前,Oracle要求新用户进行注册后才可以下载JDK。读者可以到作者的网盘下载JDK,地址如下:

https://pan.baidu.com/s/1B995h-3DLbqSiCKtRnuHrw

目前有许多很好的 Java 集成开发环境(Integrated Development Environment,IDE)可用,如 IDEA(IntelliJIDEA)、NetBeans、MyEclipse 等。Java 集成开发环境都将 JDK 作为系统的核心,非常有利于快速地开发各种基于 Java 语言的应用程序。但学习 Java 最好直接选用 Java SE 提供的 JDK,因为 Java 集成开发环境的目的是更好、更快地开发程序,不仅系统的界面往往比较复杂,而且会屏蔽掉一些知识点。在掌握了 Java 语言之后,再去熟悉、掌握一个流行的 Java 集成开发环境即可(推荐 IDEA)。

1.1.2 基础训练

训练的能力目标是安装 JDK、配置环境变量 path。训练的主要内容如下:
- 安装 JDK
- 配置 path

1. 安装 JDK

JDK 11 版本提供的 zip 安装文件,使得安装更加便利。将下载的 jdk-11.0.2_windows-x64_bin.zip 解压到 C:\磁盘,如图 1-2 所示。

将形成如图 1-3 所示的目录结构,其中 C:\jdk-11.0.2 为默认的安装目录,用户可以重命名这个目录,这里使用默认的安装目录 C:\jdk-11.0.2。

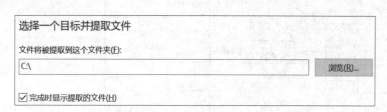

图 1-2　解压缩到 C:\磁盘

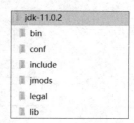

图 1-3　JDK 的安装目录

2. 配置系统环境变量 path

JDK 平台提供的 Java 编译器(javac.exe)和 Java 解释器(java.exe)位于 JDK 根目录的\bin 文件夹中,为了能在任何目录中使用编译器和解释器,应在系统中设置 path。系统变量 path 在安装操作系统后就已经有了,所以不需要再添加 path,只需要为其增加新的值。对于 Windows 10 系统,右击"此电脑"→"计算机",在弹出的快捷菜单中选择"属性"命令,弹出"系统"对话框,再单击该对话框中的"高级系统设置"→"高级选项",然后单击"环境变量"按钮,弹出"环境变量"对话框,在该对话框中的"系统变量"中找到 path,单击"编辑"按钮,弹出"编辑环境变量"对话框(见图 1-4),在该对话框中编辑 path 的值:单击右侧的"新建"按钮,并在左边的列表里为 path 添加新的值:C:\jdk-11.0.2\bin(见图 1-4)。建议将我们新添加的值移动到列表的最上方。如果计算机中安装了多个 JDK 版本,那么默认使用列表中最上方给出的版本。

注:对于 Windows 7,对话框提供编辑的 path 值的都在一个文本行中,因此,要求 path 的两个值之间使用分号进行分隔。

3. 训练小结与拓展

基础训练的核心是学会配置 path,其目的是在 MS-DOS 命令行使用 JDK 平台提供的 Java 编译器(javac.exe)和 Java 解释器(java.exe)。安装 JDK 之后,无论是否设置过 path 的值,都可以在当前 MS-DOS 命令行临时设置 path。如果计算机中有多个 JDK 版本,在 MS-DOS 命令行临时设置 path 的好处是,可以方便地使用计算机中的某个 JDK,比如输入如下命令并回车确认,决定临时使用 JDK 15 版本:

```
path C:\jdk-15.0.1\bin
```

这样临时设置的 path 的值,只对当前 MS-DOS 命令行有效,一旦关闭 MS-DOS 命令行,所给出的设置立刻失效(恢复系统为环境变量 path 设置的值)。因此,如果读者不喜欢设置系统变量 path,就可以在当前

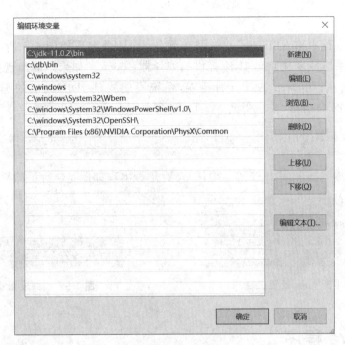

图 1-4　编辑系统环境变量 path 的值

MS-DOS 命令行进行临时设置,示例如下:

```
path C:\jdk-11.0.2bin;%path%
```

其中%path%是 path 已有的全部的值,而 C:\jdk-11.0.2bin 是需要的新值。如果临时设置不包含 path 已有的值,那么当前 MS-DOS 命令行窗口只能使用新值,而 path 曾有的值就无法使用了。

1990 年 Sun 公司成立了由 James Gosling(后来被称为"Java 语言之父")领导的开发小组,开始致力于开发一种可移植的、跨平台的语言,该语言能生成正确运行于各种操作系统及各种 CPU 芯片上的代码。他们的精心研究和努力促成了 Java 语言的诞生。1995 年 5 月 Sun 公司推出的 Java Development Kit 1.0a2 版本,标志着 Java 语言的诞生。美国的著名杂志 *PC Magazine* 将 Java 语言评为 1995 年十大优秀科技产品之一。Java 的快速发展得益于 Internet 和 Web 的出现,Internet 上的各种不同计算机可能使用完全不同的操作系统和 CPU 芯片,但仍希望运行相同的程序,Java 的出现标志着分布式系统的真正诞生。

1.1.3　上机实践

1. 使用命令行

使用 JDK 环境开发 Java 程序,需打开 MS-DOS 命令行(Win10 系统中叫命令提示符),可以单击计算机左下角的"开始"按钮,在"Windows 系统"下找到"命令提示符"选项,单击该选项打开 MS-DOS 命令行或右击计算机左下角的"开始"按钮,找到"运行"选项,单击该选项,在弹出的对话框中输入"cmd"打开 MS-DOS 命令行。对于 Win7 操作系统,可以通过单击"开始"按钮,选择"程序"→"附件"→"MS-DOS",打开 MS-DOS 命令行。

更换逻辑分区(盘符)。如果目前 MS-DOS 命令行显示的不是逻辑分区的根目录,键入"cd\"回车确认。从一个逻辑分区转到另一个逻辑分区,只需在 MS-DOS 键入要转入的逻辑分区的分区名,按回车确认即可。例如,如果目前逻辑盘符是"C:\>",请键入"D:"回车确认,就可使得当前 MS-DOS 命令行的状态是"D:\>"。如果目前显示的逻辑盘符是"D:\>",请输入"C:"回车确认,就可使得当前 MS-DOS 命令行的状态是"C:\>"。

更换目录。进入某个子目录(文件夹)的命令是"cd　目录名";退出某个子目录的命令是"cd.."。例如,从目录 example 退到目录 boy 的命令是"c:\boy>example>cd.."。退到根目录的命令是"cd\"。

2. 检查编译器

在当前 MS-DOS 命令行中输入"javac"并按回车确认,看是否出现如图 1-5 所示的界面。如果出现如图 1-5 所示的界面,表明系统成功找到了 JDK 提供的编译器:javac。如果未能出现如图 1-5 所示的界面,而出现如图 1-6 所示的界面,说明 path 的设置有错误,系统不能找到 JDK 提供的编译器,这时需重新设置 path,并重新打开 MS-DOS 命令行,或在当前 MS-DOS 命令行中输入 path 的值:

```
path C:\jdk-11.0.2bin;%path%
```

按回车键确认,然后输入"javac"并按回车确认,查看是否出现如图 1-5 所示的界面。

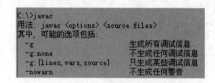

图 1-5　path 设置正确

图 1-6　path 设置错误

1.2　简单的 Java 程序

1.2.1　基础知识

无论 Java 程序的规模大小,要开发一个 Java 程序都需经过如下基本步骤。

(1) 源文件

所谓源文件就是按 Java 语言的语法规则,使用文本编辑器编写的扩展名为.java 的文本文件,如 First.java、Hello.java 等,也就是说,Java 程序的源文件存放在扩展名为.java 的文本文件中。

(2) 编译

Java 提供的编译器(javac.exe)把 Java 源文件编译成称为字节码的一种"中间代码",其扩展名是.class。

(3) 运行

编译器得到的字节码文件由 Java 提供的解释器(java.exe)负责执行。

Java 程序的开发步骤如图 1-7 所示。

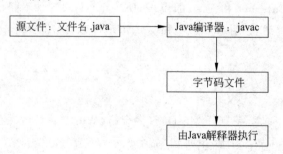

图 1-7　Java 程序的开发过程

1.2.2　基础训练

基础训练的能力目标是掌握开发 Java 程序基本步骤。基础训练的主要内容如下:
(1) 只有一个类的 Java 应用程序;
(2) 有多个类的 Java 应用程序。

1. 只有一个类的 Java 应用程序

编写一个简单程序,该程序输出两行文字:"很高兴学习 Java 语言"和"We are students"。程序的运行效果如图 1-8 所示。

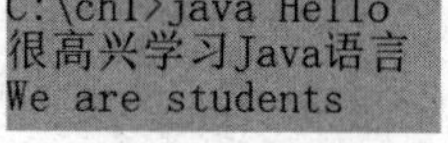

图 1-8　程序运行效果

(1) 源文件 Hello.java

使用一个文本编辑器,如记事本(可以在 Windows 附件中找到记事本 notepad)来编写源文件。不可使用非文本编辑器,如 Word 编辑器。将编写好的源文件保存起来,源文件的扩展名必须是.java。Hello.java 源文件的内容如下:

```
public class Hello {
    public static void main (String args[]) {
        System.out.println("很高兴学习 Java 语言");
        System.out.println("We are students ");
    }
}
```

将编辑的源文件 Hello.java 保存到某个磁盘的目录中,比如保存到 C:\ch1 目录中,并命名为 Hello.java。注意不可写成 hello.java,因为 Java 语言是区分大小写的。

在保存文件时,将"保存类型"选择为"所有文件",将"编码"选择为"ANSI",如图 1-9 所示。如果在保存文件时,系统总是自动在文件名尾加上".txt"(这是不允许的),那么在保存文件时可以将文件名用双引号括起来。

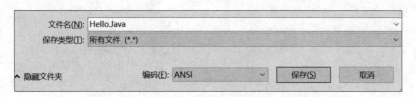

图 1-9 源文件的保存设置

(2) 编译

打开 MS-DOS 命令行,进入逻辑分区 C:的 ch1 目录中,使用编译命令 javac 编译源文件:

```
C:\ch1>javac Hello.java
```

如果编译无错误,MS-DOS 命令行不显示任何出错信息(表明编译成功),如图 1-10 所示(ch1 目录中将产生名字是 Hello.class 的字节码文件)。如果出现错误提示,如图 1-11 所示(提示第 3 行有错误,语句缺少了分号),必须修改源文件中的错误,并保存修改后的源文件,然后再重新编译。

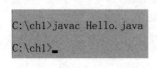

图 1-10 编译无错误　　　　图 1-11 编译有错误

(3) 运行

在 MS-DOS 命令行进入逻辑分区 C:的 ch1 目录中,使用解释器 java 运行 Hello:

```
C:\ch1>java Hello
```

运行结果如前面的图 1-8 所示。注意,运行 Hello.class 时,不可以带扩展名.class。

(4) 应用程序的主类

一个 Java 应用程序必须有一个主类,主类的特点是含有 public static void main(String args[ ])方法,args[ ]是 main 方法的一个参数(以后会学习怎样使用这个参数,args 参数是 String 类型的数组,注意 String 的首写字母是大写字母 S)。Hello.java 源文件中只有主类,没有其他的类。解释器从主类开始运行 Java 应用程序。

(5) 注意事项

Java 源程序中语句所涉及的小括号及标点符号都是英文状态下输入的括号和标点符号,比如"很高兴学习 Java 语言"中的引号必须是英文状态下的引号,而字符串里面的符号不受汉文字符或英文字符的限制。

在编写程序时,应遵守良好的编码习惯,比如一行最好只写一条语句,保持良好的缩进习惯等。使用大括号的习惯有两种,一种是向左的大括号"{"和向右的大括号"}"都独占一行;另一种习惯是向左的大括号"{"在上一行的尾部,向右的大括号"}"独占一行。

如果编译器提示找不到文件"File not Fond",那么请检查源文件是否保存在当前目录中,如 C:\ch1,检查是否将源文件错误地命名为"hello.java"(因为主类的名字是 Hello,Java 语言是区分大小写的)或"Hello.txt"。

2. 有多个类的 Java 应用程序

编写一个简单程序,该程序有两个类:Rect 类和 Example1_2。Rect 类负责计算矩形的面积,主类 Example1_2 负责使用 Rect 类输出矩形的面积。程序的运行结果如图 1-12 所示。

```
C:\ch1>java Example1_2
矩形的面积:2.7285
```

图 1-12　计算矩形面积

(1) 源文件 Rect.java

Rect.java 源文件的内容如下:

```java
public class Rect {                    //Rect 类
    double width;                      //长方形的宽
    double height;                     //长方形的高
    double getArea(){                  //返回长方形的面积
        return width * height;
    }
}
class Example1_2 {                     //主类
    public static void main(String args[]) {
        Rect rectangle;
        rectangle=new Rect();
        rectangle.width=1.819;
        rectangle.height=1.5;
        double area=rectangle.getArea();
        System.out.println("矩形的面积:"+area);
    }
}
```

将编辑的源文件保存到某个磁盘的目录中,比如保存到 C:\ch1 文件夹中,并命名为 Rect.java。注意,不可命名为 Example1_2.java。

(2) 源文件的命名

如果源文件中有多个类,那么最多只能有一个类是 public 类;如果有一个类是 public 类,那么源文件的名字必须与这个类的名字完全相同,扩展名是.java;如果源文件没有 public 类,那么源文件的名字只要和某个类的名字相同,并且扩展名是.java 就可以了(不要求主类一定是 public 类)。源文件中的 Rect 类是 publlic 类,所以必须把源文件命名为 Rect.java,不可以命名为 Example1_2.java。

(3) 编译

在 MS-DOS 命令行进入逻辑分区 C:的 ch1 目录中,使用编译器编译源文件:

```
C:\ch1>javac Rect.java
```

如果编译无错误,ch1 目录中将产生名字是 Rect.class 和 Example1_2.class 的两个字节码文件。

(4) 运行

在 MS-DOS 命令行进入逻辑分区 C:的 ch1 目录中,使用解释器运行主类(运行结果如图 1-12 所示):

```
C:\ch1>java Exmple1_2
```

注：必须运行主类的字节码。Java 程序从主类开始运行。当 Java 应用程序中有多个类时,Java 命令执行的类名必须是主类的名字(没有扩展名)。当使用解释器 java.exe 运行应用程序时,Java 的运行环境将 Rect.class 和 Example1_2.class 加载到内存,然后执行主类的 main 方法来运行程序。

3. 训练小结与拓展

(1) 应用程序的基本结构

Java 语言是面向对象编程,一个 Java 应用程序是由若干个类构成的,即由若干个字节码文件构成,但必须有一个主类(含有 public static void main(String args[ ])方法的类)。Java 应用程序所用的类可以在一个源文件中,也可以分布在若干个源文件中,有关细节将在第 4 章学习。在前面的 Rect.java 中,Java 应用程序所使用的两个类在一个 Rect.java 源文件中。

(2) 字节码的平台无关性

平台的核心是操作系统(OS)和处理器(CPU)。每种平台都会形成自己独特的机器指令,比如,某个平台可能用 8 位序列代码 1000 1111 表示一次加法操作,以 1010 0000 表示一次减法操作,而另一种平台可能用 8 位序列代码 1010 1010 表示一次加法操作,以 1001 0011 表示一次减法操作。程序需要由操作系统和处理器来运行,因此,与平台无关是指程序的运行不因操作系统、处理器的变化导致发生无法运行或出现运行错误的情况。

C/C++ 语言提供的编译器对 C/C++ 源程序进行编译时,将针对当前 C/C++ 源程序所在的特定平台进行编译、连接,然后生成机器指令,即根据当前平台的机器指令生成机器码文件(可执行文件)。这样一来,就无法保证 C/C++ 编译器所产生的可执行文件在所有的平台上都能正确运行,这是因为不同平台可能具有不同的机器指令。

和 C/C++ 语言不同的是,Java 语言提供的编译器不针对特定的操作系统和 CPU 芯片进行编译,而是针对 Java 虚拟机,把 Java 源程序编译为被称作字节码的一种"中间代码",比如,Java 源文件中的"+"被编译成字节码指令 1111 0000。字节码是可以被 Java 虚拟机识别、执行的代码,即 Java 虚拟机负责解释运行字节码,其运行原理是:Java 虚拟机负责将字节码翻译成虚拟机所在平台的机器码,并让当前平台运行该机器码。在一个计算机上编译得到的字节码文件可以复制到任何一个安装了 Java 运行环境的计算机上直接使用。字节码由 Java 虚拟机负责解释运行,即 Java 虚拟机负责将字节码翻译成本地计算机的机器码,并将机器码交给本地的操作系统来运行。

(3) 注释

Java 程序支持两种格式的注释:单行注释和多行注释。单行注释使用"//"表示单行注释的开始,即该行中从"//"开始的后续内容为注释。多行注释使用"/*"表示注释的开始,以"*/"表示注释结束。编译器读取注释内容,但注释内容不参加编译过程。添加注释的目的是方便代码的维护和阅读,因此给代码添加注释是一个良好的编程习惯。

需要特别注意的是,本书中的大部分注释属于教学型注释(语法型注释),不是开发型注释(功能型注释)。

教学型注释示例如下:

```
int radius;        //声明一个 int 型变量
```

开发型注释示例如下:

```
int radius;        //用于存放圆的半径
```

在实际项目开发中,应避免使用教学型注释。

(4) UTF-8

如果保存 Java 源文件时选择的编码是 UTF-8(源文件中使用了 GBK 不支持的字符时),那么使用 javac

编译源文件时必须显式用-encoding 参数,告知编译器使用怎样的编码解析、编译源文件,即-encoding 给出的值必须和源文件的编码相同(不显式地使用-encoding 参数,那么默认该参数的值是 GBK):

```
C:\ch1>javac -encoding utf-8 Hello.java
```

ANSI 编码在不同的系统中代表着不同的编码。在 Windows 简体中文系统下,ANSI 编码代表 GBK 编码,在 Windows 日文系统下,ANSI 编码代表 JIS 编码。GBK 编码共收录了 21003 个汉字,完全兼容 GB 2312,支持国际标准 ISO/IEC 10646.1 和国家标准 GB 13000.1 中的全部中、日、韩文字(如日文的片假名等),并包含了 BIG5 编码中的所有汉字。如果 Java 源文件中使用的字符没有超出 GBK 支持的字符范围,保存源文件时就将编码选择为 ANSI 编码。文件保存到磁盘空间时,如果使用 ANSI 编码,源文件中的汉字占用 2 个字节,ASCII 字符占用 1 个字节,如果使用 UTF-8 编码,源文件中的汉字占用 3 个字节,ASCII 字符占用 1 个字节。

1.2.3 上机实践

(1) 实验模板

请按模板要求将模板中注释的【代码】替换为 Java 程序代码。程序运行结果如图 1-13 所示。

```java
public class MainClass {
    public static void main (String args[ ]) {
        【代码 1】                    //命令行窗口输出:你好,我是主类。
        Tiger tiger = new Tiger();
        Cat tom = new Cat();
        tiger.speak();
        tom.speak();
    }
}
class Tiger {
    void speak() {
        【代码 2】                    //命令行窗口输出"老虎"
    }
}
class Cat {
    void speak() {
        【代码 3】                    //命令行窗口输出"I am Tom"
    }
}
```

```
C:\ch1>java MainClass
你好,我是主类
老虎
I am Tom
```

图 1-13　模板运行结果

(2) 实验模板【代码】参考答案

【代码 1】　`System.out.println("你好,我是主类");`

【代码 2】　`System.out.println("老虎");`

【代码 3】　`System.out.println("I am Tom");`

1.3 小结

(1) Java 语言是面向对象编程，编写的软件与平台无关。Java 语言涉及网络、多线程等重要的基础知识，特别适用于 Internet 应用开发。很多新的技术领域都涉及 Java 语言，学习和掌握 Java 语言已成为相关工作者的共识。

(2) Java 源文件是由若干个书写形式互相独立的类组成。开发一个 Java 程序需经过三个步骤：编写源文件、编译源文件生成字节码、加载运行字节码。

(3) Java 源文件中最多只能有一个类是 public 类。源文件的名字必须与 public 类的名字完全相同，扩展名是.java；如果源文件中没有 public 类，那么源文件的名字只要和某个类的名字相同，并且扩展名是.java 即可。

(4) 一个 Java 应用程序必须有一个主类。Java 程序从主类开始运行，即 Java 命令执行的类名必须是主类的名字（没有扩展名）。

1.4 课外读物

扫描二维码即可观看学习。

习题 1

1. 判断题（题目叙述正确的，在后面的括号中打√，否则打×）

(1) Java 语言的主要贡献者是 James Gosling。　　　　　　　　　　　　　　　　　（　）
(2) Java 源文件中只能有一个类。　　　　　　　　　　　　　　　　　　　　　　（　）
(3) 一个源文件中必须要有 public 类。　　　　　　　　　　　　　　　　　　　　（　）
(4) 源文件中如果有多个类，那么最多有一个类可以是 public 类。　　　　　　　　（　）
(5) Java 应用程序必须要有主类。　　　　　　　　　　　　　　　　　　　　　　（　）
(6) Java 应用程序的主类必须是 public 类。　　　　　　　　　　　　　　　　　　（　）
(7) 下列源文件可保存成 dog.java。　　　　　　　　　　　　　　　　　　　　　（　）

```
public class Dog {
    public void cry() {
        System.out.println("wangwang");
    }
}
```

2. 单选题

(1) 下列是 JDK 提供的编译器的是（　　）。
　　A. java.exe　　　　B. javac.exe　　　　C. javap.exe　　　　D. javaw.exe
(2) 下列是 Java 应用程序主类中正确的 main 方法的是（　　）。
　　A. public void main (String args[ ])　　　B. static void main (String args[ ])
　　C. public static void Main (String args[])　D. public static void main (String args[ ])
(3) 下列叙述是正确的是（　　）。
　　A. Java 源文件由若干个书写形式互相独立的类组成

B. Java 源文件中只能有一个类

C. 如果源文件中有多个类,那么最少有一个类必须是 public 类

D. Java 源文件的扩展名是.txt

(4) 下列源文件叙述正确的是(　　)。

A. 源文件名字必须是 A.java

B. 源文件有错误

C. 源文件必须命名为 E.java,编译无错误。有两个主类：E 和 A。程序可以执行主类 E 也可以执行主类 A

D. 源文件中的 E 类不是主类

```java
public class E {
   public static void main(String []args) {
      System.out.println("ok");
      System.out.println("您好");
   }
}
class A {
   public static void main(String []args) {
      System.out.println("ok");
      System.out.println("您好");
   }
}
```

(5) 下列叙述正确的是(　　)。

A. Java 语言是 2005 年 5 月由 Sun 公司推出的编程语言

B. Java 语言是 1995 年 5 月由 IBM 司推出的编程语言

C. Java 语言的名字源于印度尼西亚一个盛产咖啡的岛名

D. Java 语言的主要贡献者是比尔·盖茨

3. 挑错题(A、B、C、D 注释标注的哪行代码有错误?)

(1)

```java
public class Example1                              //A
{
   public static void main(String args[])          //B
   {
      System.out.println("ok");                    //C
      System.out.println("hello");
      system.out.println("您好");                   //D
   }
}
```

(2)

```java
public class Example2                              //A
{
   public static void main(String args[])          //B
   {
      System.out.println("ok");                    //C
      System.out.println("hello");
```

```
        System.out.println("您好");              //D
    }
}
```

(3)

```
public class Example3                            //A
{
    public static void main(string args[])       //B
    {
        System.out.println("ok");                //C
        System.out.println("hello");
        System.out.println("您好");              //D
    }
}
```

4. 阅读下列 Java 源文件,并回答问题

```
public class Speak {
    void speakHello() {
        System.out.println("I'm glad to meet you");
    }
}
class Xiti4 {
    public static void main(String args[]) {
        Speak sp=new Speak();
        sp.speakHello();
    }
}
```

(1) 上述源文件的名字是什么?
(2) 上述源文件编译后生成几个字节码文件?这些字节码文件的名字都是什么?
(3) 使用 Java 解释器运行哪个字节码文件?
(4) 在命令行执行 Java Speak 得到怎样的错误提示?

第 2 章 基本数据类型与数组

主要内容

- 整型类型
- 字符类型
- 浮点类型
- 逻辑类型
- 输入、输出数据
- 数组

本章将学习 Java 语言中的基本数据类型和数组。Java 语言有 8 种基本数据类型(基本数据类型也称简单数据类型),这 8 种基本数据类型习惯上归类为以下四大类型。

① 逻辑类型:boolean;
② 整数类型:byte、short、int、long;
③ 字符类型:char;
④ 浮点类型:float、double。

2.1 整数类型

2.1.1 基础知识

程序经常需使用整型变量来处理整数,不同类型的整型变量处理整数的能力各不相同,即都有各自的取值范围,应当使用最适合的整型变量来处理整数。例如,需要处理的整数没有超出 short 型的取值范围,就应当使用 short 型变量,而不必使用 int 或 long 型变量。

整型数据分为以下四种。

1. int 型

① 常量:123,6000(十进制),077(八进制),0x3ABC(十六进制)。
② 变量:使用关键字 int 来声明 int 型变量,声明时也可以指定其初值。例如:

```
int x = 12, y = 9898, z;
```

int 型变量占用 4 个字节的内存,取值范围是: $-2^{31} \sim 2^{31}-1$ 。

2. byte 型

变量:使用关键字 byte 来声明 byte 型变量。例如:

```
byte x = -12, tom = 28, handsome = 98;
```

byte 型变量占用 1 个字节的内存,取值范围是: $-2^7 \sim 2^7-1$ 。
Java 中不存在 byte 型常量的表示法,可以把在 byte 取值范围内的 int 型常量赋值给 byte 型变量。

3. short 型

变量:使用关键字 short 来声明 short 型变量。例如:

```
short x = 12, y = 1234;
```

short 型变量占用 2 个字节的内存,取值范围是:$-2^{15} \sim 2^{15}-1$。
Java 中也不存在 short 型常量的表示法,可以把在 short 取值范围内的 int 型常量赋值给 short 型变量。

4. long 型

① 常量:long 型常量用后缀 L 来表示,如 108L(十进制)、07123L(八进制)、0x3ABCL(十六进制)。
② 变量:使用关键字 long 来声明 long 型变量。例如:

```
long width = 12L, height = 2005L, length;
```

long 型变量占用 8 个字节的内存,取值范围是:$-2^{63} \sim 2^{63}-1$。可以把 int 型常量赋值给 long 型变量,但当常量范围超出 int 型范围时,必须使用 long 型常量表示法。

2.1.2 基础训练

基础训练的能力目标是声明整型变量,并赋予其初值,掌握 byte、short、int 和 long 型变量的取值范围。

1. 训练的主要内容

① 在主类的 main 方法中分别使用 byte、short、int 和 long 声明变量。
② 使用赋值语句重新给变量赋值。
③ 输出变量的值。

2. 基础训练使用的代码模板

将下列 Application2_1.java 中的【代码】替换为程序代码。程序运行效果如图 2-1 所示。

```
C:\ch2>java Application2_1
目前冷冻设备的温度是-26摄氏度,能达到的最低温度是-128摄氏度
这个体育场昨天来了32000人,体育场最多能容纳32767人
保险柜存放了21999999元,最多能存放2147483647元
Java能处理999999999999,能处理的最大整数是9223372036854775807
```

图 2-1 使用整型变量

Application2_1.java 源文件的内容如下:

```
public class Application2_1 {
  public static void main (String args[ ]) {
    【代码 1】    //声明名字是 temperature 的 byte 型变量,并指定初值是 0
    【代码 2】    //声明名字是 peopleNumber 的 short 型变量,不指定初值
    int moneyAmount = 100;
    long number = 2000;
    temperature = -26;
    System.out.printf("目前冷冻设备的温度是%d摄氏度,能达到的最低温度是%d摄氏度\n",
         temperature,Byte.MIN_VALUE);
    【代码 3】    //将常量 32000 赋值给 peopleNumber
    System.out.printf("这个体育场昨天来了%d人,体育场最多能容纳%d人\n",
         peopleNumber,Short.MAX_VALUE);
    moneyAmount = 21999999;
    System.out.printf("保险柜存放了%d元,最多能存放%d元\n",
         moneyAmount,Integer.MAX_VALUE);
    【代码 4】    //将常量 999999999999L 赋值给 number
    System.out.printf("Java 能处理%d,能处理的最大整数是%d\n",
         number,Long.MAX_VALUE);
  }
}
```

3. 训练小结与拓展

Byte.MAX_VALUE 和 Byte.MIN_VALUE 分别表示 byte 型数据的最大值 127 和最小值－128（学习第 4 章后，读者能更好地理解这种表示形式）。

Java 没有无符号的 byte、short、int 和 long（这一点和 C 语言有很大的不同）。因此，unsigned int m；是错误的变量声明。

Java 中不存在 byte 型和 short 型常量的表示法，其原因是 Java 把－2147483648～2147483647 之间的字面常量都按 4 个字节处理，即按 int 常量来处理。但可以把不超出 byte 或 short 范围内的 int 型常量赋值给 byte 或 short 型变量。

也可以用数字 0 和字母 b 做前缀，即 0b 或 0B 做前缀表示 int 型或 long 型常量，如二进制 0B111（十进制 7）。

上机调试下列程序代码：

```java
public class E {
  public static void main(String args[]) {
    int numberOne = 0b11010111;                              //二进制
    int numberTwo = 215;                                      //十进制
    System.out.println(numberOne);                            //不输出二进制，输出的是十进制 215
    System.out.println(numberTwo);
    System.out.println(Integer.toBinaryString(numberOne));    //看二进制表示
    System.out.println(Integer.toBinaryString(numberTwo));    //输出 11010111
  }
}
```

4. 代码模板的参考答案

【代码 1】　byte temperature = 0;

【代码 2】　short peopleNumber;

【代码 3】　peopleNumber = 32000;

【代码 4】　number = 999999999999L;

2.1.3　上机实践

完成下列代码的上机调试，掌握交换两个变量的值的方法。

```java
public class Exchange {
  public static void main(String args[]) {
    int cupOne, cupTwo;
    int cupTemp = 0;
    cupOne = 199999;
    cupTwo = 188888;
    cupTemp = cupOne;
    cupOne = cupTwo;
    cupTwo = cupTemp;
    System.out.println(cupOne);
    System.out.println(cupTwo);
  }
}
```

2.2 字符类型

2.2.1 基础知识

1. Unicode 字符集

Unicode 字符集中有 65536 个字符,前 128 个字符刚好是 ASCII 码表中的字符。Unicode 字符集还不能覆盖全部历史上的文字,但大部分国家的"字母表"的字母都是 Unicode 字符集中的一个字符。例如,字母 A 是 Unicode 字符集中的第 65 个字符,字母 a 是 Unicode 字符集中的第 97 个字符,'好'字就是 Unicode 字符集中的第 22909 个字符。Java 语言中用到的字母不仅包括通常的拉丁字母 a、b、c 等,也包括汉语中的汉字、日文的片假名和平假名、朝鲜文、俄文、希腊字母及其他许多语言中的文字,所以需要特别注意,'好'字也归类到字母。

2. 标识符

用于标识类名、变量名、方法名、类型名、数组名、文件名的有效字符序列称为标识符,简单地说,标识符就是一个名字。以下是 Java 语言中关于标识符的语法规则。

① 标识符由字母、下画线、美元符号和数字组成,长度不受限制。
② 标识符的第一个字符不能是数字字符。
③ 标识符不能是关键字。
④ 标识符不能是 true、false 和 null(尽管 true、false 和 null 不是 Java 关键字)。

例如,HappyNewYear_To_You、TigerYear_2022、$98apple、hello、Hello 5 个字符序列都可以是标识符。

需要特别注意的是,标识符中的字母是区分大小写的,hello 和 Hello 是不同的标识符。

3. 关键字

关键字就是具有特定用途或被赋予特定意义的一些单词,不可以把关键字作为标识符来用。以下是 Java 的 50 个关键字:

abstract assert boolean break byte case catch char class const continue default do double else enum extends final finally float for goto if implements import instanceof int interface long native new package private protected public return short static strictfp super switch synchronized this throw throws transient try void volatile while。

4. char 型数据

① 常量:'A'、'b'、'?'、'!'、'9'、'好'、'\t'、'き'等,即用单引号(需在英文输入法状态下输入单引号)括起的 Unicode 表中的一个字符。
② 变量:使用关键字 char 来声明 char 型变量。例如:

```
char ch = 'A',home = '家',handsome = '酷';
```

char 型变量占用 2 个字节的内存,取值范围是 0~65535。例如:

```
char x = 'a';
```

内存 x 中存储的是 97,97 是字符 a 在 Unicode 表中的排序位置。因此,允许对上面的变量进行如下声明:

```
char x = 97;
```

有些字符(如回车符)不能通过键盘输入字符串或程序中,这时就需要使用转义字符常量,如\n(换行)、

\b(退格),\t(水平制表),\'(单引号),\"(双引号),\\(反斜线)等。例如：

```
char ch1 = '\n',ch2 = '\"', ch3 = '\\';
```

再如,字符串""我喜欢使用双引号\" ""中含有双引号字符,但是,如果写成""我喜欢使用双引号" "",就是一个非法字符串。

要观察一个字符在 Unicode 表中的顺序位置,可以使用 int 型类型转换,如(int)'A'的值是 65。如果要得到一个 0~65535 的数所代表的 Unicode 表中相应位置上的字符必须使用 char 型类型转换,如(char)65 就是字符 A。

2.2.2 基础训练

基础训练的能力目标是使用 char 声明变量,使用转义字符,观察字符在 Unicode 表中的索引位置。

1. 训练的主要内容

① 在主类的 main 方法中使用 char 声明变量。
② 使用赋值语句重新给变量赋值。
③ 按字符和索引位置输出变量的值。
④ 输出某些特殊的转义字符,比如双引号转义字符。

2. 基础训练使用的代码模板

将下列 Application2_2.java 中的【代码】替换为程序代码。程序运行效果如图 2-2 所示。
Application2_2.java 源文件的内容如下：

```
public class Application2_2 {
    public static void main (String args[ ]) {
        【代码 1】      //用 char 声明名字为 chinaWord 和 japanWord 的变量,初值分别是'好'和'ぁ'
        【代码 2】      //用 char 声明名字为 you 的变量,初值是 65
        【代码 3】      //用 int 声明名字为 position 的变量,初值是 20320
        System.out.printf("汉字:%c 的索引位置:%d\n",chinaWord,(int)chinaWord);
        System.out.printf("日文:%c 的索引位置:%d\n",japanWord,(int)japanWord);
        System.out.printf("%d 位置上的字符是:%c\n",position,(char)position);
        char fire = 119;
        char warnning = '火';
        System.out.printf("火警电话是%d,%c%c%c%c",
                          (int)fire,warnning,warnning,warnning,warnning);
        【代码 4】      //输出一对双引号
    }
}
```

```
C:\ch2>java Application2_2
汉字:好的索引位置:22909
日文:ぁ的索引位置:12353
20320位置上的字符是:你
火警电话是119,火火火火 " "
```

图 2-2 使用字符变量

3. 训练小结与拓展

在 Java 中,可以用字符在 Unicode 表中排序位置的十六进制转义(需要用 u 做前缀)来表示该字符,其一般格式为'\u * * * *'。例如,'\u0041'表示字符 A,'\u0061'表示字符 a。

Java 中的 char 型数据一定是无符号的,而且不允许使用 unsigned 来修饰所声明的 char 型变量(这一点和C语言是不同的)。

4. 代码模板的参考答案

【代码1】　　char chinaWord = '好',japanWord = 'あ';
【代码2】　　char you = 65;
【代码3】　　int position = 20320;
【代码4】　　System.out.printf(" \" \" ");

2.2.3　上机实践

编写一个Java应用程序,该程序在命令行窗口输出希腊字母表。请按下列代码模板要求,将【代码】替换为Java程序代码并调试程序。

```
public class GreekAlphabet {
   public static void main (String args[ ]) {
      int startPosition=0,endPosition=0;
      char cStart='α',cEnd='ω';
      【代码1】        //cStart 做 int 型转换运算,并将结果赋值给 startPosition
      【代码2】        //cEnd 做 int 型转换运算,并将结果赋值给 endPosition
      System.out.println("希腊字母\'α\'在 Unicode 表中的顺序位置:"+startPosition);
      System.out.println("希腊字母表:");
      for(int i=startPosition;i<=endPosition;i++) {
         char c='\0';
         【代码3】    //i 做 char 型转换运算,并将结果赋值给 c
         System.out.print(" "+c);
         if((i-startPosition+1)%10==0)
            System.out.println("");
      }
   }
}
```

2.3　浮点类型

2.3.1　基础知识

浮点型分为float型(单精度)和double型(双精度)两种。

1. float型

① 常量：453.5439f,21379.987F,231.0f(小数表示法),2e40f(2乘10的40次方,指数表示法)。需要特别注意的是常量后面必须要有后缀f或F。

② 变量：使用关键字float来声明float型变量。例如：

```
float x = 22.76f,tom = 1234.987f,weight = 1e-12F;
```

float型变量在存储float型数据时保留8位有效数字(相对double型保留的有效数字,称为单精度)。例如,将常量12345.123456789f赋值给float变量x：

```
x = 12345.123456789f;
```

上述代码中,x存储的实际值是：12345.123046875(8位有效数字：12345.123)。

float型变量占用4个字节的内存,取值范围是1.4E−45～3.4028235E38 和−3.4028235E38～−1.4E−45。

2. double 型

① 常量：2389.539d,2318908.987,0.05（小数表示法），1e-90（1 乘 10 的 -90 次方，指数表示法）。对于 double 型常量，后面可以有后缀 d 或 D，但允许省略该后缀。

② 变量：使用关键字 double 来声明 double 型变量。例如：

```
double height = 23.345,width = 34.56D,length = 1e12;
```

double 型变量占用 8 个字节的内存，取值范围是 $4.9E-324 \sim 1.7976931348623157E308$ 和 $-1.7976931348623157E308 \sim -4.9E-324$。double 型变量在存储 double 型数据时保留 16 位有效数字（相对 float 型保留的有效数字，称为双精度）。

2.3.2 基础训练

基础训练的能力目标是能区分 float 型常量和 double 型常量，掌握 float 型变量和 double 型变量的精度。

1. 基础训练的主要内容

分别用 float 型和 double 型变量模拟计量工具计算出一枚戒指的价值，即用 float 型和 double 型变量的值代表所计量出的物体质量。

① 在主类的 main 方法中用 int 声明一个变量 unitPrice，初始值是 789（假设黄金的价格是每克 789 元）。

② 在主类的 main 方法中用 float 声明一个变量，名字是 goldMeasure1，用 double 声明一个变量，名字是 goldMeasure2。

③ 在 main 函数中用 double 声明一个变量，名字是 price，用于存放戒指的价格。

④ 在 main 函数中将 float 型常量 8.987654321F 赋值给 goldMeasure1。

⑤ 在 main 函数中将 goldMeasure1 与 unitPrice 的乘积赋值给 price，并输出 price 的值。

⑥ 在 main 函数中将 double 型常量 8.987654321 赋值给 goldMeasure2。

⑦ 在 main 函数中将 goldMeasure2 与 unitPrice 的乘积赋值给 price，并输出 price 的值。

2. 基础训练使用的代码模板

将下列 Application2_3.java 中的【代码】替换为程序代码。程序运行效果如图 2-3 所示。

Application2_3.java 源文件的内容如下：

```
public class Application2_3 {
    public static void main (String args[ ]) {
        int unitPrice = 789;
        【代码 1】      //用 float 声明名字是 goldMeasure1 的变量
        【代码 2】      //用 double 声明名字是 goldMeasure2 的变量;
        double price;
        【代码 3】      //将 float 型常量 8.987654321f 赋值给 goldMeasure1
        price = unitPrice * goldMeasure1;
        System.out.printf("计量工具 1 显示的戒指的质量是:%12.10f\n",goldMeasure1);
        System.out.printf("根据计量工具 1 给出戒指的价格是:%f 元\n",price);
        【代码 4】      //将 double 型常量 8.987654321 赋值给 goldMeasure2
        price = unitPrice * goldMeasure2;
        System.out.printf("计量工具 2 显示的戒指的质量是:%12.10f\n",goldMeasure2);
        System.out.printf("根据计量工具 2 给出戒指的价格是:%f 元\n",price);
    }
}
```

```
C:\ch2>java Application2_3
计量工具1显示的戒指的质量是:8.9876546860
根据计量工具1给出戒指的价格是:7091.259766元
计量工具2显示的戒指的质量是:8.9876543210
根据计量工具2给出戒指的价格是:7091.259259元
```

图 2-3 使用浮点变量

3. 训练小结与拓展

需要特别注意的是,比较 float 型数据与 double 型数据时必须注意数据的实际精度,示例如下:

```
float x = 0.4f;
double y = 0.4;
```

那么实际存储在变量 x 中的数据如下(这里我们将保留到小数点后 16 位):

0.4000000059604645

存储在变量 y 中的数据如下(保留到小数点后 16 位):

0.4000000000000000

因此,y 中的值小于 x 中的值。

正整数的二进制是"商除以 2 求余"直到商为 0 得到的,纯小数的二进制是通过"纯小数部分乘 2 取整"直到小数部分是 0 得到的。和整数的二进制不同,纯小数的二进制可能有无限多位。例如:

$0.4 \times 2 = 0.8$
$0.8 \times 2 = 1.6$
$0.6 \times 2 = 1.2$
$0.2 \times 2 = 0.4$
$0.4 \times 2 = 0.8$
$0.8 \times 2 = 1.6$
……

那么 0.4 的二进制如下:

0.0110 0110 0110 0110…

可知,0.4 的二进制就有无限多位。按照数学计算,有下列等式成立:

$0.4 = 0 \times 2^{-1} + 1 \times 2^{-2} + 1 \times 2^{-3} + 0 \times 2^{-4} \cdots$

那么截取上面等式右端无穷级数的任何有限项的代数和,都是 0.4 的近似值,这就意味着截取的项越多(截取时采用 0 舍 1 入)精度越高。

由于 0.4 的二进制表示 0.0110 0110 0110…是无限循环小数,那么实际存储在 float 型变量 x 中的数据是(这里我们保留到小数点后 16 位)0.4000000059604645,存储在 double 型变量 y 中的数据是(保留到小数点后 16 位)0.4000000000000000,因此,y 中的值小于 x 中的值。

%f 按小数表示法输出 float 型和 double 型数据,默认输出 6 位小数。输出数据时可以为格式符增加输出样式的修饰。例如:%20.15f 输出的数据占 20 列,保留 15 位小数,并靠右对齐。%-20.15f 输出的数据占 20 列,保留 15 位小数,并靠左对齐(有关细节见第 2.5 节)。

4. 代码模板的参考答案

【代码 1】 float goldMeasure1;

【代码 2】　double goldMeasure2;
【代码 3】　goldMeasure1 = 8.987654321f;
【代码 4】　goldMeasure2 = 8.987654321;

2.3.3　上机实践

（1）分别用 float 型变量存储一头大象、两只蚂蚁的重量（单位是 kg）。用一个 float 型变量存储大象与两只蚂蚁的重量之和，输出大象与两只蚂蚁的重量之和。

（2）分别用 double 型变量存储一头大象、两只蚂蚁的重量（单位是 kg）。用一个 double 型变量存储大象与两只蚂蚁的重量之和，输出大象与两只蚂蚁的重量之和。

2.4　逻辑类型

2.4.1　基础知识

可以使用逻辑类型的变量存储"真""假"数据。

① 常量：true, false。

② 变量：使用关键字 boolean 来声明逻辑变量，声明时也可以赋给其初值。例如：

```
boolean male = true, on = true, off = false, isTriangle;
```

2.4.2　基础训练

基础训练的能力目标是使用 boolean 声明变量，并用 boolean 型变量存储 true 或 false。

1. 基础训练的主要内容

判断 3 个整数代表的长度能否构成三角形的三边。

① 在主类的 main 方法中使用 short 声明名字分别是 a、b、c 的变量。

② 在主类的 main 方法中使用 boolean 声明名字是 isTriangle 变量。

③ 为 a、b、c 赋值。

④ 如果 a+b 大于 c、a+c 大于 b 并且 b+c＞a 就将 true 赋值给 isTriangle，否则将 false 赋值给 isTriangle。

⑤ 输出 isTriangle 的值。

2. 基础训练使用的代码模板

将下列 Application2_4.java 中的【代码】替换为程序代码。程序运行效果如图 2-4 所示。

Application2_4.java 源文件内容如下：

```
public class Application2_4 {
    public static void main (String args[ ]) {
        short a, b, c;
        【代码 1】        //用 boolean 声明名字是 isTriangle 的变量
        a = 5;
        b = 4;
        c = 3;
        if(a+b>c&&a+c>b&&b+c>a)
            【代码 2】    //将 true 赋值给 isTriangle
        else
            【代码 3】    //将 false 赋值给 isTriangle
        System.out.printf("%d,%d,%d 构成三角形吗？回答:%b\n", a, b, c, isTriangle);
```

```
        a = 15;
        b = 40;
        c = 73;
        if(a+b>c&&a+c>b&&b+c>a)
            isTriangle = true;
        else
            isTriangle = false;
        System.out.printf("%d,%d,%d构成三角形吗？回答:%b\n",a,b,c,isTriangle);
    }
}
```

```
C:\ch2>java Application2_4
5,4,3构成三角形吗？回答:true
15,40,73构成三角形吗？回答:false
```

图 2-4　使用 boolean 变量

3. 训练小结与拓展

不可以把整型数据赋值给 boolean 型变量。printf()方法可以使用%b 格式符输出 boolean 型数据。

4. 代码模板的参考答案

【代码 1】　`boolean isTriangle;`
【代码 2】　`isTriangle = true;`
【代码 3】　`isTriangle = false;`

2.4.3　上机实践

① 在主类的 main 方法中使用 float 声明名字是 x 的变量，使用 double 声明名字是 y 的变量。
② 在主类的 main 方法中使用 boolean 声明名字是 isEquals 变量，并指定初值是 true。
③ 为 x 赋值 0.4F，为 y 赋值 0.4。
④ 如果 x 与 y 相等，将 true 赋值给 isEquals，否则将 false 赋值给 isEquals。
⑤ 输出 isEquals 的值。

2.5　类型转换运算

2.5.1　基础知识

当把一种基本数据类型变量的值赋给另一种基本类型变量时，就涉及数据转换。下列基本类型会涉及数据转换（不包括逻辑类型）。将这些类型按精度从低到高排列，示例如下：

```
byte  short  char  int  long  float  double
```

1. 精度由低到高的自动类型转换

当把级别低的变量的值赋给级别高的变量时，系统自动完成数据类型的转换。示例如下：

```
float x = 100;
```

如果输出 x 的值，结果将是 100.0。
示例如下：

```
int x = 50;
```

```
float y;
y = x;
```

如果输出 y 的值，结果将是 50.0。

2. 精度由高到低的转换运算

当把级别高的变量的值赋给级别低的变量时，必须使用类型转换运算，格式如下：

```
(类型名)要转换的值；
```

示例如下：

```
int x = (int)34.89;
long y = (long)56.98F;
int z = (int)1999L;
```

如果输出 x、y 和 z 的值，结果将是 34、56 和 1999。

2.5.2 基础训练

基础训练的能力目标是能使用转换运算符将级别高的数据转换为级别低的数据。

1. 基础训练的主要内容

用火车在托运行李时以千克为单位计算费用(12.6 元/kg)，忽略重量中的小数部分，即忽略不足一千克的部分。用汽车在托运行李时以千克为单位计算费用(22.5 元/kg)，将重量中的小数部分进行四舍五入，即将不足一千克的部分进行四舍五入。

① 主类的 main 方法中用 double 型变量 weight 存放用户的行李重量，chargeWeight 存放用于计费的重量，charge 存放托运费用。

② 从键盘输入 weight 的值，该值被认为是以千克为单位的行李的重量。

③ 程序将分别计算出用火车、汽车托运行李的费用。

2. 基础训练使用的代码模板

下列 Application2_5.java 中的【代码】替换为程序代码。程序运行效果如图 2-5 所示。

Application2_5.java

```
import java.util.Scanner;
public class Application2_5 {
    public static void main (String args[ ]) {
        Scanner reader = new Scanner(System.in);
        double weight,chargeWeight,charge;
        System.out.printf("输入行李重量:");
        weight = reader.nextDouble();
        【代码1】        //将 (int)weight 赋值给 chargeWeight
        System.out.printf("行李重量:%f(kg),火车的计费重量:%f(kg)\n",weight,chargeWeight);
        【代码2】        //将 chargeWeight * 12.6 的值赋值给 charge
        System.out.printf("用火车托运的费用:%f 元\n", charge);
        【代码3】        //将(int)(weight+0.5)赋值给 chargeWeight
        System.out.printf("行李重量:%f(kg),汽车计费重量:%f(kg)\n",weight,chargeWeight);
        【代码4】        //将 chargeWeight * 22.5 的值赋值给 charge
        System.out.printf("用汽车托运的费用:%f 元\n", charge);
    }
}
```

```
C:\ch2>java Application2_5
输入行李重量:86.67
行李重量:86.670000(kg),火车的计费重量:86.000000(kg)
用火车托运的费用:1083.600000元
行李重量:86.670000(kg),汽车计费重量:87.000000(kg)
用汽车托运的费用:1983.600000元
```

图 2-5　类型转换运算

3. 训练小结与拓展

为了方便四舍五入,可以将浮点数据加上 0.5,再进行 int 型转换运算。例如,(int)(15.9＋0.5)的结果是 16。需要注意的是,不可以写成(int)15.9＋0.5,其原因是类型转换运算符的级别是 2 级(高于加法),因此,(int)15.9＋0.5 的结果是 15.5,即(int)15.9＋0.5 相当于((int)15.9)＋0.5(有关运算符的级别在第 3 章讲述)。

当把一个 int 型常量赋值给一个 byte 型、short 型和 char 型变量时,不可超出这些变量的取值范围,否则必须进行类型转换运算。例如,常量 128 属于 int 型常量,超出 byte 变量的取值范围,如果赋值给 byte 型变量,必须进行 byte 类型转换运算:

```
byte a = (byte)128;
byte b = (byte)(-129);
```

那么 a 和 b 得到的值分别是 －128 和 127。byte 转换运算的结果一定是 byte 型数据取值范围内的整数。例如:"(星期)星期八"的结果是星期一。

另外,常见的错误之一是在把 double 型常量赋值给 float 型变量时没有进行类型转换运算,示例如下:

```
float x = 12.6;
```

上述示例将导致语法错误(12.6 是 double 型常量),编译器将提示:possible loss of precision。
正确的做法如下:

```
float x = 12.6F;
```

或

```
float x = (float)12.6;
```

4. 代码模板的参考答案

【代码 1】　chargeWeight = (int)weight;
【代码 2】　charge= chargeWeight * 12.6;
【代码 3】　chargeWeight = (int)(weight+0.5);
【代码 4】　charge= chargeWeight * 22.8;

2.5.3　上机实践

将浮点数小数点的第 3 位上的数字进行四舍五入,即让浮点数保留两位小数,但事先要对第 3 位上的数字进行四舍五入。例如,对于 12.8273,进行四舍五入后得到 12.83。

将下列 Java 程序中的【代码】替换为 Java 代码。上机调试程序,观察输出结果。

```
public class E {
    public static void main (String args[ ]) {
        double decimal=0.005;
        double number = 12.8273;
```

```
        【代码 1】    //将 number+0.005 赋值给 number
        【代码 2】    //将 number * 100 赋值给 number
        System.out.println(number);
        int n =(int)number;
        【代码 3】    //将 n/100.0 赋值给 number
        System.out.println(number);
    }
}
```

2.6 输入、输出数据

2.6.1 基础知识

1. 输入数据

从键盘为基本型变量输入值的主要步骤如下。

(1) 使用 Scanner 类创建一个对象(有关对象的知识第 4 章将详细讲述):

```
Scanner reader = new Scanner(System.in);
```

(2) reader 对象调用 nextBoolean(),nextByte(),nextInt(),nextLong(),nextFloat(),nextDouble()方法,读取用户在命令行输入的各种基本类型数据。

程序执行上述方法执行时将等待用户在命令行输入数据并按回车确认。

例如,对于 int 型变量 x,执行如下命令:

```
x = reader.nextInt();
```

程序将等待用户在命令行为变量 x 输入一个整数。

2. 输出数据

(1) println()

System.out.println()或 System.out.print()可输出串值、表达式的值,二者的区别是前者输出数据后换行,后者不换行。允许使用并置符号"+"将变量、表达式或一个常数值与一个字符串并置输出,示例如下:

```
System.out.println(m+"个数的和为"+sum);
System.out.println(":"+123+"大于"+122);
```

(2) printf()

printf 输出数据的格式如下:

```
System.out.printf("格式控制部分",表达式 1,表达式 2,…,表达式 n)
```

格式控制部分由格式控制符号%b、%d、%c、%f、%s 和普通的字符组成,普通字符原样输出。格式符号用来输出表达式的值。

① %b:输出 boolean 类型数据。
② %d:输出 int 类型数据。
③ %c:输出 char 型数据。
④ %f:输出浮点型数据,小数部分最多保留 6 位。
⑤ %s:输出字符串数据。

输出数据时也可以控制数据在命令行的位置。例如:

① %md：输出的 int 型数据占 m 列。
② %m.nf：输出的浮点型数据占 m 列，小数点保留 n 位。
示例如下：

```
System.out.printf("%d,%f",12,23.78);
```

2.6.2 基础训练

基础训练的能力目标是能从键盘为基本型变量输入值，能分别使用 print() 和 printf() 输出值。

1. 基础训练的主要内容

① 在主类的 main 方法中使用 double 声明名字是 a、b、c 的变量。
② 在主类的 main 方法中使用 double 声明名字是 sum 的变量，并指定初始值是 0。
③ 从键盘为 a、b、c 输入值。
④ 将 a、b、c 的和赋值给 sum。
⑤ 输出 a、b、c 和 sum 的值。

2. 基础训练使用的代码模板

将下列 Application2_6.java 中的【代码】替换为程序代码。程序运行效果如图 2-6 所示。
Application2_6.java 源文件的内容如下：

```
import java.util.Scanner;
public class Application2_6 {
    public static void main (String args[ ]) {
        double a,b,c;
        double sum = 0;
        【代码 1】     // 创建一个从键盘读取用户输入的对象 reader
        System.out.print("输入 a 的值:");
        a =【代码 2】 // reader 调用 nextDouble()方法读取用户输入的浮点数
        System.out.print("输入 b 的值:");
        b = reader.nextDouble();
        System.out.print("输入 c 的值:");
        c = reader.nextDouble();
        sum = a+b+c;
        【代码 3】     // 使用 System.out.println()输出 a 的值
        System.out.println("b 中的值是:"+b);
        System.out.println("c 中的值是:"+c);
        【代码 4】     // 使用 System.out.printf()输出 sum 的值
    }
}
```

```
C:\ch2>java Application2_6
输入a的值:0.618
输入b的值:3.1415
输入c的值:2.17
a中的值是:0.618
b中的值是:3.1415
c中的值是:2.17
sum中的值是:5.929500
```

图 2-6 输入、输出数据量

3. 训练小结与拓展

需要特别注意的是，在使用 System.out.println() 或 System.out.print() 输出字符串常量时，不可以出现

"回车"。例如,下面的写法无法通过编译:

```
System.out.println("你好,
                    很高兴认识你");
```

如果需要输出的字符串的长度较长,可以将字符串分解成几部分,然后使用并置符号"+"将它们首尾相接。例如,以下是正确的写法:

```
System.out.println("你好,"+
                    "很高兴认识你");
```

nextBoolean()、nextByte()、nextShort()、nextInt()、nextLong()、nextFloat()、nextDouble()等方法会等待用户在命令行输入数据并按回车确认。Scanner 类创建的 reader 对象用空白做分隔标记,读取当前程序的键盘缓冲区中的"单词"。reader 对象每次调用上述某方法都试图返回键盘缓冲区中的下一个"单词",并把每个"单词"看作方法要返回的数据。如果"单词"符合方法的返回类型要求,就返回该数据,否则将触发读取数据异常。这些方法读取当前程序的键盘缓冲区中的单词时可能会发生堵塞。如果键盘缓冲区中还有"单词"可读,上述方法执行时就不会发生堵塞,否则程序需等待用户在命令行输入新的数据并按回车确认。用户按回车即可消除堵塞状态。

在下面的程序代码中,用户用空格或回车做分隔,输入若干个数,最后输入数字 0 并按回车结束输入操作,程序将计算出这些数的和。

```java
import java.util.Scanner;
public class E {
    public static void main (String args[ ]){
        System.out.println("用空格或回车做分隔,输入若干个数\n"+
                            "最后输入数字 0,回车结束输入操作");
        Scanner reader=new Scanner(System.in);
        double sum=0;
        double x = reader.nextDouble();
        while(x!=0){
            sum=sum+x;
            x=reader.nextDouble();
        }
        System.out.printf("sum=%10.5f\n",sum);
    }
}
```

4. 代码模板的参考答案

【代码 1】 `Scanner reader = new Scanner(System.in);`

【代码 2】 `reader.nextDouble();`

【代码 3】 `System.out.println("a 中的值是: "+a);`

【代码 4】 `System.out.printf("sum 中的值是: %f",sum);`

2.6.3 上机实践

在主类的 main 方法中声明用于存放考试成绩的 3 个 float 型变量:math、english 和 chinese 及存放总成绩的 float 型变量:sum。从键盘为 math、english 和 chinese 输入值。将 math、english 和 chinese 的和赋值给 sum。使用 println()输出 math、english 和 chinese 的值,使用 printf()输出 sum 的值。

2.7 数组

2.7.1 基础知识

1. 数组的结构

数组是相同类型的变量按顺序组成的一种复合数据类型,称这些相同类型的变量为数组的元素或单元。数组通过数组名加索引来使用数组的元素。

2. 声明与创建数组

声明数组包括数组变量的名字(简称数组名)、数组的类型。

声明一维数组有下列两种格式:

```
数组的元素类型 数组名[];
数组的元素类型 [] 数组名;
```

示例如下:

```
float boy[];
```

或

```
float [] girl;
```

那么数组 boy 和 girl 的元素(单元)都是 float 类型的变量,可以存放 float 型数据。

注:与 C 语言和 C++ 不同,Java 语言不允许在声明数组中的方括号内指定数组元素的个数,如 int a[12]; 会导致语法错误。

声明数组后,就可以创建该数组,即给数组分配元素。为数组分配元素的格式如下:

```
数组名 = new 数组元素的类型[数组元素的个数];
```

示例如下:

```
boy = new float[4];
```

为数组分配元素后,数组 boy 获得 4 个用来存放 float 类型数据的变量,即 4 个 float 型元素。数组变量 boy 中存放着这些元素的首地址,该地址称作数组的引用,这样数组就可以通过索引使用分配给它的变量,即操作它的元素(内存示意如图 2-7 所示),示例如下:

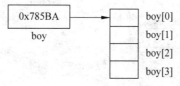

图 2-7 数组的内存模型

```
boy[0] = 12;
boy[1] = 23.908F;
boy[2] = 100;
boy[3] = 10.23f;
```

声明数组和创建数组可以一起完成,示例如下:

```
float boy[] = new float[4];
```

3. 数组的使用

一维数组通过索引符访问自己的元素,如 boy[0]、boy[1]等。需要注意的是,索引从 0 开始,因此,数组若有 4 个元素,那么索引到 3 为止,如果程序使用了如下语句:

```
boy[4] = 384.98f;
```

程序可以编译通过,但运行时将发生 ArrayIndexOutOfBoundsException 异常,因此在使用数组时必须谨慎,防止索引越界。

4. length 的使用

数组的元素个数称作数组的长度。对于一维数组,"数组名.length"的值就是数组中元素的个数。例如,对于 float a[] = new float[12];,a.length 的值 12。

5. 数组的初始化

创建数组后,系统会给数组的每个元素一个默认的值,如 float 型是 0.0。

在声明数组的同时也可以给数组的元素一个初始值,示例如下:

```
int a[] = {100,200,300};
```

上述语句相当于:

```
int a[] = new int[3];
a[0] = 100;a[1]=200;a[2] = 300;
```

6. 数组的引用

数组属于引用型变量,因此两个相同类型的数组如果具有相同的引用,它们就有完全相同的元素。示例如下:

```
int a[] = {1,2,3},b[ ] = {4,5};
```

数组变量 a 和 b 分别存放着引用 f593af 和 b2c6a6,内存模型如图 2-8 所示。如果使用了赋值语句 a=b;(a 和 b 的类型必须相同),那么,a 中存放的引用和 b 的相同,这时系统将释放最初分配给数组 a 的元素,使得 a 的元素和 b 的元素相同,a、b 的内存模型变成如图 2-9 所示。

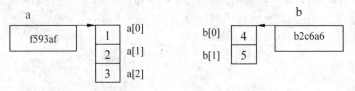

图 2-8　数组 a、b 的内存模型

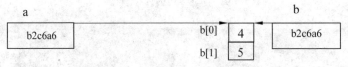

图 2-9　a=b 后的数组 a、b 的内存模型

2.7.2 基础训练

基础训练的能力目标是能声明数组、创建一维数组,能使用 length 输出一维数组的长度;能输出数组的引用,以及将一个数组的引用赋值给另一个数组。

1. 基础训练的主要内容

① 在主类的 main 方法中用 char 声明名字是 a 的数组。
② 创建数组 a。
③ 为 a 的元素赋值。
④ 在主类的 main 方法中用 char 声明名字是 b 的数组,并初始化。
⑤ 分别输出 a、b 的引用,a、b 的首元素的值,a、b 的长度。
⑥ 将数组 b 的引用赋值给 a(即执行 a=b;)。
⑦ 再分别输出 a、b 的引用,a、b 的首元素的值,a、b 的长度,并注意观察输出值的变化。

2. 基础训练使用的代码模板

将下列 Application2_7.java 中的【代码】替换为程序代码。程序运行效果如图 2-10 所示。
Application2_7.java 源文件的内容如下:

```
public class Application2_7 {
    public static void main(String args[]) {
       【代码 1】      //声明名字为 a 的 char 型数组
       【代码 2】      //创建数组 a,长度为 3
       【代码 3】      // 给数组 a 的首元素赋值字符'你'
       a[1] = '们';
       a[2] = '好';
       char b[] ={'J','A','V','A'};
       System.out.printf("数组 a 的长度:%d,",a.length);
       System.out.printf("数组 b 的长度:%d\n",b.length);
       System.out.printf("数组 a 的首元素:%c,",a[0]);
       System.out.printf("数组 b 的首元素:%c\n",b[0]);
       System.out.printf("数组 a 的引用:%s,",a);
       System.out.println("数组 b 的引用:"+b);
       【代码 4】      //将 b 赋值给 a
       System.out.printf("数组 a 的长度:%d,",a.length);
       System.out.printf("数组 b 的长度:%d\n",b.length);
       System.out.printf("数组 a 的首元素:%c,",a[0]);
       System.out.printf("数组 b 的首元素:%c\n",b[0]);
       System.out.printf("数组 a 的引用:%s,",a);
       System.out.println("数组 b 的引用:"+b);
    }
}
```

```
C:\ch2>java Application2_7
数组a的长度:3,数组b的长度:4
数组a的首元素:你,数组b的首元素:J
数组a的引用:[C@7ba4f24f,数组b的引用:[C@378bf509
数组a的长度:4,数组b的长度:4
数组a的首元素:J,数组b的首元素:J
数组a的引用:[C@378bf509,数组b的引用:[C@378bf509
```

图 2-10 使用数组

3. 训练小结与拓展

可以一次声明多个数组。例如：int [] a,b;声明了两个 int 型一维数组 a 和 b,等价的声明是 int a[],b[];。
两个相同类型的数组如果具有相同的引用,它们就有完全相同的元素。

二维数组和一维数组一样,在声明之后必须用 new 运算符为数组分配元素,示例如下：

```
int b[][];
b = new int [3][6];
```

或

```
int b[][] = new int[3][6];
```

一个二维数组是由若干个一维数组构成的。例如,上述创建的二维数组 b 就是由 3 个长度为 6 的一维数组 b[0]、b[1]和 b[2]构成的。

对于二维数组"数组名.length"的值是它含有的一维数组的个数。例如,对于上述二维数组 b,b.length 的值是 3(b[0].length、b[1].length 和 b[2].length 的值都是 6)。

4. 代码模板的参考答案

【代码 1】　char a[];
【代码 2】　a= new char[3];
【代码 3】　a[0] = '你';
【代码 4】　a = b;

2.7.3　上机实践

Arrays 类调用如下方法：

```
public static String toString(int[] a)
```

调用上述方法可以得到参数指定的一维数组 a 的如下格式的字符串表示：

```
[a[0],a[1]…a[a.length-1]]
```

例如,对于数组 int [] a = {1,2,3,4,5,6};Arrays.toString(a)得到的字符串是[1,2,3,4,5,6]。
Arrays 类调用如下方法：

```
public static double[] copyOf(double[] original,int newLength)
```

上述方法可以把参数 original 指定的数组中从索引 0 开始的 newLength 个元素复制到一个新数组中,并返回这个新数组,且该新数组的长度为 newLength,如果 newLength 的值大于 original 的长度,copyOf 方法返回的新数组的第 newLength 个索引后的元素取默认值。

Arrays 类调用如下方法：

```
public static double[] copyOfRange(double[] original,int from,int to)
```

上述方法可以把参数 original 指定的数组中从索引 from 至 to−1 的元素复制到一个新数组中,并返回这个新数组。

下列 Java 代码模板,输出数组 a 的全部元素,并将数组 a 的全部或部分元素复制到其他数组中,然后改变其他数组的元素的值,再输出数组 a 的全部元素。将代码模板中的【代码】替换为如下 Java 代码。上机调试程序,并观察输出结果。

```
import java.util.Arrays;
public class E {
   public static void main (String args[ ]) {
      int [] a = {1,2,3,4,500,600,700,800};
      int [] b,c,d;
      System.out.println(Arrays.toString(a));
      b = Arrays.copyOf(a,a.length);
      System.out.println(Arrays.toString(b));
      c =【代码 1】                    //Arrays 调用 copyOf 方法复制数组 a 的前 4 个元素
      System.out.println(【代码 2】);  //Arrays 调用 toString(c)
      d =【代码 3】                    //Arrays 调用 copyOfRange 方法复制数组 a 的后 4 个元素
      System.out.println(Arrays.toString(d));
      【代码 4】                        //将-100 赋给数组 c 的最后一个元素
      d[d.length-1] = -200;
      System.out.println(Arrays.toString(a));
   }
}
```

2.8 小结

（1）标识符由字母、下画线、美元符号和数字组成，并且第一个字符不能是数字字符。

（2）Java 语言有 8 种基本数据类型：boolean、byte、short、char、int、long、float、double。

（3）Java 的关系和逻辑运算符和 C 语言的相同，需要注意的是，其运算结果是 boolean 型数据 true 或 flase(不是数字 1 或 0)。

（4）数组是相同类型的数据元素按顺序组成的一种复合数据类型，数组属于引用型变量，因此两个相同类型的数组如果具有相同的引用，它们就有完全相同的元素。

2.9 课外读物

扫描二维码即可观看学习。

习题 2

1. 判断题（题目叙述正确的，在后面的括号中打√，否则打×）

（1）main 是 Java 语言规定的关键字。   （   ）
（2）float area = 1e1;是错误的 float 型变量声明。   （   ）
（3）float height = 1.0f;是正确的 float 型变量声明。   （   ）
（4）byte amount = 128;是正确的 byte 型变量声明。   （   ）
（5）int [] a,b;声明了 2 个 int 型一维数组 a 和 b。   （   ）
（6）int a[],b;声明了一个 int 型一维数组 a 和一个 int 型变量 b。   （   ）
（7）对于 int [][] a ={{1,2,3},{4,5,6,7}};a[0].length 的值是 3,a[1].length 的值是 4。（   ）
（8）对于 int a[][] = new int[2][9];a.length 的值是 2,a[0].length、a[1].length 的值都是 9。（   ）
（9）int a[20];是正确的数组声明。   （   ）

(10) boolean yes = TRUE;是正确的 boolean 型变量声明。( )

2. 单选题

(1) 下列叙述错误的是( )。
　　A. int [] a,b[];声明了1个int型一维数组 a 和1个int型二维数组 b
　　B. float a[20];是正确的数组声明
　　C. boolean yes = false;是正确的 boolean 型变量声明
　　D. 1e2 和 2.05E2 都是 double 型常量

(2) 下列叙述错误的是( )。
　　A. System 是关键字
　　B. _class 可以作为标识符
　　C. char 型字符在 Unicode 表中的位置范围是 0 至 65535
　　D. 对于 int a[] = new int[3];,a.length 的值是 3

(3) 下列字符序列可以是标识符的是( )。
　　A. true　　　　　B. default　　　　　C. _int　　　　　D. good-class

(4) 下列是正确的 float 型变量声明的是( )。
　　A. float foo = 1;　　　　　　　　B. float foo = 1.0;
　　C. float foo = 2e1;　　　　　　　D. float foo = 2.02;

(5) 下列是正确的 float 型变量声明的是( )。
　　A. float foo = 1e2;　　　　　　　B. float foo = 3.14;
　　C. float foo = 3.03d;　　　　　　D. float foo = 0x0123;

(6) 以下是正确的 char 型变量声明的是( )。
　　A. char ch = "R";　　　　　　　　B. char ch = '\\';
　　C. char ch = 'ABCD';　　　　　　 D. char ch = "ABCD";

(7) 下列叙述是错误的是( )。
　　A. 对于 int a[][] = new int[6][4];、a.length 的值是 6
　　B. 对于 int a[][] = new int[2][9];、a.length、a[0].length、a[1].length 的值都是 9
　　C. 对于 int [] a = new int[3];、a[0]、a[1]、a[2]的值都是 0
　　D. float height = 1e1F;是正确的 float 型变量声明

3. 挑错题（A、B、C、D 注释标注的哪行代码有错误？）

(1)
```
public class Test1{
    public static void main(String args[]){
        char c =65535;                    //A
        byte b = 127;                     //B
        int height = 100;                 //C
        float f = 3.14;                   //D
    }
}
```

(2)
```
public class Test2 {
    public static void main(String args[]){
        int x = 8;
        byte b = 127;
        b = x;                            //A
```

```
        x = 'a';                                  //B
        long y=b;                                 //C
        float z=(int)6.89;                        //D
    }
}
```

(3)

```
public class Test3 {
    public static void main(String args[]){
        char c ='a';                              //A
        byte b = 128;                             //B
        int height = 100;                         //C
        float f = 3.14F;                          //D
    }
}
```

(4)

```
public class Test4 {
    public static void main(String args[]){
        char c = 30320;                           //A
        byte b = 127;                             //B
        int public = 100;                         //C
        float f = 3.14F;                          //D
    }
}
```

4. 阅读（给出【代码】的输出结果）或调试程序

(1) 上机运行下列程序，注意观察输出的结果。

```
public class E {
    public static void main (String args[ ]) {
        for(int i=20302;i<=20322;i++) {
            System.out.println((char)i);
        }
    }
}
```

(2) 上机调试下列程序，注意 System.out.print()和 System.out.println()的区别。

```
public class OutputData {
    public static void main(String args[]) {
        int x=234,y=432;
        System.out.println(x+"<"+(2*x));
        System.out.print("我输出结果后不回车");
        System.out.println("我输出结果后自动回车到下一行");
        System.out.println("x+y="+(x+y));
    }
}
```

（3）上机调试下列程序，了解基本数据类型数据的取值范围。

```java
public class E {
  public static void main(String args[]) {
    System.out.println("byte 取值范围:"+
     Byte.MIN_VALUE+"至"+Byte.MAX_VALUE);
    System.out.println("short 取值范围:"+
     Short.MIN_VALUE+"至"+Short.MAX_VALUE);
    System.out.println("int 取值范围:"+
     Integer.MIN_VALUE+"至"+Integer.MAX_VALUE);
    System.out.println("long 取值范围:"+
     Long.MIN_VALUE+"至"+Long.MAX_VALUE);
    System.out.println("float 取值范围:"+
     Float.MIN_VALUE+"至"+Float.MAX_VALUE);
    System.out.println("double 取值范围:"+
     Double.MIN_VALUE+"至"+Double.MAX_VALUE);
  }
}
```

（4）下列程序标注的【代码 1】和【代码 2】的输出结果是什么？

```java
public class E {
    public static void main (String args[ ]){
        long[] a = {1,2,3,4};
        long[] b = {100,200,300,400,500};
        b = a;
        System.out.println("数组 b 的长度:"+b.length);         //【代码 1】
        System.out.println("b[0]="+b[0]);                      //【代码 2】
    }
}
```

（5）下列程序标注的【代码 1】和【代码 2】的输出结果是什么？

```java
public class E {
    public static void main(String args[]) {
        int [] a={10,20,30,40},b[]={{1,2},{4,5,6,7}};
        b[0] = a;
        b[0][1] = b[1][3];
        System.out.println(b[0][3]);                           //【代码 1】
        System.out.println(a[1]);                              //【代码 2】
    }
}
```

5. 编程题

（1）编写一个应用程序，给出汉字"你""我""他"在 Unicode 表中的位置。

（2）编写一个 Java 应用程序，输出全部希腊字母。

第 3 章　运算符、表达式和语句

主要内容

- 运算符与表达式
- 分支语句
- 循环语句

本章学习运算符,如算术运算符、关系运算符、逻辑运算符等。学习各种语句,如条件分支语句、循环语句等。

3.1 运算符与表达式

3.1.1 基础知识

1. 算术运算符与算术表达式

加、减、乘、除和求余运算符:+,-,*,/,%是二目运算符,即连接两个操作元的运算符。结合方向是从左到右,加、减运算符的优先级是 4 级,乘、除和求余运算符的优先级是 3 级。用算术符号和括号连接起来的符合 Java 语法规则的式子,称为算术表达式,如 x+2*y-30+3*(y+5)。

算术混合运算的精度规则如下。

(1) 如果表达式中有双精度浮点数(double 型数据),则按双精度进行运算。例如,表达式 5.0/2+10 的结果 12.5 是 double 型数据。

(2) 如果表达式中最高精度是单精度浮点数(float 型数据),则按单精度进行运算。例如,表达式 5.0F/2+10 的结果 12.5f 是 float 型数据。

(3) 如果表达式中最高精度是 long 型整数,则按 long 精度进行运算。例如,表达式 12L+100+'a'的结果 209 是 long 型数据。

(4) 如果表达式中最高精度低于 int 型整数,则按 int 精度进行运算。例如,表达式(byte)10+'a'和 5/2 的结果分别为 107 和 2,都是 int 型数据。

2. 自增、自减运算符

自增、自减运算符:++,--是单目运算符,可放在操作元之前,也可放在操作元之后。操作元必须是一个整型或浮点型变量。作用是使变量的值增 1 或减 1,如++x(--x)表示在使用 x 之前,先使 x 的值增(减)1。x++(x--)表示在使用 x 之后,使 x 的值增(减)1。

3. 关系运算符与关系表达式

关系运算符:>(大于),<(小于),>=(大于等于),<=(小于等于),!=(不等于),==(等于)是二目运算符,用来比较两个值的关系。关系运算符的运算结果是 boolean 型,当运算符对应的关系成立时,运算结果是 true,否则是 false。例如,表达式 10<9 的结果是 false,表达式 5>1 的结果是 true,表达式 3!=5 的结果是 true,表达式 2==2 的结果是 true。

4. 逻辑运算符与逻辑表达式

逻辑运算符有 &&、||、!。其中 &&、|| 为二目运算符,实现逻辑与、逻辑或;! 为单目运算符,实现逻辑非。逻辑运算符的操作元必须是 boolean 型数据。例如,2>8&&9>2 的结果为 false,2>8||9>2 的结果为 true。由于关系运算符的级别高于 &&、|| 的级别,2>8&&8>2 相当于(2>8)&&(9>2)。

5. 赋值运算符与赋值表达式

赋值运算符:=是二目运算符,左面的操作元必须是变量,不能是常量或表达式。设 x 是一个 int 型变量,y 是一个 boolean 型变量,x = 20 和 y = true 都是正确的赋值表达式。赋值表达式的值就是赋值号=左面变量的值。例如,假如 a、b 是两个 int 型变量,那么表达式 b = 12 和 a = b = 100 的值分别是 12 和 100。

注意不要将赋值运算符=与等号关系运算符==混淆。例如,12=12 是非法的表达式,而表达式 12 == 12 的值是 true。

需要注意的是,对于+=、*=、/=、-=缩略运算符,编译器自动将赋值符号右侧的表达式的值转换成左边变量所要求的类型。例如,对于 byte m; m+=120 等同于 m=(byet)(m+120)。

6. 运算符综述

Java 的表达式就是用运算符连接起来的符合 Java 语言规则的式子。运算符的优先级决定了表达式中运算执行的先后顺序。例如,x<y&&!z 相当于(x<y)&&(!z)。没有必要去记忆运算符的优先级别,在编写程序时尽量使用括号"()"运算符号来实现想要的运算次序,以免产生难以阅读或计算顺序含糊不清的表达式。运算符的结合性决定了并列的相同级别运算符的先后顺序。例如,加、减的结合性是从左到右,8-5+3 相当于(8-5)+3;逻辑否运算符!的结合性是右到左,!!x 相当于!(!x)。表 3-1 所示为 Java 所有运算符的优先级和结合性,有些运算符和 C 语言类同,这里不再赘述。

表 3-1 运算符的优先级和结合性

优先级	描　　述	运　算　符	结合性
1	分隔符	[ ] ( ) . , ;	
2	对象归类,自增自减运算,逻辑非	instanceof ++ -- !	右到左
3	算术乘除运算	* / %	左到右
4	算术加减运算	+ -	左到右
5	移位运算	>> << >>>	左到右
6	大小关系运算	< <= > >=	左到右
7	相等关系运算	== !=	左到右
8	按位与运算	&	左到右
9	按位异或运算	^	左到右
10	按位或	|	左到右
11	逻辑与运算	&&	左到右
12	逻辑或运算	||	左到右
13	三目条件运算	? :	左到右
14	赋值运算		右到左

3.1.2 基础训练

基础训练的能力目标是能计算算术表达式的值、关系表达式以及逻辑表达式的值,能使用赋值运算符将表达式的值赋给相应的变量。

1. 基础训练的主要内容

用户从键盘输入一个 5 位数的彩票号码(正整数),程序输出该彩票号码中的数字及相关信息。

① 在主类的 main 方法中声明一个用于存放彩票号码的 int 型变量 ticketNumber,以及用于存放彩票号码中个位、十位、百位、千位和万位上数字的 byte 型变量 a1、a2、a3、a4 和 a5。

② 让用户从键盘为 int 型变量 ticketNumber 输入值,即输入彩票号码。

③ 依次求出 ticketNumber 中个位、十位、百位、千位和万位上的数字,并将这些数字依次赋值给变量

a1、a2、a3、a4 和 a5。

④ 输出表达式 a1+a2+a3+a4+a5 的值。

⑤ 输出表达式 a1 * a2 * a3 * a4 * a5 的值。

⑥ 将表达式 a5 * 10000+a4 * 1000+a3 * 100+a2 * 10+a1 的值赋值给变量 ticketNumber，并输出 ticketNumber 的值。

⑦ 输出表达式 a1>a2 和 a1>a2&&a3!=0 的值。

2. 基础训练使用的代码模板

将下列 Application3_1.java 中的【代码】替换为程序代码。程序运行效果如图 3-1 所示。

Application3_1.java 源文件的内容如下：

```java
import java.util.Scanner;
public class Application3_1 {
    public static void main (String args[ ]) {
        Scanner reader = new Scanner(System.in);
        int ticketNumber;
        byte a1,a2,a3,a4,a5;
        System.out.printf("输入彩票号码:");
        ticketNumber = reader.nextInt();
        【代码1】;    //将 ticketNumber%10 的赋给变量 a1
        【代码2】    //将 ticketNumber/10 的值赋给变量 ticketNumber
        a2 = (byte)(ticketNumber%10);
        ticketNumber = ticketNumber/10;
        a3 = (byte)(ticketNumber%10);
        ticketNumber = ticketNumber/10;
        a4 = (byte)(ticketNumber%10);
        ticketNumber = ticketNumber/10;
        a5 = (byte)(ticketNumber%10);
        System.out.printf("个十百千万位上的数字是:%d,%d,%d,%d,%d\n",a1,a2,a3,a4,a5);
        System.out.printf("个十百千万位上的数字之和:%d\n",a1+a2+a3+a4+a5);
        System.out.printf("个十百千万位上的数字之积:%d\n",a1*a2*a3*a4*a5);
        ticketNumber = a5*10000+a4*1000+a3*100+a2*10+a1;
        System.out.printf("彩票号码:%d\n",ticketNumber);
        boolean boo;
        boo = a1>a2;
        【代码3】    //输出 boo 的值
        【代码4】    //输出表达式 a1>a2&&a3!=0 的值
    }
}
```

```
C:\ch3>java Application3_1
输入彩票号码:79625
个十百千万位上的数字是:5,2,6,9,7
个十百千万位上的数字之和:29
个十百千万位上的数字之积:3780
彩票号码:79625
5>2的结果:true
5>2&&6!=0的结果:true
```

图 3-1　计算表达式的值

3. 训练小结与拓展

整型数据进行除法运算所得结果仍然是整型数据，如 123/10 的结果是 12，即 123 除以 10 的商是 12。

123%10 的结果是 3(123 除以 10 的余数)，即 123 等于 12 乘以 10 加 3。为了计算某个整数的个位上的数字，只需计算该整数和 10 求余的结果。那么为了计算十位上的数字，先计算该整数除以 10 的商，然后计算该商和 10 的求余结果，依此类推就可以计算出整数的各个位上的数字。另外，需要注意的是，粗心大意者常把 3 乘以 x 错误地写成 3x，正确的写法应是 3 * x。

Java 允许把不超出 byte、short 和 char 的取值范围的常量算术表达式的值赋给 byte、short 和 char 型变量。例如，(byte)30＋'a'是结果为 127 的 int 型常量，见"基础知识——算术混合运算的精度规则"部分（'a'在 Unicode 表中的位置是 97，'A'在 Unicode 表中的位置是 65）。例如，byte x =（byte)20＋'a'；是正确的，但 byte x=(byte)30＋'b'；却无法通过编译，编译错误是"可能损失精度，找到 int 需要 byte"，其原因是(byte)30＋'b'所得结果是 int 型常量，其值超出了 byte 变量的取值范围（见"基础知识——算术混合运算的精度规则"部分）。

需要特别注意的是，当赋值号右边的表达式中有变量时，编译只检查变量的类型，不检查变量中的值。例如，byte x= 97＋1；和 byte y= 1；都是正确的，但是，byte z= 97＋y；是错误的，原因是编译器不检查表达式 97＋y 中变量 y 的值，只检查 y 的类型，并认为表达式 97＋y 的结果是 int 型精度（见"基础知识——精度运算规则"部分）。所以，对于 byte z= 97＋y；编译器会提示"不兼容的类型：从 int 转换到 byte 可能会有损失"的信息。因此，将上述基础训练代码模板 Application3_1.java 中的【代码 1】写成 a1 = ticketNumber%10；编译器会提示"不兼容的类型：从 int 转换到 byte 可能会有损失"的信息。

【代码 1】应该写成：

```
a1 = (byte)(ticketNumber%10);
```

逻辑运算符 && 和 || 也称作短路逻辑运算符，这是因为当 op1 的值是 false 时，&& 运算符在进行运算时不再去计算 op2 的值，会直接得出 op1&&op2 的结果是 false；当 op1 的值是 true 时，|| 运算符在进行运算时不再去计算 op2 的值，会直接得出 op1||op2 的结果是 true。

4. 代码模板的参考答案

【代码 1】　　a1 = (byte)(ticketNumber%10);
【代码 2】　　ticketNumber = ticketNumber/10;
【代码 3】　　System.out.printf("%d>%d 的结果：%b\n",a1,a2,boo);
【代码 4】　　System.out.printf("%d>%d&&%d!=0 的结果：%b\n",a1,a2,a3,a1>a2&&a3!=0);

3.1.3　上机实践

上机调试下列程序代码，理解程序的输出结果。

```java
public class E {
    public static void main (String args[ ]) {
        char ch = (char)(65536+97);
        System.out.println(ch);
        ch = (char)(65536+65);
        System.out.println(ch);
        byte b = (byte)-129;
        System.out.println(b);
        boolean boo =false;
        int x = -1;
        boo = ((x=2)>9)&&((x=100)>99);
        System.out.println(boo+":"+x);
        boo = ((x=10)>9)||((x=100)>99);
        System.out.println(boo+":"+x);
    }
}
```

3.2 分支语句

3.2.1 基础知识

1. 单条件单分支语

单条件单分支语句,即根据一个条件来控制程序执行流程的语句。语句的语法格式如下:

```
if(表达式){
    若干语句                                    //if 操作
}
```

关键字 if 后面的一对小括号"()"内的表达式的值必须是 boolean 类型,当值为 true 时,则执行紧跟着的复合语句(该复合语句被称为 if 操作),结束当前分支语句的执行;如果表达式的值为 false,结束当前分支语句的执行。

2. 单条件双分支语句

单条件双分支语句,即根据一个条件来控制程序执行流程的语句。语句的语法格式如下:

```
if(表达式){
    若干语句                                    //if 操作
}
else {
    若干语句                                    //else 操作
}
```

关键字 if 后面的一对小括号内的表达式的值必须是 boolean 类型,当值为 true 时,则执行紧跟着的复合语句,结束当前单条件双分支语句的执行;如果表达式的值为 false,则执行关键字 else 后面的复合语句(该复合语句被称为 else 操作),结束当前单条件双分支语句的执行。

3. 多条件分支语句

多条件分支语句根据多个条件来控制程序执行的流程。语句的语法格式如下:

```
if(表达式){
    若干语句                                    //if 操作
}
else if(表达式){
    若干语句                                    // else if 操作
}
…
else {
    若干语句
}
```

if 及多个 else if 后面的一对小括号内的表达式的值必须是 boolean 类型。程序执行多条件分支语句时,按照该语句中表达式的顺序,首先计算第 1 个表达式的值,如果计算结果为 true,则执行紧跟着的复合语句,结束当前多条件分支语句的执行,如果计算结果为 false,则继续计算第 2 个表达式的值,依次类推,假设计算得到第 m 个表达式的值为 true,则执行紧跟其后的复合语句,结束当前多条件分支语句的执行,否则继续计算第 $m+1$ 个表达式的值,如果所有表达式的值都为 false,则执行关键字 else 后面的复合语句,结束当前多条件分支语句的执行。多条件分支语句中的 else 部分是可选项,如果没有 else 部分,当所有表达式的值都为 false 时,结束当前多条件分支语句的执行(该语句什么都没有做)。

4. switch 语句

switch 语句是单条件多分支的开关语句,它的一般格式定义如下(其中 break 语句是可选的):

```
switch(表达式)
{
   case   常量值 1:
            若干个语句
            break;
   case   常量值 2:
            若干个语句
            break;
      …
   case   常量值 n:
            若干个语句
            break;
   default:
         若干语句
}
```

switch 语句中"表达式"的值可以为 byte、short、int、char 型(不可以是 long 型),"常量值 1"到"常量值 n"也是 byte、short、int、char 型。"常量值 1"到"常量值 n"的值称作 case 的标签号,标签号要互不相同。switch 语句首先计算表达式的值,如果表达式的值和某个 case 标签号相等,就执行该 case 里的若干个语句。如果在当前 case 中的语句中包含 break 语句,那么在执行 break 语句后就结束当前 switch 语句的执行,否则就继续执行当前 case 之后的各个 case 中的语句,包括 default 中的语句(不再验证表达式的值和 case 的标签号是否相等)。

3.2.2 基础训练

基础训练的能力目标是根据问题的条件合理地使用分支语句选择所要进行的操作。

1. 基础训练的主要内容

为了答谢顾客在节日里进行优惠促销,某商场编程计算顾客得到的优惠。

(1) 在主类的 main 方法中声明名字是 moneyAmount 的 int 型变量,用于存放顾客购买的商品的总金额,声明名字是 charge 的 double 型变量,用于存放顾客需要支付的金额。

(2) 在 main 方法中输入顾客购买的商品的总金额。

(3) 在 main 方法中使用分支语句表达下列优惠算法:

购买总金额 moneyAmount 小于 100 元,charge 的值是 moneyAmount 的值。

moneyAmount 大于或等于 100、小于 200 元,优惠额度是(moneyAmount－100)×0.9,即 charge 的值是 100＋(moneyAmount－100)×0.9。

购买的商品的总金额 moneyAmount 大于 200 元、小于 500 元,优惠额度是(200－100)×0.9＋(moneyAmount－200)×0.8,即 charge 的值是 100＋(200－100)×0.9＋(moneyAmount－200)×0.8。

购买的商品的总金额 moneyAmount 大于或等于 500 元,优惠额度是(200－100)×0.9＋(500－200)×0.8＋(moneyAmount－500)×0.7,即 charge 的值是 100＋(200－100)×0.9＋(500－200)×0.8＋(moneyAmount－500)×0.7。

2. 基础训练使用的代码模板

将下列 Application3_2.java 中的【代码】替换为程序代码。程序运行效果如图 3-2 所示。

Application3_2.java 源文件的内容如下:

```
import java.util.Scanner;
public class Application3_2 {
   public static void main(String args[ ]) {
     int moneyAmount = 0;
     double charge = 0;
     System.out.printf("输入商品的总额:\n");
     Scanner reader = new Scanner(System.in);
     moneyAmount=reader.nextInt();
     if(moneyAmount<100) {
         charge = moneyAmount;
     }
     else if(moneyAmount<200&&moneyAmount>=100){
         【代码 1】   //计算支付金额并赋值给 charge
     }
     else if(moneyAmount<500&&moneyAmount>=200){
         【代码 2】   //计算支付金额并赋值给 charge
     }
     else if(moneyAmount>=500){
         【代码 3】   //计算支付金额并赋值给 charge
     }
     System.out.printf("顾客支付金额:%-10.2f\n",charge);
     System.out.printf("顾客节省金额:%-10.2f\n",moneyAmount-charge);
   }
}
```

```
C:\ch3>java Application3_2
输入商品的总额:
8895
顾客支付金额:6306.50
顾客节省金额:2588.50
```

图 3-2　使用分支语句

3. 训练小结与拓展

下面是有语法错误的 if-else 语句：

```
if(x>0)
   y=10;
   z=20;
else
   y=-100;
```

正确的写法如下：

```
if(x>0){
   y=10;
   z=20;
}
else
   y=100;
```

需要注意的是,在 if-else 语句中,其中的复合语句中如果只有一条语句,{ }可以省略不写,但为了增强程序的可读性,最好不要省略(这是一个很好的编程习惯)。

switch 语句中表达式的值可以是 String 类型(见第 6.1 节),如下列代码所示:

```java
public class E {
    public static void main (String args[ ]) {
        String str ="java";
        int m = 0;
        switch(str) {
            case "game" :
            case "java" :   m = 100;
            case "lovejava" :   m = 200;
            default:   m = 300;
        }
        System.out.println(m);          //输出:300
    }
}
```

4. 代码模板的参考答案

【代码 1】　charge=100+(moneyAmount-100) * 0.9;

【代码 2】　charge=100+(200-100) * 0.9+(moneyAmount-200) * 0.8;

【代码 3】　charge=100+(200-100) * 0.9+(500-200) * 0.8+(moneyAmount-500) * 0.7;

3.2.3　上机实践

上机调试下列程序代码,理解程序的输出结果。

```java
public class E {
    public static void main (String args[ ]) {
        int m =100,n =10;
        if(m >n) {
            n = 100;
            m = 10;
        }
        else
            n = -100;
        m = -99;
        System.out.printf("%d:%d\n",m,n);
        boolean boo = false;
        if(boo = false){
            System.out.print("你好");
        }
        else {
            System.out.print("yes");
        }
    }
}
```

3.3 循环语句

3.3.1 基础知识

1. while 语句

while 语句的语法格式如下：

```
while (表达式) {
    若干语句                                    //循环体
}
```

while 语句包含三个部分：

① while 关键字。

② while 后面一对小括号中的表达式，称为 while 语句的循环条件表达式，其值必须是 boolean 型（注意：小括号后面不能有分号）。

③ 一条复合语句，称为 while 语句的循环体。循环体只有一条语句时，大括号{}可以省略，但最好不要省略，以便增强程序的可读性。

while 语句的执行流程是：计算 while 关键字后面一对小括号中的条件表达式的值，如果值是 true，执行循环体，然后计算条件表达式的值，如果值是 true，再次执行循环体，反复执行，直到计算条件表达式所得的值是 false 时，结束 while 语句的执行。

2. do-while 语句

do-while 语句的语法格式如下：

```
do {
    若干语句
} while(表达式);
```

do-while 语句包含下列三个部分：

① do 关键字。

② do 之后的一条复合语句，称为 do-while 语句的循环体。循环体只有一条语句时，大括号{}可以省略，但最好不要省略，以便增强程序的可读性。

③ while 后面一对小括号中的表达式，称为 while 语句的循环条件(注意，小括号后面有分号)。

do-while 语句的执行流程是：首先执行循环体，然后计算 while 关键字后面一对小括号中的条件表达式的值，如果值是 true 就再次执行循环体，反复执行，直到计算条件表达式所得的值是 false，结束 do-while 语句的执行。

3. for 语句

for 语句的语法格式如下：

```
for (表达式 1; 表达式 2; 表达式 3) {
    若干语句                                    //循环体
}
```

注："表达式 2"的值必须是 boolean 型。

for 语句的执行流程如下：

① 计算"表达式 1"的值，完成必要的初始化工作。

② 计算"表达式 2"的值，若"表达式 2"的值为 true，执行③，否则执行④。

③ 执行循环体，然后计算"表达式 3"，以改变"表达式 2"的值，然后执行②。

④ 结束 for 语句的执行。

3.3.2 基础训练

基础训练的能力目标是掌握循环语句的使用方法。

1. 基础训练的主要内容

使用循环语句实现猜数字游戏。在主类的 main() 方法中随机给出一个 1～100 的数据，让用户猜测这个数。当用户给出的猜测大于程序给出的数时，程序提示用户"猜大了"，要求用户继续猜测，当用户给出的猜测小于程序给出的数时，程序提示用户"猜小了"，要求用户继续猜测，当用户给出的猜测等于程序给出的数时，程序提示用户"猜对了"，不再要求用户继续猜测。

2. 基础训练使用的代码模板

将下列 Application3_3.java 中的【代码】替换为程序代码。程序运行效果如图 3-3 所示。

Application3_3.java 源文件的内容如下：

```java
import java.util.*;
public class Application3_3 {
    public static void main(String args[]) {
        int randomNumber;                               //随机数
        int guess;                                      //用户的猜测
        int count = 0;                                  //记录用户猜测的次数
        Scanner scanner=new Scanner(System.in);
        Random random=new Random();
        System.out.printf("给你一个 1 至 100 之间的数,请猜测:\n");
        randomNumber = random.nextInt(100)+1;
        guess = scanner.nextInt();
        while(【代码 1】) {                              //未猜测对的表达式
            count++;
            if(【代码 2】){                              //猜大的表达式
                System.out.printf("第%d次猜测,猜大了,请再猜:\n",count);
            }
            else if(【代码 3】){                         //猜小的表达式
                System.out.printf("第%d次猜测,猜小了,请再猜:\n",count);
            }
            guess = scanner.nextInt();
        }
        System.out.printf("您猜对了,共猜了%d次,这个数就是:%d\n",count,randomNumber);
    }
}
```

```
C:\ch3>java Application3_3
给你一个1至100之间的数，请猜测:
50
第1次猜测,猜小了,请再猜:
75
第2次猜测,猜小了,请再猜:
88
第3次猜测,猜大了,请再猜
83
您猜对了，共猜了3次，这个数就是:83
```

图 3-3 猜数字

3. 训练小结与拓展

random.nextInt(100)返回 0 至 100 之间的某个整数,包括 0 但不包括 100,即返回[0,100)区间中的某个整数。

循环语句可用来强迫用户反复进行某种操作,其特点是根据条件反复执行某个操作。基础训练模板中,只要用户没有猜对,就要求用户执行猜测操作。

do-while 循环语句的循环体至少被执行一次,而 while 语句的循环体有可能一次都不被执行。

break 和 continue 语句是用关键字 break 或 continue 加上分号构成的语句。在循环体中可以使用 break 语句和 continue 语句。在一个循环中,比如循环 50 次的循环语句中,如果在某次循环中执行了 break 语句,那么整个循环语句的执行就结束。如果在某次循环中执行了 continue 语句,那么本次循环就结束,即不再执行 continue 语句后面的语句,而转入下一次循环的执行。

下面的代码 Number.java 使用了 break 和 continue 语句,输出了 10 以内的奇数和及 100 以内的全部素数。

```java
public class Number {
    public static void main(String args[]) {
        int sum=0,i,j;
        for( i=1;i<=10;i++) {
            if(i%2==0) {                          //计算 1+3+5+7+9
                continue;
            }
            sum=sum+i;
        }
        System.out.println("sum="+sum);
        for(j=2;j<=100;j++) {                     //求 100 以内的素数
            for( i=2;i<=j/2;i++) {
                if(j%i==0)
                    break;
            }
            if(i>j/2) {
                System.out.println(""+j+"是素数");
            }
        }
    }
}
```

4. 代码模板的参考答案

【代码 1】 guess != randomNumber

【代码 2】 guess > randomNumber

【代码 3】 guess < randomNumber

3.3.3 上机实践

上机调试下列程序代码,理解程序的输出结果。

```java
public class E {
    public static void main(String args[]) {
        int m = 6789;
        int sum = 0,t = 1000;
        while(t >0){
```

```
            sum = sum+m%10 * t;
            m = m/10;
            t = t/10;
        }
        System.out.printf("%d\n",sum);
        m = 6789;
        int [] a = new int[4];
        for(int i=0;i<a.length;i++) {
            a[i] = m%10;
            m = m/10;
        }
        System.out.printf("%d%d%d%d",a[0],a[1],a[2],a[3]);
    }
}
```

3.4　小结

(1) Java 程序中的条件分支语句的条件表达式及循环语句中的条件表达式的值必须是 boolean 类型，这一点和 C 语言不同。

(2) 循环语句通过让程序反复执行某段代码来达到某种目的。尽管 while 循环、do-while 循环和 for 循环的执行流程不同，但解决问题的能力相同，即借助一种循环能解决的问题，借助另一种循环也可以解决（整个程序的代码会有细微的差别）。实际应用中，可以选择一种自己惯用的循环语句来使用。

3.5　课外读物

扫描二维码即可观看学习。

习题 3

1. 判断题（题目叙述正确的，在后面的括号中打√，否则打×）

(1) 表达式 10＞20－17 的结果是 1。　　　　　　　　　　　　　　　　　　　　　（　　）
(2) 表达式 5/2 的结果是 2。　　　　　　　　　　　　　　　　　　　　　　　　　（　　）
(3) 逻辑运算符的运算结果是 boolean 型数据。　　　　　　　　　　　　　　　　　（　　）
(4) 关系运算符的运算结果是 int 型数据。　　　　　　　　　　　　　　　　　　　（　　）
(5) 12 ＝ 12 是非法的表达式。　　　　　　　　　　　　　　　　　　　　　　　　（　　）
(6) 表达式 2＞8&&9＞2 的结果为 false。　　　　　　　　　　　　　　　　　　　（　　）
(7) while(表达式)…语句中的"表达式"的值必须是 boolean 型数据。　　　　　　　（　　）
(8) 在 while 语句的循环体中，执行 break 语句的效果是结束 while 语句。　　　　（　　）
(9) switch 语句中必须要有 default 选项。　　　　　　　　　　　　　　　　　　　（　　）
(10) if 语句中的条件表达式的值可以是 int 型数据。　　　　　　　　　　　　　　（　　）

2. 单选题

(1) 下列叙述正确的是(　　)。

A. 5.0/2+10 的结果是 double 型数据
B. (int)5.8+1.0 的结果是 int 型数据
C. '苹'+ '果'的结果是 char 型数据
D. (short)10+'a'的结果是 short 型数据

（2）用下列选项替换程序标注的【代码】会导致编译错误的是(　　)。

```
public class E {
    public static void main (String args[ ]) {
        int m=10,n=0;
        while(【代码】) {
            n++;
        }
    }
}
```

A. m-->0　　　　　　　　　　B. m++>0
C. m = 0　　　　　　　　　　D. m>100&&true

（3）对于 Test.java,下列叙述正确的是(　　)。

```
public class Test {
    public static void main (String args[ ]) {
        boolean boo = false;
        if(boo = true){
            System.out.print("hello");
            System.out.print("你好");
        }
        else {
            System.out.print("ok");
            System.out.print("yes");
        }
    }
}
```

A. 出现编译错误　　　　　　　B. 程序的输出结果是"hello 你好"
C. 程序输出的结果是"ok"　　　D. 程序输出的结果是"okyes"

（4）对于 int n=6789;,表达式的值为 7 的是(　　)。
A. n%10　　　B. n/10%10　　　C. n/100%10　　　D. n/1000%10

（5）用下列选项替换程序标注的【代码】会使得程序输出"hello"的是(　　)。

```
public class Test {
    public static void main (String args[ ]) {
        int m = 0;
        if(【代码】){
            System.out.println("您好");
        }
        else {
            System.out.println("hello");
        }
    }
}
```

A. m－－ <= 0　　　B. ++m > 0　　　C. m++ > 0　　　D. ——m < 0

（6）假设有"int x=1;"，以下选项会导致"可能损失精度，找到 int 需要 char"这样的编译错误的是（　　）。

A. short t=12+'a';　　　　　　　　B. char c ='a'+1;

C. char m ='a'+x;　　　　　　　　D. byte n ='a'+1;

3. 挑错题（A、B、C、D 注释标注的哪行代码有错误？）

（1）
```java
public class Test {
    public static void main (String args[ ]) {
        byte b = 'a';                           //A
        int n  =100;
        char c = 65;                            //B
        b = b;                                  //C
        b = b+1;                                //D
    }
}
```

（2）
```java
public class Test {
    public static void main (String args[ ]) {
        char ch = '花';                         //A
        byte n  =-100;
        ch = ch-ch;                             //B
        n = n;                                  //C
        n = 127;                                //D
    }
}
```

（3）
```java
public class Test {
    public static void main (String args[ ]) {
        int m =1000;
        while(m >100)                           //A
        {
           m = m--;                             //B
           if (m ==600){                        //C
              continue;
              m++;                              //D
           }
        }
    }
}
```

4. 阅读程序题

（1）下列程序的输出结果是什么？

```java
public class E {
    public static void main (String args[ ])   {
        char x='你',y='e',z='吃';
```

```
        if(x>'A'){
            y='苹';
            z='果';
        }
        else
            y='酸';
        z='甜';
        System.out.println(x+","+y+","+z);
    }
}
```

(2) 下列程序的输出结果是什么？

```
public class E {
  public static void main (String args[ ]) {
      char c = '\0';
      for(int i=1;i<=4;i++) {
        switch(i) {
          case 1:   c = 'J';
                    System.out.print(c);
          case 2:   c = 'e';
                    System.out.print(c);
                    break;
          case 3:   c = 'p';
                    System.out.print(c);
          default: System.out.print("好");
        }
      }
  }
}
```

(3) 下列程序的输出结果是什么？

```
public class E {
  public static void main (String []args)   {
     int x = 1,y = 6;
     while (y-->0) {
         x--;
     }
     System.out.print("x="+x+",y="+y);
  }
}
```

5. 编程题

(1) 编写应用程序求 1!+2!+…+10!的值。

(2) 编写一个应用程序，输出 100 以内的全部素数。

(3) 分别用 do-while 循环和 for 循环计算 1+1/2!+1/3!+1/4!+…的前 20 项和。

(4) 一个数如果恰好等于它的因子之和，这个数就称为完数。编写应用程序，输出 1000 以内的所有完数。

(5) 编写应用程序，使用 for 循环语句计算 8+88+888+…的前 10 项之和。

(6) 编写应用程序，输出满足 1+2+3+…+n<8888 的最大正整数 n。

第 4 章 类 与 对 象

主要内容

- 数据和算法的封装
- 类的结构
- 构造方法与对象的创建
- Java 程序的结构
- 对象的引用和实体
- 对象的组合
- 实例成员与类成员
- this 关键字
- 方法重载
- 包语句与 import 语句
- 可变参数与 var 局部变量

面向对象的编程语言有三个重要特性：封装、继承和多态。学习面向对象编程首先要学习怎样用类把数据和对数据的操作封装成一个整体，即学习怎样编写类。本章主要讲述类和对象，即学习面向对象的编程语言的第一个特性——封装，下一章学习面向对象的编程语言的另外两个特性——继承和多态。

4.1 数据和算法的封装

4.1.1 基础知识

1. 类与数据和算法的封装

编写类的目的是把数据和对数据的操作封装成一个整体，可以使程序员不必知道数据操作的细节，就可以使用这些数据及相关的操作。比如，把圆的半径和圆的面积的算法封装在一个类中，那么其他程序员不必知道圆面积的算法，就可以在自己的程序中计算圆的面积。观察下列简单的 Circle 类。

2. 简单的 Circle 类

面向对象编程的一个重要思想就是将某些数据及针对这些数据的操作封装在一个类中，也就是说，类的主要构成是数据及数据上的操作（有关类的细节将在后续章节中讨论）。

Circle.java 源文件的内容如下：

```java
class Circle {                                    //类声明
    double radius;                                //圆的半径
    double getArea() {                            //计算圆的面积的方法
        double area=3.14 * radius * radius;
        return area;
    }
}
```

（1）类声明

示例代码第一行中的 class Circle 称作类声明，Circle 是类名。

（2）类体

类声明之后的一对大括号"{""}"及它们之间的内容称作类体，大括号之间的内容称为类体的内容。

上述 Circle 类的类体的内容由两个部分构成：一部分是变量的声明，所声明的变量称为成员变量，用于刻画圆的属性（数据），如 Circle 类中的 radius；另一部分是方法，如 double getArea()（在 C 语言中称为函数），用于刻画行为（数据上的操作，即算法）。

3. 使用 Circle 类创建对象

上述 Circle 类不是主类，因为 Circle 类没有 main()方法。Circle 类好比是生活中的一个电阻，如果没有电器设备使用它，电阻将无法体现其作用。

以下 Java 程序的 Application4_1 类（主类）中用 Circle 类创建了对象，该对象可以完成计算圆面积的任务。编写 Java 程序主类（Application4_1 类）的程序员无须知道圆面积的算法就可以计算出圆的面积。将 Application4_1.java 和 Circle.java 保存在相同的目录中，可以分别编译 Circle.java 和 Application4_1.java，也可以只编译 Application4_1.java，会导致编译器编译 Circle.java。然后运行主类即可。

Application4_1.java 源文件的内容如下：

```java
public class Application4_1{
   public static void main(String args[]) {
      Circle tomCat;                        //声明一个名字是 tomCat 的对象
      tomCat = new Circle();                //创建 tomCat 对象
      tomCat.radius=123.86;                 //给 tomCat 的 radius 赋值
      double area=tomCat.getArea();
      System.out.println("tomCat 的面积:"+area);
   }
}
```

在调试上述程序时，需要将 Circle.java 和 Application4_1.java 保存在同一个目录中，并分别编译 Circle.java 和 Application4_1.java，然后运行主类。

在某些情况下，把数据和对这些数据的相关操作封装成一个整体是十分必要的，以便其他程序员不必知道算法的细节就可以使用这些数据或相应的算法来为自己的程序服务。如果将某些数据及相关的操作封装成一个整体就使得这些数据及相关操作具备了广泛的复用性。比如，其他 Java 程序员也可以使用这个 Circle 类完成计算圆面积的任务。

4.1.2 基础训练

基础训练的能力目标是能编写简单的类并用类创建对象。

1. 基础训练的主要内容

编写简单的封装矩形相关数据和算法的 Rectangle 类，并在应用程序中使用 Rectangle 类创建对象来计算矩形的面积。用户从键盘输入矩形的宽和高，程序输出矩形的面积。

① 编写一个 Rectangle 类，该类有名字是 width 和 height 的成员变量，以及计算矩形面积的方法。
② 在主类中用 Rectangle 创建名字是 rect 的对象，该对象负责计算矩形的面积。

2. 基础训练使用的代码模板

将下列 Application4_2.java 中的【代码】替换为程序代码。将模板中的 Rectangle.java 和 Application4_2.java 保存在相同目录中，编译 Application4_2.java，然后运行主类 Application4_2，程序运行效果如图 4-1 所示。

Rectangle.java 源文件的内容如下：

```java
class Rectangle {
   double width,height;                     //矩形的宽和高
   double computerArea() {                  //计算矩形面积的方法
      double area=width * height;
```

```
        return area;
    }
}
```

```
C:\ch4>java Application4_2
输入矩形的宽:127.98
输入矩形的高:78.55
矩形的面积:    10052.83
```

图 4-1 计算矩形的面积

Application4_2.java 源文件的内容如下：

```
import java.util.*;
public class Application4_2 {
  public static void main(String args[]) {
     Scanner reader = new Scanner(System.in);
     【代码1】                //使用 Rectangle 类声明一个名字是 rect 的对象
     【代码2】                //创建 rect 对象
     System.out.printf("输入矩形的宽:");
     rect.width=reader.nextDouble();
     System.out.printf("输入矩形的高:");
     rect.height=reader.nextDouble();
     double area=【代码3】    //rect 对象计算矩形的面积
     System.out.printf("矩形的面积:%10.2f",area);
  }
}
```

3. 训练小结与拓展

创建类的目的是创建具有属性（变量）和行为（方法）的对象。程序可以让对象通过操作自己的变量改变状态，而且可以让对象调用方法体现其行为。

对象通过使用"."运算符操作自己的变量和调用方法。对象操作自己的变量的格式如下：

对象.变量;

示例如下：

```
rect.wdith=100;
rect.height=90;;
```

调用方法的格式如下：

对象.方法;

示例如下：

```
rect.computerArea();
```

4. 代码模板的参考答案

【代码1】   Rectangle rect;
【代码2】   rect = new Rectangle();
【代码3】   rect.computerArea();

4.1.3 上机实践

编写一个Java应用程序,该程序中有两个类:Vehicle(用于刻画机动车)和User(主类)。具体要求如下:

① Vehicle类有一个double类型的变量speed,用于刻画机动车的速度;一个int型变量power,用于刻画机动车的功率。方法定义定义了speedUp(int s)方法,体现机动车有加速功能;定义了speedDown()等方法,体现机动车有减速功能;定义setPower(int p)方法,用于设置机动车的功率;定义getPower()方法,用于获取机动车的功率。

② 在主类User的main方法中用Vehicle类创建对象,并让该对象调用方法设置功率,演示加速和减速功能。

上机实践代码模板如下,按模板要求,将【代码】替换为Java程序代码,调试运行程序。

Vehicle.java源文件内容如下:

```
public class Vehicle {
    【代码1】//声明double型变量speed,刻画速度
    【代码2】//声明int型变量power,刻画功率
    void speedUp(int s) {
        【代码3】  //将参数s的值与成员变量speed的和赋值给成员变量speed
    }
    void speedDown(int d) {
        【代码4】  //将成员变量speed与参数d的差赋值给成员变量speed
    }
    void setPower(int p) {
        【代码5】  //将参数p的值赋值给成员变量power
    }
    int getPower() {
        【代码6】  //返回成员变量power的值
    }
    double getSpeed() {
        return speed;
    }
}
```

User.java源文件内容如下:

```
public class User {
  public static void main(String args[]) {
     Vehicle car1,car2;
     【代码7】   //使用new运算符和默认的构造方法创建对象car1
     【代码8】   //使用new运算符和默认的构造方法创建对象car2
     car1.setPower(128);
     car2.setPower(76);
     System.out.println("car1的功率是:"+car1.getPower());
     System.out.println("car2的功率是:"+car2.getPower());
     【代码9】   //car1调用speedUp方法将自己的speed的值增加80
     【代码10】  //car2调用speedUp方法将自己的speed的值增加80
     System.out.println("car1目前的速度:"+car1.getSpeed());
     System.out.println("car2目前的速度:"+car2.getSpeed());
     car1.speedDown(10);
     car2.speedDown(20);
```

```
        System.out.println("car1目前的速度:"+car1.getSpeed());
        System.out.println("car2目前的速度:"+car2.getSpeed());
    }
}
```

4.2 类的结构

4.2.1 基础知识

1. 类的定义

使用关键字 class 定义一个类,语法格式如下:

```
class  类名                                    //类声明
{                                              //类体开始
                                               //类体内容
}                                              //类体结束
```

class 是关键字,用于定义类。"class 类名"是类的声明部分,类名必须是合法的 Java 标识符。两个大括号及之间的内容是类体。示例如下:

```
class Car {
    ...
}
```

其中,class Car 称为类声明;Car 是类名。

2. 类体

类的作用是抽象出一类事物共有的属性和行为,并用一定的语法格式来描述所抽象出的属性和行为。抽象的关键是抓住事物的两个方面:属性和行为,即数据及在数据上所进行的操作,因此类体的内容由如下两部分构成。

① 变量的声明:用于存储数据(体现属性值)。
② 方法的定义:方法可以对类中声明的变量进行操作,即给出算法(体现行为)。

下面是一个类名为 Rectangle 的类(抽象出矩形的相关数据和操作),类体的声明变量部分声明了 2 个 double 类型的变量:width 和 height,方法定义部分定义了两个方法:double computerArea()和 double getPerimeter()。

```
class Rectangle {
    double width;                              //矩形的宽(变量声明)
    double height;                             //矩形的高(变量声明)
    double computerArea() {                    //计算矩形面积(方法)
        double area = width * height;
        return area;
    }
    double getPerimeter() {                    //计算矩形周长(方法)
        double perimeter=2 * height+2 * width;
        return perimeter;
    }
}
```

3. 成员变量与方法

声明变量部分所声明的变量被称为成员变量,如上面 Rectangle 类中的 width 和 height 就是成员变量。成员变量的类型可以是 Java 中的任何一种数据类型,包括基本类型:整型、浮点型、字符型、逻辑类型;引用类型:数组、对象和接口(对象和接口见后续内容)。

成员变量在整个类内的所有方法里都有效,其有效性与声明它的先后位置无关。例如,前述的 Rectangle 类也可以等价地写成:

```java
class Rectangle {
    double computerArea() {                    //计算矩形面积(方法)
        double area = width * height;
        return area;
    }
    double height;                             //矩形的高(变量声明)
    double getPerimeter() {                    //计算矩形周长(方法)
        double perimeter=2 * (height+width);
        return perimeter;
    }
    double width;                              //矩形的宽(变量声明)
}
```

不提倡把成员变量的声明分散地写在方法之间,习惯上先声明变量再定义方法。

类中定义方法和 C 语言中定义一个函数完全类似,只不过在面向对象的编程语言中称为方法,因此对于有比较好的 C 语言基础的读者,编写方法已不再是难点。

4. 局部变量

在方法的方法体中声明的变量及方法的参数称为局部变量。和类的成员变量不同的是,局部变量只在方法内有效,而且与其声明的位置有关。方法的参数在当前方法内有效,方法内的局部变量从声明它的位置之后开始有效。如果局部变量的声明是在一个复合语句中,那么该局部变量的有效范围是当前复合语句;如果局部变量的声明是在一个循环语句中,那么该局部变量的有效范围是当前循环语句。示例如下:

```java
public class A {
    int m = 10,sum = 0;                        //成员变量,在整个类中有效
    void f() {
        int z = 10;                            //z 是局部变量
        z = 2 * m+z;
        for(int t=0;t<m;t++) {                 //t 是局部变量
            sum = sum+t;
        }
        m = t;                                 //非法,因为 t 已无效
    }
    void g(int n) {                            //n 是局部变量
        sum = n+1;
        sum = z+10;                            //非法,因为 z 无效
    }
}
```

4.2.2 基础训练

基础训练的能力目标是能用所学的语法定义简单的类。

1. 基础训练的主要内容

用类封装一元一次方程 ax+b=0 的有关数据和求根的算法，即类来描述一元一次方程。

① 定义一个名字是 Equation 的类。
② 在 Equation 的类中声明 double 型的成员变量 a 和 b。
③ 定义方法 void outputRoot()，该方法用于输出方程的根。

2. 基础训练使用的代码模板

将下列 Equation.java 中的【代码】替换为程序代码。程序运行效果如图 4-2 所示。

Equation.java 源文件内容如下：

```java
public class Equation {
    【代码 1】    //声明名字是 a 的 double 型成员变量，表示方程的一次项系数
    【代码 2】    //声明名字是 b 的 double 型成员变量，表示方程的常数项
    void outputRoot() {
        【代码 3】    //声明名字是 root 的 double 型局部变量
        if(a!=0) {
            root = -b/a;
            System.out.println("方程的根:"+root);
        }
        else if(b!=0) {
            System.out.println("方程无根");
        }
        else {
            System.out.println("方程有无穷多根");
        }
    }
}
```

```
C:\ch4>java Application4_3
输入一次项系数:12.56
输入常数项:23
方程的根:-1.8312101910828025
```

图 4-2　用类封装方程

Application4_3.java 源文件内容如下：

```java
import java.util.*;
public class Application4_3 {
    public static void main(String args[]) {
        Scanner reader = new Scanner(System.in);
        Equation simple=new Equation();
        System.out.printf("输入一次项系数:");
        simple.a=reader.nextDouble();
        System.out.printf("输入常数项:");
        simple.b=reader.nextDouble();
        simple.outputRoot();
    }
}
```

3. 训练小结与拓展

如果类名使用拉丁字母，那么名字的首字母使用大写字母，如 Hello、Time、Dog 等。类名最好容易识

别、见名知意。当类名由几个"单词"复合而成时,每个单词的首字母均大写,如 BeijingVehicle、AmericanVehicle、HelloChina 等。变量或方法的名字除了符合标识符规定外,名字的首单词的首字母小写;如果变量或方法的名字由多个单词组成,从第 2 个单词开始的其他单词的首字母大写。

可以用逗号分隔来声明若干个类型相同的变量,示例如下:

```
double a,b;
```

但是在编码时不提倡这样做,原因是不利于给代码增添注释内容。提倡一行只声明一个变量(方便给代码增添注释内容)。

需要强调的是,类体的内容由两部分构成:一部分是变量的声明;另一部分是方法的定义。对成员变量的操作只能放在方法中,方法使用各种语句对成员变量和方法体中声明的局部变量进行操作,如图 4-3 所示。

声明成员变量时可赋予其初值,示例如下:

```
class A {
    int a = 12;          //声明成员变量的同时赋予其初值 12
}
```

如下成员变量的声明和赋值方法是错误的:

```
class A {
    int a;
    a = 12;              //非法,这是赋值语句(语句不是变量的声明,只能出现在方法体中)
}
```

UML 图(Unified Modeling Language Diagram)属于结构图,常被用于描述系统的静态结构。

在类的 UML 图中,使用一个长方形描述一个类的主要构成,将长方形在垂直方向上分为三层。

顶部第 1 层是名字层,如果类的名字是常规字形,表明该类是具体类,如果类的名字是斜体字形,表明该类是抽象类(抽象类的相关内容在第 6 章讲述)。

第 2 层是变量层,也称属性层,列出类的成员变量及类型,格式是"变量名字:类型"。在用 UML 表示类时,可以根据设计需要只列出最重要的成员变量的名字。

第 3 层是方法层,也称操作层,列出类中的方法,格式是"方法名字(参数列表):类型"。在用 UML 表示类时,可以根据设计需要只列出最重要的方法。图 4-4 是上述任务中 Equation 类的 UML 图。

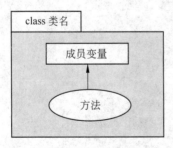

图 4-3 类的基本结构

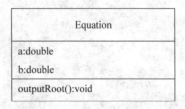

图 4-4 Equation 类的 UML 图

4. 代码模板的参考答案

【代码 1】 `double a;`

【代码 2】 `double b;`

【代码 3】 `double root;`

4.2.3 实践环节

用类封装一元二次方程 $ax^2+bx+c=0$ 的有关数据和实根的算法,即用类来描述一元二次方程。上机实践代码模板如下，按模板要求，将【代码】替换为 Java 程序代码，调试运行程序。

SquareEquation.java 源文件内容如下：

```java
package tom.jiafei;
public class SquareEquation {
    double a,b,c;                //方程的三个系数
    double root1,root2;          //方程的两个根
    boolean boo;                 //刻画是否是二次方程
    public SquareEquation(double a,double b,double c) {
      this.a=a;
      this.b=b;
      this.c=c;
      if(a!=0)
         boo=true;
      else
         boo=false;
    }
    public void getRoots() {
      if(boo) {
        System.out.println("是一元二次方程");
        double disk=b*b-4*a*c;
        if(disk>=0) {
           root1=(-b+Math.sqrt(disk))/(2*a);
           root2=(-b-Math.sqrt(disk))/(2*a);
           System.out.printf("方程的根:%f,%f\n",root1,root2);
        }
        else {
           System.out.printf("方程没有实根\n");
        }
      }
      else {
        System.out.println("不是一元二次方程");
      }
    }
    public void setCoefficient(double a,double b,double c) {
      this.a=a;
      this.b=b;
      this.c=c;
      if(a!=0)
         boo=true;
      else
         boo=false;
    }
}
```

E.java 源文件内容如下：

```java
public class E {
   public static void main(String args[]) {
      SquareEquation equation=【代码 1】   //创建 equation 对象
      【代码 2】                           //equation 对象调用 getRoots()方法
```

```
【代码 3】                              //equation 对象调用 setCoefficient 方法修改方程的系数
    equation.getRoots();
    }
}
```

4.3 构造方法与对象的创建

4.3.1 基础知识

1. 重要的数据类型

定义一个类之后,就有了一种重要的数据类型,也就是说,类是面向对象编程语言中最重要的一种数据类型。类这种数据类型声明的变量被称为对象变量,简称对象。通俗地讲,类是创建对象的模板,没有类就没有对象。

2. 构造方法

类中的构造方法的名字必须与它所在的类的名字完全相同,而且没有类型。允许一个类中编写若干个构造方法,但必须保证它们的参数不同。参数不同是指:参数的个数不同,或者参数个数相同,但参数列表中对应的某个参数的类型不同。例如,下列 Circle 类有两个构造方法:

```
class Circle{
    double radius;
    Circle(){                                        //构造方法
        radius=1;
    }
    Circle(double r) {                               //构造方法
        radius=r;
    }
}
```

如果类中没有编写构造方法,系统会默认该类只有一个构造方法,默认的构造方法是无参数的,且方法体中没有语句。例如,下列 Point 类有且只有一个默认的构造方法:

```
class Point{
    double x,y;
}
```

3. 创建对象

用前面的 Circle 类声明一个名字是 tomCat 的对象:

```
Circle tomCat;
```

那么对象 tomCat 的内存中存放的是 null,表明这是一个空对象,即还没有给 tomCat 对象分配半径(radius),tomCat 是一个没有半径的圆,内存模型如图 4-5 所示。

使用 new 运算符和类的构造方法来创建对象,即为对象分配变量(赋予对象属性及其值)。如果类中没有构造方法,系统会调用默认的构造方法,默认的构造方法是无参数的,且方法体中没有语句。

为 Circle 类声明的 tomCat 对象分配变量的代码如下:

```
tomCat = new Circle();
```

这里 new 是为对象分配变量的运算符,Circle()方法是 Circle 类的构造方法。

new 运算符首先为变量 radius 分配内存,并计算出一个引用(该引用包含着所分配的变量的有关内存地址等信息),如果将该引用赋值到 tomCat 对象中:tomCat = new Circle(),那么 tomCat 对象就诞生了,即给对象 tomCat 分配了一个名字是 radius 的变量,称作 tomCat 对象的(成员)变量。内存模型由声明对象时的模型(见图 4-5)变成如图 4-6 所示,箭头示意对象可以操作属于它的变量。

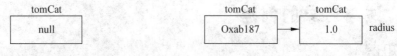

图 4-5　未分配变量的对象　　　　图 4-6　为对象分配变量后的内存模型

一个类可以创建多个不同的对象,这些对象将被分配不同的变量,因此,改变其中一个对象的变量不会影响其他对象的变量。例如,使用 Circle 类再创建一个对象 jerryMouse。

```
Circle jerryMouse = new Circle(5.8);
```

那么分配给 jerryMouse 的 radius 所占据的内存空间和分配给 tomCat 的 radius 所占据的内存空间是不同的。内存模型如图 4-7 所示。

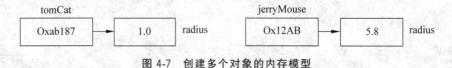

图 4-7　创建多个对象的内存模型

4. 使用对象

对象通过使用"."运算符(也称访问运算符)操作自己的变量和调用方法。对象操作自己的变量的格式如下:

```
对象.变量;
```

调用方法的格式如下:

```
对象.方法;
```

注:学习面向对象的编程语言的一个简单理念就是:需要完成某种任务时,首先要想到由谁去完成任务,即哪个对象去完成任务;提到数据,首先要想到这个数据是哪个对象的。

4.3.2　基础训练

基础训练的能力目标是使用类创建对象,让对象改变自己的属性值(改变自己的变量的值),让对象产生行为(对象调用方法)。

1. 基础训练的主要内容

① 定义一个名字是 Ladder 的类(抽象出梯形的数据和算法)。
② 在主类中用 Ladder 类创建两个对象,让这两个对象分别改变自己的变量,并分别输出各自的面积。

2. 基础训练使用的代码模板

将下列 Application4_4.java 中的【代码】替换为程序代码。程序运行效果如图 4-8 所示。
Ladder.java 源文件内容如下:

```
class Ladder {
    double above,bottom,height;
```

```
    double getArea() {
        double area;
        area = (above+bottom) * height/2;          //计算梯形面积
        return area;
    }
    void setAbove(double a) {
        above = a;
    }
    double getHeight() {
        return height;
    }
}
```

Application4_4.java 源文件内容如下：

```
public class Application4_4{
    public static void main(String args[]) {
        Ladder ladderOne,ladderTwo;
        【代码 1】      //创建对象 ladderOne
        【代码 2】      //创建对象 ladderTwo
        ladderOne.above=10.29;
        ladderOne.bottom=20.17;
        ladderOne.height=5.06;
        System.out.printf("ladderOne 的上、下底和高:%5.2f,%5.2f,%5.2f\n",
                          ladderOne.above,ladderOne.bottom,ladderOne.height);
        System.out.printf("ladderOne 的面积:%5.3f\n",ladderOne.getArea());
        ladderTwo.above=7.99;
        ladderTwo.bottom=86.65;
        ladderTwo.height=78.788;
        System.out.printf("ladderTwo 的上、下底和高:%5.2f,%5.2f,%5.2f\n",
                          ladderTwo.above,ladderTwo.bottom,ladderTwo.getHeight());
        System.out.printf("ladderTwo 的面积:%5.3f\n",ladderTwo.getArea());
        【代码 3】      //ladderOne 调用 setAbove(double b)方法重设 above 的值为 222.76
        ladderTwo.setAbove(88.18);
        System.out.printf("目前 ladderOne 的上底:%5.2f\n",ladderOne.above);
        System.out.printf("目前 ladderTwo 的上底:%5.2f\n",ladderTwo.above);
    }
}
```

```
C:\ch4>java Application4_4
ladderOne的上、下底和高:10.29,20.17, 5.06
ladderOne的面积:77.064
ladderTwo的上、下底和高: 7.99,86.65,78.79
ladderTwo的面积:3728.248
目前ladderOne的上底:222.76
目前ladderTwo的上底:88.18
```

图 4-8　创建对象

3. 训练小结与拓展

前面在讲述类的时候讲过：类中的方法可以操作成员变量。当对象调用方法时，方法中出现的成员变量就是分配给该对象的变量。例如，上述训练模板中的【代码 3】改变的是 ladderOne 的 above 的值。

如果在声明成员变量时没有指定其初始值，成员变量也有默认值。整型、浮点型的默认值是 0，逻辑类型的默认值是 false。局部变量没有默认值,在使用之前必须保证局部变量是有值的。

例如,下列 E 类中标注的【错误代码】是错误的。因为局部变量 m 没有默认值,在使用之前必须保证局部变量 m 是有值的。

```
class E {
    int  x;                          //默认值是 0
    public void f(int n) {
        int m;                       //没有默认值
        int t = x+n;                 //n 是参数,调用者会传值给 n
        int y = x+m;                 //【错误代码】因为 m 没有值
        m = 10;                      //使得 m 的值是 10,即有值
        y = x+m;                     //正确,x 和 m 都有值
    }
}
```

4. 代码模板的参考答案

【代码1】　`ladderOne=new Ladder();`

【代码2】　`ladderTwo=new Ladder();`

【代码3】　`ladderOne.setAbove(222.76);`

4.3.3　上机实践

上机调试下列代码,并解释为什么 zhubajie 调用 speak 方法之后,使得 zhubajie 的 head 由"猪头"变成了"歪着头"。

Application4_5.java 源文件的内容如下:

```
class XiyoujiRenwu {
    int height,weight;
    String head;
    void speak(String s) {
        head = "歪着头";
        System.out.println(s);
    }
}
public class Application4_5 {
    public static void main(String args[]) {
        XiyoujiRenwu zhubajie;                        //声明对象
        zhubajie = new XiyoujiRenwu();                //为对象分配变量
        zhubajie.height = 198;                        //对象给自己的变量赋值
        zhubajie.head = "猪头";
        zhubajie.weight = 160;
        System.out.println("身高:"+zhubajie.height+"cm");
        System.out.println("头:"+zhubajie.head);
        System.out.println("重量:"+zhubajie.weight+"kg");
        zhubajie.speak("俺老猪我想娶媳妇");            //对象调用方法
        System.out.println("zhubajie 现在的头:"+zhubajie.head);
    }
}
```

4.4 Java 程序的结构

4.4.1 基础知识

一个 Java 应用程序(也称为一个工程)是由若干个类构成的,这些类可以在一个源文件中,也可以分布在若干个源文件中,如图 4-9 所示。

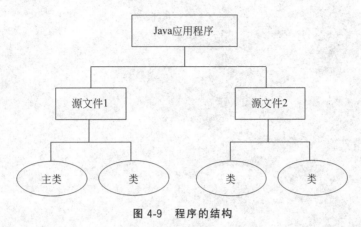

图 4-9 程序的结构

Java 应用程序一定要有一个主类,即含有 main()方法的类,Java 应用程序从主类的 main()方法开始执行。在编写 Java 应用程序时,可以编写若干个 Java 源文件,每个源文件编译后产生一个类的字节码文件。

4.4.2 基础训练

基础训练的能力目标是能将应用程序涉及的 Java 源文件保存在相同的目录中并分别编译通过,得到 Java 应用程序所需要的字节码文件,然后运行主类。

1. 基础训练的主要内容

一共有三个 Java 源文件(需要打开记事本三次,分别编辑、保存这三个 Java 源文件),其中 Application4_6.java 是含有主类的 Java 源文件。

2. 基础训练使用的代码模板

分别用文本编辑器编辑下面的 HandleData.java、ComputerData.java 和 Application4_6.java 三个 Java 源文件,并将其保存在同一个目录中。分别编译 HandleData.java、ComputerData.java 和 Application4_6.java,然后运行主类。程序运行效果如图 4-10 所示。

HandleData.java 源文件内容如下:

```java
public class HandleData {
  void handleData(double [] a) {              //负责排序
    for(int i=0;i<a.length-1;i++){
      int k = i;
      for(int j=i+1;j<a.length;j++) {
        if(a[j]<a[k]) {
          k = j;
        }
      }
      double temp =a[k];
      a[k]=a[i];
      a[i]=temp;
    }
  }
}
```

ComputerData.java 源文件内容如下：

```java
public class ComputerData {
    double computerData(double [] a){
        double aver=0;
        if(a.length>=3) {
            System.out.printf("去掉一个最高分:%5.3f\n",a[a.length-1]);
            System.out.printf("去掉一个最低分:%5.3f\n",a[0]);
            for(int i=1;i<a.length-1;i++)
                aver =aver+a[i];
            aver=aver/a.length-2;
        }
        else {
            for(int i=0;i<a.length;i++)
                aver=aver+a[i];
            aver=aver/a.length;
        }
        return aver;
    }
}
```

Application4_6.java 源文件内容如下：

```java
import java.util.Arrays;
public class Application4_6 {
    public static void main(String args[]) {
        double a[]={65,49,78,100,97,75};
        HandleData handle=new HandleData();
        handle.handleData(a);
        System.out.println(Arrays.toString(a));
        ComputerData computer =new ComputerData();
        double result = computer.computerData(a);
        System.out.println("平均分:"+result);
    }
}
```

```
C:\ch4>java Application4_6
[49.0, 65.0, 75.0, 78.0, 97.0, 100.0]
去掉一个最高分:100.000
去掉一个最低分:49.000
平均分:50.5
```

图 4-10　程序的结构

3. 训练小结与拓展

当使用解释器运行一个 Java 应用程序时，Java 虚拟机先将 Java 应用程序需要的字节码文件加载到内存，然后再由 Java 虚拟机解释执行，因此，可以事先单独编译 Java 应用程序所需要的其他源文件，并将得到的字节码文件和主类的字节码文件存放在同一目录中。如果应用程序的主类的源文件和其他的源文件在同一目录中，也可以只编译主类的源文件，Java 系统会自动地先编译主类需要的其他源文件。

4.4.3　上机实践

上机调试下列代码，掌握将应用程序所需要的 2 个类（含主类）放在一个源文件中的方法。

E.java 源文件内容如下：

```java
class Vehicle {
    double speed;
    void speedUp(int s) {
        speed=speed+s;
    }
    void speedDown(int d) {
        speed=speed-d;
    }
    double getSpeed() {
        return speed;
    }
}
public class E {
    public static void main(String args[]) {
        Vehicle car1,car2;
        car1 = new Vehicle();
        car2 = new Vehicle();
        car1.speedUp(80);
        car2.speedUp(100);
        System.out.println("car1 目前的速度:"+car1.getSpeed());
        System.out.println("car2 目前的速度:"+car2.getSpeed());
        car1.speedDown(10);
        car2.speedDown(20);
        System.out.println("car1 目前的速度:"+car1.getSpeed());
        System.out.println("car2 目前的速度:"+car2.getSpeed());
    }
}
```

4.5 对象的引用和实体

4.5.1 基础知识

1. 引用与实体

类是体现封装的一种数据类型，类声明的变量称为对象，对象负责存放引用，以确保可以操作分配给它的变量及调用类中的方法。分配给对象的变量习惯上称为对象的变量或实体。

2. 具有相同引用的对象

一个类声明的两个对象如果具有相同的引用，二者就具有完全相同的变量（实体），如下面示例中的 Point 类。

Point.java 源文件内容如下：

```java
class Point {
    int x,y;
    Point(int a,int b) {
        x = a;
        y = b;
    }
}
```

对于 Point 类创建的两个对象 p1 和 p2：

```
Point p1  =  new Point(5,15);
Point p2  =  new Point(8,18);
```

此时 p1 和 p2 的引用不相同，因此 p1 与 p2 的实体 x、y 所占据的内存位置也不同（分配给二者的变量 x、y 占有不同的内存空间）。p1 和 p2 的引用和实体的示意图如图 4-11 所示。

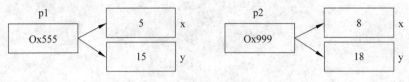

图 4-11　p1 和 p2 的引用不同

如果进行如下赋值操作：

```
p1 = p2;
```

即把 p2 中的引用赋给了 p1，虽然在源程序中 p1 和 p2 是两个名字，但在系统看来它们的名字是一个：0x999。此时，p1 和 p2 的引用相同，对象 p1 不再拥有最初分配给它的变量（不再"引用"最初分配给它的变量），而是和 p2 有了相同的变量，即 p1 和 p2 有相同的变量（实体）。如果输出 p1.x 的结果将是 8，而不是 5。p1 和 p2 的引用和实体的示意图由图 4-11 变成图 4-12 所示。

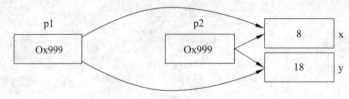

图 4-12　p1 和 p2 的引用相同

4.5.2　基础训练

基础训练的能力目标是将一个对象的引用赋值给另一个同类型的对象。

1. 基础训练的主要内容

使用类创建两个对象，将其中一个对象的引用赋值给另一个。

2. 基础训练使用的代码模板

将下列 Application4_7.java 中的【代码】替换为程序代码。程序运行效果如图 4-13 所示。
Application4_7.java 源文件内容如下：

```java
class Point {
    int x,y;
    void setXY(int m,int n){
       x = m;
       y = n;
    }
}
public class Application4_7 {
   public static void main(String args[]) {
      Point p1,p2,p3;
      【代码 1】        //创建对象 p1
```

```
    【代码 2】        //创建对象 p2
    System.out.println("p1 的引用:"+p1);
    System.out.println("p2 的引用:"+p2);
    p1.setXY(1111,2222);
    p2.setXY(-100,-200);
    System.out.println("p1 的 x,y 坐标:"+p1.x+","+p1.y);
    System.out.println("p2 的 x,y 坐标:"+p2.x+","+p2.y);
    【代码 3】        //将 p1 的引用赋值给 p2
    System.out.println("p1 的 x,y 坐标:"+p1.x+","+p1.y);
    System.out.println("p2 的 x,y 坐标:"+p2.x+","+p2.y);
    【代码 4】        //将 p2 的引用赋值给 p3
    p3.x=10;
    p3.y=60;
    System.out.println("p1 的 x,y 坐标:"+p1.x+","+p1.y);
    System.out.printf("p3 的引用:%x", System.identityHashCode(p3));
  }
}
```

```
C:\ch4>java Application4_7
p1的引用:Point@1be6f5c3
p2的引用:Point@6b884d57
p1的x,y坐标:1111,2222
p2的x,y坐标:-100,-200
p1的x,y坐标:1111,2222
p2的x,y坐标:1111,2222
p1的x,y坐标:10,60
p3的引用:1be6f5c3
```

图 4-13 对象的引用和变量

3. 训练小结与拓展

与 C++ 语言不同的是,在 Java 语言中,类有构造方法,但没有析构方法。Java 运行环境有"垃圾收集"机制,因此不必像 C++ 程序员那样,要时刻自己检查哪些对象需要使用析构方法释放其内存(释放曾分配给对象的变量)。因此,Java 很少出现"内存泄漏",即由于程序忘记释放内存所导致的内存溢出。

使用 System.out.println(object)输出对象 object 中存放的引用值时,Java 会进行一些处理,比如给引用值添加了前缀信息:类名@,然后输出添加了前缀信息的数据。可以让 System 类调用静态方法(知识点见第 4.7.3 小节)int identityHashCode(Object object)返回(得到)对象 object 的引用,如(%x 是用十六进制输出整数):

```
System.out.printf("p3 的引用:%x", System.identityHashCode(p3));
```

4. 代码模板的参考答案

【代码 1】   p1 = new Point();
【代码 2】   p2 = new Point();
【代码 3】   p2=p1;
【代码 4】   p3=p2;

4.5.3 上机实践

上机调试下列代码,注意程序是怎样模拟收音机使用电池的,要特别注意,对于两个相同类型的对象,如果二者具有同样的引用就会用同样的实体,因此,如果改变参数对象所引用的实体,就会导致原对象的实体发生同样的变化。

Battery.java 源文件内容如下:

```java
public class Battery {
    int electricityAmount;
    Battery(int amount){
        electricityAmount = amount;
    }
}
```

Radio.java 源文件内容如下:

```java
public class Radio {
    void openRadio(Battery battery){
        battery.electricityAmount = battery.electricityAmount - 10;    //消耗了电量
    }
}
```

E.java 源文件内容如下:

```java
public class E {
    public static void main(String args[]) {
        Battery nanfu = new Battery(100);              //创建电池对象
        System.out.println("南孚电池的储电量是:"+nanfu.electricityAmount);
        Radio radio = new Radio();                     //创建收音机对象
        System.out.println("收音机开始使用南孚电池");
        radio.openRadio(nanfu);                        //打开收音机,将 nanfu 的引用传递给了参数 battery
        System.out.println("目前南孚电池的储电量是:"+nanfu.electricityAmount);
    }
}
```

4.6 对象的组合

4.6.1 基础知识

一个类的成员变量可以是某个类声明的变量,即可以是对象。当一个类把某个对象作为自己的一个成员变量时,如果用这样的类创建对象,那么该对象中就会有其他对象,也就是说,该类的对象将其他对象作为自己的组成部分。当 A 类把 B 类的对象作为自己的成员时,称 A 类的对象组合了 B 类的对象,组合关系也被称为 Has-A 关系。比如,公司组合职员、收音机组合电池等。当一个对象想和另一个对象发生联系时,一个最基本的办法就是前者组合后者,后者为前者所用。如果 A 类的对象 a 组合了 B 类的对象 b,那么对象 a 就可以委托对象 b 调用其方法,即对象 a 以组合的方式复用对象 b 的方法。

所以在学习对象时,一定要记住:一个类声明的两个对象一旦具有了相同的引用,二者就具有完全相同的变量。

4.6.2 基础训练

基础训练的能力目标是学习在一个类中怎样包含其他对象,即组合对象。

1. 基础训练的主要内容

人们常说,圆锥含有一个底圆,即圆锥将一个圆作为其组成部分(圆锥组合了一个圆),即圆为圆锥所用。当计算圆锥体积时,可以委托它组合的圆对象计算圆的面积,然后圆锥再计算自己的体积。

① 编写一个 Circle 类,该类的对象可以计算圆的面积。

② 编写 Circular 类,该类有 Circle 类型的成员变量,即 Circular 对象组合了 Circle 对象。Circular 类创建圆锥对象时,需要将 Circle 类的实例即"圆"对象的引用传递给圆锥对象的 Circle 类型的成员变量。

2. 基础训练使用的代码模板

将下列 Application4_8.java 中的【代码】替换为程序代码。程序运行效果如图 4-14 所示。

Circle.java 源文件内容如下:

```java
public class Circle {
    double radius;
    Circle(double r) {
        radius = r;
    }
    double getArea(){
        return 3.14 * radius * radius;
    }
}
```

Circular.java 源文件内容如下:

```java
public class Circular {
    Circle bottom;                          //圆锥的底 bottom 是 Circle 类型的对象
    double height;
    Circular(Circle c,double h) {           //构造方法,将 Circle 类的实例的引用传递给 bottom
        bottom = c;
        height = h;
    }
    double getVolme() {
        return bottom.getArea() * height/3.0;
    }
}
```

Aplication4_8.java 源文件内容如下:

```java
public class Application4_8 {
    public static void main(String args[]) {
        Circle circle = 【代码 1】                //创建 circle 对象
        Circular circular = 【代码 2】            //将 circle 引用传递给构造方法的参数 c
        System.out.printf("圆锥的体积:%5.5f\n",circular.getVolme());
        circular.bottom.radius=1000;
        System.out.printf("圆锥的体积:%5.5f\n",circular.getVolme());
    }
}
```

```
C:\ch4>java Application4_8
圆锥的体积:2093.33333
圆锥的体积:20933333.33333
```

图 4-14 对象的组合

3. 训练小结与拓展

执行【代码 1】:

```java
Circle circle = new Circle(10);
```

内存中诞生了一个 circle 对象(圆),circle 的 radius(半径)是 10。内存中对象的模型如图 4-15 所示。

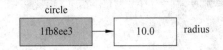

图 4-15　执行【代码 1】后内存中的对象模型

执行【代码 2】:

```
Circular circular = new Circular(circle,20);
```

内存中诞生了一个 circular 对象(圆锥)。执行【代码 2】将 circle 对象的引用通过参数 c 传递给 circular 对象的 bottom(底),使得 circle 和 bottom 有相同的引用,因此,bottom 对象和 circle 对象就有同样的实体(radius)。内存中对象的模型如图 4-16 所示。

如果一个对象 a 组合了对象 b,那么对象 a 就可以委托对象 b 调用其方法,即对象 a 以组合的方式复用对象 b 的方法。例如,圆锥对象在计算体积时,首先委托圆锥的底(一个 Circle 对象)bottom 调用 getArea() 方法计算底的面积,然后圆锥对象再计算出自身的体积。

通过组合对象来复用方法有以下特点。

① 通过组合对象来复用方法也称"黑盒"复用,因为当前对象只能委托所包含的对象调用其方法,这样一来,当前对象对所包含对象的方法的细节(算法的细节)是一无所知的。

② 当前对象随时可以更换所包含的对象,即对象与所包含的对象属于弱耦合关系。

如果 A 类的对象组合了 B 类的对象,那么 UML 使用一条实线连接 A 和 B 的 UML 图,实线的起始端是 A 的 UML 图,终点端是 B 的 UML 图,但终点端使用一个指向 B 的 UML 图的方向箭头表示实线的结束。图 4-17 是 Circular 类对象组合 Circle 类对象的 UML 图。

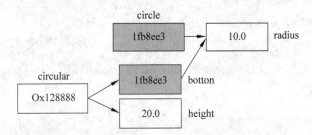

图 4-16　执行【代码 2】后内存中的对象模型

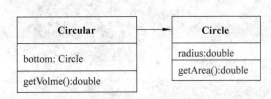

图 4-17　组合关系的 UML 图

4. 代码模板的参考答案

【代码 1】　`new Circle(10);`

【代码 2】　`new Circular(circle,20);`

4.6.3　上机实践

上机调试下列代码,注意 MobileTelephone(手机)和 SIM 卡的关系。

SIM.java 源文件内容如下:

```
public class SIM {
    long number;
    SIM(long number){
        this.number = number;
    }
    long getNumber() {
        return number;
```

```
        }
    }
```

MobileTelephone.java 源文件内容如下:

```java
public class MobileTelephone {
    SIM sim;
    void setSIM(SIM card) {
        sim = card;
    }
    long lookNumber(){
        return sim.getNumber();
    }
}
```

E.java 源文件内容如下:

```java
public class E{
    public static void main(String args[]) {
        SIM simOne = new SIM(13889776509L);
        MobileTelephone mobile = new MobileTelephone();
        mobile.setSIM(simOne);
        System.out.println("手机号码:"+mobile.lookNumber());
        SIM simTwo = new SIM(15967563567L);
        mobile.setSIM(simTwo);           //更换 SIM 卡
        System.out.println("手机号码:"+mobile.lookNumber());
    }
}
```

4.7 实例成员与类成员

4.7.1 基础知识

1. 实例变量和类变量的声明

类的成员变量可细分为实例变量和类变量。在声明成员变量时,用关键字 static 修饰的称作类变量(类变量也称 static 变量——静态变量),否则称作实例变量。例如:

```java
class Dog {
    float x;                            //实例变量
    static int y;                       //类变量
}
```

上述 Dog 类中,x 是实例变量,而 y 是类变量。

2. 不同对象的实例变量互不相同

一个类通过使用 new 运算符可以创建多个不同的对象,这些对象将被分配不同的实例成员变量,因此,改变其中一个对象的实例变量不会影响其他对象的实例变量。

3. 所有对象共享类变量

如果类中有类变量,当使用 new 运算符创建多个不同的对象时,分配给这些对象的这个类变量占有相同的一处内存,改变其中一个对象的这个类变量会影响其他对象的这个类变量。也就是说,对象共享类变量。

4. 通过类名直接访问类变量

类变量是与类相关联的变量,也就是说,类变量是和该类创建的所有对象相关联的变量,改变其中一个对象的这个类变量的值就同时改变了其他对象的这个类变量的值。因此,类变量不仅可以通过某个对象访问,也可以直接通过类名访问。

5. 通过对象访问实例变量

实例变量仅仅是和相应的对象关联的变量,也就是说,不同对象的实例变量互不相同,即分配不同的内存空间,改变其中一个对象的实例变量的值不会影响其他对象的这个实例变量的值。实例变量可以通过对象访问,但不能通过类名访问。

对于下列 Ladder 类:

```
class Ladder {
    double 上底,高;                    //实例变量
    static double 下底;                //类变量
}
```

在下列主类中:

```
public class E{
    public static void main(String args[]) {
        Ladder.下底 = 100;              //Ladder 的字节码被加载到内存,通过类名操作类变量
        Ladder laderOne = new Ladder();
        Ladder laderTwo = new Ladder();
    }
}
```

执行如下命令:

```
Ladder 下底 = 100;
```

Java 虚拟机首先将 Ladder 的字节码加载到内存,同时为类变量"下底"分配了内存空间,并赋值 100,如图 4-18 所示。

图 4-18 为下底分配内存

执行如下命令:

```
Ladder laderOne = new Ladder();
Lader ladderTwo = new Ladder();
```

实例变量"上底"和"高"分别两次被分配内存空间,分别被对象 ladderOne 和 ladderTwo 所引用,而不再为类变量,已经分配过的"下底"的内存直接被对象 ladderOne 和 ladderTwo 引用、共享,如图 4-19 所示。

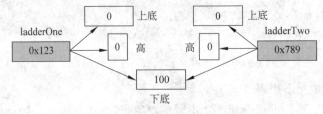

图 4-19 对象共享类变量

4.7.2 基础训练

基础训练的能力目标是掌握 static 成员变量和实例变量的区别。

1. 基础训练的主要内容

用程序模拟两个村庄：赵庄和李庄共用同一口水井，程序运行效果如图 4-20 所示。

```
C:\ch4>java Application4_9
水井中有 200 升水
赵庄从水井中取水50升
李庄发现水井中有 150 升水
李庄从水井中取水100升
赵庄发现水井中有 50 升水
赵庄的人数:80
李庄的人数:120
赵庄减少了10人
赵庄的人数:70
李庄的人数:120
```

图 4-20 共饮一口井水

① Village 类有一个 static 的 int 型成员变量 waterAmount，其值用于模拟井水的水量。
② 主类 Application4_9 的 main 方法中创建两个对象（模拟赵庄和李庄）：zhaoZhuang、liZhuang，一个对象改变了 waterAmount 的值，另一个对象查看 waterAmount 的值。

2. 基础训练使用的代码模板

将下列 Appliction4_9.java 中的【代码】替换为程序代码。程序运行效果如图 4-20 所示。
Application4_9.java 源文件内容如下：

```java
class Village {
    【代码1】//声明一个名字为 waterAmount 的 int 型 static 变量，其值模拟水井的水量
    【代码2】//声明一个名字为 peopleNumber 的 int 型实例变量，模拟村庄的人数
}
public class Application4_9 {
    public static void main(String args[]) {
        Village.waterAmount=200;   //【代码3】用类名访问 waterAmount，并赋值 200
        System.out.println("水井中有 "+Village.waterAmount+" 升水");
        Village zhaoZhuang=new Village() ,liZhuang=new Village();
        int m=50;
        System.out.println("赵庄从水井中取水"+m+"升");
        zhaoZhuang.waterAmount=zhaoZhuang.waterAmount-m;
        System.out.println("李庄发现水井中有 "+liZhuang.waterAmount+" 升水");
        m=100;
        System.out.println("李庄从水井中取水"+m+"升");
        liZhuang.waterAmount=liZhuang.waterAmount-m;
        System.out.println("赵庄发现水井中有 "+zhaoZhuang.waterAmount+" 升水");
        zhaoZhuang.peopleNumber=80;
        liZhuang.peopleNumber=120;
        System.out.println("赵庄的人数:"+zhaoZhuang.peopleNumber);
        System.out.println("李庄的人数:"+liZhuang.peopleNumber);
        m=10;
        System.out.println("赵庄减少了"+m+"人");
        zhaoZhuang.peopleNumber=zhaoZhuang.peopleNumber-m;
        System.out.println("赵庄的人数:"+zhaoZhuang.peopleNumber);
        System.out.println("李庄的人数:"+liZhuang.peopleNumber);
    }
}
```

3. 训练小结与拓展

在声明 static 变量时，static 关键字需放在变量的类型前面。

类中的方法也可分为实例方法和类方法。进行方法声明时，方法类型前面不加关键字 static 修饰的是实例方法，加 static 关键字修饰的是类方法(静态方法)。示例如下：

```
class A {
    int a;
    float max(float x,float y) {            //实例方法
       ...
    }
    static float jerry() {                   //类方法
       ...
    }
    static void speak(String s) {            //类方法
       ...
    }
}
```

A 类中的 jerry()方法和 speak()方法是类方法，max()方法是实例方法。需要注意的是，static 需放在方法的类型前面。

类方法不可以操作实例变量；实例方法中不仅可以操作实例变量，也可以操作类变量。

可以用类名或对象调用类方法，但是实例方法不能通过类名调用，只能由对象来调用。

实例方法可以调用类中的其他实例方法和类方法(不包括构造方法)，类方法可以调用类中的其他类方法(不包括构造方法)，但不可以调用实例方法。

构造方法不可以用 static 修饰。

类变量似乎破坏了封装性，其实不然，当对象调用实例方法时，该方法中出现的类变量也是该对象的变量，只不过这个变量和其他对象共享而已。

4. 代码模板的参考答案

【代码 1】 `static int waterAmount;`

【代码 2】 `int peopleNumber;`

4.7.3 上机实践

如果一个方法不需要操作实例成员变量就可以实现某种功能，就可以考虑将这样的方法声明为类方法。这样做的好处是，可以避免创建对象浪费内存，其原因是，只要类的字节码进入内存，类中的类变量就会被分配内存空间，但是，类如果没有创建对象，类中的实例变量就不会被分配内存空间。

例如，Java 类库提供的 Arrays 类(该类在 java.util 包中，只需使用 import 语句引入该类即可，见第 4.11 节)，该类中的许多方法都是 static()方法，Arrays 类调用 public static void sort(double a[])方法可以把参数 a 指定的 double 类型数组按升序排列。Arrays 类调用 public static int binarySearch(double[] a, double number)方法(二分法)判断参数 number 指定的数值是否在参数 a 指定的数组中，即 number 是否和数组 a 的某个元素的值相同，其中数组 a 必须是事先已排序的数组。如果 number 和数组 a 中某个元素的值相同，int binarySearch(double[] a, double number)方法返回(得到)该元素的索引，否则返回一个负数。

再如，Java 类库提供的 Math 类(该类在 java.lang 包中)，该类中的所有方法都是 static 方法，如 Math.max(56,100)得到的值是 100。

上机调试下列代码，注意分析程序的输出结果。

E.java 源文件内容如下：

```java
import java.util.*;
public class E {
    public static void main(String args[]) {
        Scanner scanner = new Scanner(System.in);
        int [] a = {12,34,9,23,45,6,45,90,123,19,34};
        System.out.println(Arrays.toString(a));
        Arrays.sort(a);
        System.out.println(Arrays.toString(a));
        System.out.println("输入整数,程序判断该整数是否在数组中:");
        int number = scanner.nextInt();
        int index=Arrays.binarySearch(a,number);
        if(index>=0)
            System.out.println(number+"和数组中索引为"+index+"的元素值相同");
        else
            System.out.println(number+"不与数组中任何元素值相同");
    }
}
```

4.8 this 关键字

4.8.1 基础知识

this 是 Java 语言的一个关键字(类似生活中代词的作用),代表某个对象。this 可以出现在实例方法和构造方法中。

1. 实例方法或构造方法中的 this

实例方法只能通过对象来调用(不能用类名来调用),当 this 关键字出现在实例方法中时,this 就代表正在调用该实例方法的当前对象。示例如下:

```java
class Dog {
    int leg;
    void setLeg(int m) {
        this.leg=m;
    }
}
```

当用 Dog 创建名字分别是 yellowDog 和 blackDog 的两个对象后,执行如下命令:

```
yellowDog.setLeg(4);
```

setLeg()方法中的 this 就是指 yellowDog 对象:

```
yellowDog.leg = m;
```

然后执行如下命令:

```
blackDog.setLeg(4);
```

setLeg()方法中的 this 就是指 blackDog 对象:

```
blackDog.leg = m;
```

当一个对象调用方法时,方法中的实例成员变量就是指分配给该对象的实例成员变量。因此,通常情况下,可以省略实例成员变量名字前面的"this."。示例如下:

```java
class Dog {
    int leg;
    void setLeg(int m) {
        leg=m;
    }
}
```

但是,当实例成员变量的名字和局部变量的名字相同时,成员变量前面的"this."不可以省略。示例如下:

```java
class Dog {
    int leg;
    void setLeg(int leg) {
        this.leg=leg;
    }
}
```

this 关键字出现在类的构造方法中时,代表使用该构造方法所创建的对象。

2. 类方法(static 修饰的方法)中不可以出现 this

this 不能出现在类方法中,这是因为类方法可以通过类名直接调用,而此时可能还没有任何对象诞生。

4.8.2 基础训练

基础训练的能力目标是使用 this 关键字区分成员变量和局部变量。

1. 基础训练的主要内容

对象经常使用方法改变自己的属性值,即改变自己的变量的值。为了有更好的可读性,在编写代码时,通常让改变对象属性值的方法的参数名字与对象的属性名相同。

编写一个 Rect 类,该类有名字是 width 和 height 的成员变量,要求分别提供更改 width 和 height 值的方法,并且方法的参数名分别是 width 和 height。

2. 基础训练使用的代码模板

将下列 Application4_10.java 中的【代码】替换为程序代码。程序运行效果如图 4-21 所示。
Application4_10.java 源文件内容如下:

```java
class Rect {
    int width=2,height=6;
    void setWidth(int width) {
        【代码 1】//将参数的值赋给成员变量 width
    }
    void setHeight(int height) {
        【代码 2】//将参数的值赋给成员变量 height
    }
    int getArea() {
        return width * height;
    }
}
public class Application4_10 {
    public static void main(String args[]) {
        Rect rect =new Rect();
```

```
        rect.setWidth(15598);
        rect.setHeight(166);
        System.out.printf("%d,%d\n",rect.width,rect.height);
        System.out.println(rect.getArea());
    }
}
```

```
C:\ch4>java Application4_10
15598,166
2589268
```

图 4-21　使用 this 关键字

3. 训练小结与拓展

由于类方法中不能出现 this 关键字(也不能出现实例变量),那么当参数的名字与类方法中的 static 型变量名字相同时,就需要使用类名来区分参数和 static 型变量。示例如下:

```
class A {
    static int y;
    static void f(int y) {
        A.y = y;
    }
}
```

4. 代码模板的参考答案

【代码 1】　　this.width=width;
【代码 2】　　this.height=height;

4.8.3　上机实践

上机调试下列程序,并解释程序输出的结果为什么不是 30。

```
class Rect {
    int width=2,height=6;
    void setWidth(int width) {
        width = width;
    }
    void setHeight(int height) {
        height = height;
    }
    int getArea() {
        return width * height;
    }
}
public class E {
    public static void main(String args[]) {
        Rect rect =new Rect();
        rect.setWidth(5);
        rect.setHeight(6);
        System.out.println(rect.getArea());
    }
}
```

4.9 方法重载

4.9.1 基础知识

方法重载(Overload)是指一个类中可以有多个方法具有相同的名字,但这些方法的参数必须不同。两个方法的参数不同是指满足下列条件之一:

- 参数的个数不同。
- 参数个数相同,但参数列表中对应的某个参数的类型不同。

例如,下列 Computer 类中的 jisuan 方法就是被重载的方法。

```java
class Computer {
    float jisuan(int a, int b) {
        return a+b;
    }
    float jisuan(long a, int b) {
        return a-b;
    }
    double jisuan(double a, int b) {
        return a * b;
    }
}
```

4.9.2 基础训练

基础训练的能力目标是在类中实施方法重载,并能明确地调用被重载的方法中的某个方法。

1. 基础训练的主要内容

当让一个人去执行"计算面积"任务时,他可能会问你计算什么图形的面积,之所以如此反问是因为"计算面积"这个方法是被重载了的方法。因此,可以向执行者提供"计算面积"方法的参数,以便执行者根据参数去确认调用重载的方法中的哪个方法。

① 分别编写 Circle 类和 Ladder 类。

② 编写一个 Student 类,要求该类的 computerArea() 方法是重载方法,computerArea() 方法的一个参数是 Circle 类型,computerArea() 方法的另一个参数是 Ladder 类型。

③ 在主类 Application 的 main() 方法中首先创建一个 Circle 对象和一个 Ladder 对象,然后再创建一个 Student 对象:zhang,并让 zhang 调用 computerArea() 方法计算 Circle 或 Ladder 对象的面积。

2. 基础训练使用的代码模板

将下列 Application4_11.java 中的【代码】替换为程序代码。程序运行效果如图 4-22 所示。

Circle.java 源文件内容如下:

```java
public class Circle {
    double radius;
    void setRadius(double r) {
        radius = r;
    }
    double getArea(){
        return 3.14 * radius * radius;
    }
}
```

Ladder.java 源文件内容如下：

```java
public class Ladder {
    double above,bottom,height;
    Ladder(double a,double b,double h) {
        above = a;
        bottom = b;
        height = h;
    }
    double getArea() {
        return (above+bottom) * height/2;
    }
}
```

Student.java 源文件内容如下：

```java
public class Student {
    double computerArea(Circle c) {               //是重载方法
        double area = c.getArea();
        return area;
    }
    double computerArea(Ladder t) {               //是重载方法
        double area = t.getArea();
        return area;
    }
}
```

Application4_11.java 源文件内容如下：

```java
public class Application4_11 {                    //主类
    public static void main(String args[]) {
        Circle circle = new Circle();
        circle.setRadius(12.78);
        Ladder ladder = new Ladder(7,8,9);
        Student zhang = new Student();
        System.out.print("计算圆面积:");
        double result =【代码 1】                  //zhang 调用 computerArea 方法计算 circle 的面积
        System.out.printf("%5.3f\n",result);
        System.out.print("计算梯形面积:");
        result =【代码 2】                          //zhang 调用 computerArea 方法计算 ladder 的面积
        System.out.printf("%5.2f\n",result);
    }
}
```

```
C:\ch4>java Application4_11
计算圆面积: 512.851
计算梯形面积: 67.50
```

图 4-22　方法重载

3. 训练小结与拓展

在进行方法重载时要避免出现歧义。例如，下列 Dog 类中的 cry 方法就是引发歧义的重载方法（Dog 类没有语法错误)。

```
class Dog {
    static void cry(double m,int n){
        System.out.println("小狗");
    }
    static void cry(int m,double n){
        System.out.println("small dog");
    }
}
```

对于上述 Dog 类,执行如下代码:

```
Dog.cry(10.0,10);
```

上例中输出的信息是"小狗"。执行如下代码:

```
Dog.cry(10,10.0);
```

上例中输出的信息是"small dog"。执行如下代码:

```
Dog.cry(10,10);
```

可知,上述代码无法通过编译(提示信息:对 cry 的引用不明确),因为 Dog.cry(10,10)不清楚应当执行重载方法中的哪一个(出现歧义调用)。

4. 代码模板的参考答案

【代码 1】　zhang.computerArea(circle);
【代码 2】　zhang.computerArea(ladder);

4.9.3　上机实践

上机调试下列程序,并解释程序输出的结果。

```java
class People {
    float hello(int a,int b) {
        return a+b;
    }
    float hello(long a,int b) {
        return a-b;
    }
    double hello(double a,int b) {
        return a * b;
    }
}
public class E {
    public static void main(String args[]) {
        People tom = new People();
        System.out.println(tom.hello(10,20));
        System.out.println(tom.hello(10L,20));
        System.out.println(tom.hello(10.0,20));
    }
}
```

4.10 包语句

4.10.1 基础知识

1. package 的语法

package 语句作为 Java 源文件的第一条语句,指明该源文件定义的类所在的包,即为该源文件中声明的类指定包名。package 语句的一般格式如下:

```
package 包名;
```

包名可以是一个合法的标识符,也可以是若干个标识符加"."分割而成,示例如下:

```
package sunrise;
package sun.com.cn;
```

指定包名的目的是有效地区分名字相同的类,不同 Java 源文件中两个类名字相同时,它们可以通过隶属不同的包来区分。

如果源程序中省略了 package 语句,源文件中所定义的类被隐含地认为是无名包的一部分,只要这些类的字节码被存放在相同的目录中,那么它们就属于同一个包,但没有包名。一个源文件最多含有一个包语句。

2. 有包名的类的存储目录

如果一个类有包名,就不能在任意位置存放它,否则虚拟机将无法加载这样的类。

程序如果使用了包语句,示例如下:

```
package tom.jiafei;
```

那么包名对应的相对目录是 tom\jiafei(包名中的.分隔符对应到目录分隔符\)。首先将源文件存储在如下目录结构中:

```
C:\1000\tom\jiafei
```

然后在命令行进入 tom\jiafei 的上一层目录,即父目录中,比如 C:\1000 中,编译源文件(假设源文件是 Application.java):

```
C:\1000>javac tom\jiafei\Application.java
```

编译源文件得到的类的字节码文件自然保存在了目录 C:\1000\tom\jiafei 中。

3. 运行有包名的主类

如果主类的包名是 tom.jiafei,那么主类的字节码一定存放在…\tom\jiafei 目录中,那么必须到 tom\jiafei 的上一层目录(tom 的父目录)中去运行主类。假设 tom\jiafei 的上一层目录是 1000,那么,必须以如下格式来运行:

```
C:\1000>java tom.jiafei.主类名
```

即运行时,必须写主类的全名。因为使用了包名,主类全名是:"包名.主类名"(就好比大连的全名是"中国.辽宁.大连")。

4.10.2 基础训练

基础训练的能力目标是掌握如何存放、编译有包名的类,以及运行有包名的主类。

1. 基础训练的主要内容

① 编写 Student 类,该类的包名是 tom.jiafei。
② 主类 UsePackage 的包名也是 tom.jiafei,在 UserPackage 类的 main 方法中用 Student 类创建一个对象。

2. 基础训练使用的代码模板

按下列步骤调试模板中的代码,程序运行效果如图 4-23 所示。
将 Student.java 保存到 C:\1000\tom\jiafei 目录下。
Student.java 源文件内容如下:

```java
package tom.jiafei;
public class Student{
    int number;
    Student(int n){
        number = n;
    }
    void speak(){
        System.out.println("Student 类的包名是 tom.jiafei,我的学号:"+number);
    }
}
```

将 Application4_12.java 存到 C:\1000\tom\jiafei 目录下。
Application4_12.java 源文件内容如下:

```java
package tom.jiafei;
public class Application4_12 {
    public static void main(String args[]){
        Student stu = new Student(10201);
        stu.speak();
        System.out.println("主类的包名也是 tom.jiafei");
    }
}
```

```
C:\1000>javac tom\jiafei\Student.java

C:\1000>javac tom\jiafei\Application4_12.java

C:\1000>java tom.jiafei.Application4_12
Student类的包名是tom.jiafei,我的学号: 10201
主类的包名也是tom.jiafei
```

图 4-23 使用包语句

(1) 编译

返回到 tom\jiafei 的上一层目录 1000,带着目录结构(根据包名形成的目录路径,包名中的.分隔符号相当于对应目录路径的\分隔符)编译两个源文件,示例如下:

```
C:\1000>javac tom\jiafei\Student.java
C:\1000>javac tom\jiafei\Application4_12.java
```

(2) 运行

返回到 tom\jiafei 的上一层目录 1000,带着包名运行主类,示例如下:

```
C:\1000>java tom.jiafei.Application4_12
```

3. 训练小结与拓展

也可以进入 C:\1000\tom\jiafei 目录中，使用通配符"*"编译全部源文件：

```
C:\1000\tom\jiafei>javac *.java
```

4. 代码模板的参考答案

没有需要完成的【代码】。

4.10.3 上机实践

上机调试下列代码，并将 E.java 中的【代码】替换为程序代码，理解程序的输出结果。注意两个源文件都是有包名的，需要按照包名形成的路径存放源文件，并保证包名形成的目录路径的父目录相同，比如，都保存在 C:\1000\sohu\com 目录下。

FamilyPerson.java 源文件内容如下：

```java
package sohu.com;
public class FamilyPerson {
    static String surname;
    String name;
    public static void setSurname(String s){
        surname = s;
    }
    public void setName(String s) {
        name = s;
    }
}
```

E.java 源文件内容如下：

```java
package  sohu.com;
public class E {
    public static void main(String args[]) {
        【代码1】//用类名 FamilyPerson 访问 surname,并为 surname 赋值"李"
        FamilyPerson father,sonOne,sonTwo;
        father = new  FamilyPerson();
        sonOne = new  FamilyPerson();
        sonTwo = new  FamilyPerson();
        【代码2】//father 调用 setName(String s),并向 s 传递"向阳"
        sonOne.setName("抗日");
        sonTwo.setName("抗战");
        System.out.println("父亲:"+father.surname+father.name);
        System.out.println("大儿子:"+sonOne.surname+sonOne.name);
        System.out.println("二儿子:"+sonTwo.surname+sonTwo.name);
        【代码3】//father 调用 setSurName(String s),并向 s 传递"张"
        System.out.println("父亲:"+father.surname+father.name);
        System.out.println("大儿子:"+sonOne.surname+sonOne.name);
        System.out.println("二儿子:"+sonTwo.surname+sonTwo.name);
    }
}
```

4.11 import 语句

4.11.1 基础知识

1. import 语句的作用

一个类可能需要另一个类的对象作为自己的成员或方法中的局部变量,如果这两个类在同一个包中,当然没有问题,比如,涉及的类都是无名包,只要存放在相同的目录中,它们就是在同一个包中。对于包名相同的类,按包名的结构存放在相应的目录中。但是,如果该类需要使用的类和它不在同一个包中,它怎样才能使用这个类呢?这正是 import 语句的作用——引入包中的类。

2. import 语句与包

Java 运行环境提供的类库是按包名分门别类的,也就是说一个包中提供了许多类。

为了能使用 Java 提供给我们的类,可以使用 import 语句引入包中的类。在一个 Java 源程序中可以有多个 import 语句,它们必须写在 package 语句(假如有 package 语句的话)和源文件中类的定义之间。Java 为我们提供了 130 多个包(在后续章节我们将需要用到一些重要包中的类),常用的有如下几个。

- java.lang:包含所有的基本语言类。
- javax.swing:包含抽象窗口工具集中的图形、文本、窗口 GUI 类。
- java.io:包含所有的输入输出类。
- java.util:包含实用类。
- java.sql:包含操作数据库的类。
- java.net:包含所有实现网络功能的类。

如果要引入一个包中的全部类,则可以用通配符——星号(*)来代替,示例如下:

```
import java.util.*;
```

上述命令表示引入 java.util 包中所有的类,而如下命令只是引入 java.time 包中的 LocalDate 类:

```
import java.time.LocalDate;
```

java.lang 包是 Java 语言的核心类库,它包含了运行 Java 程序必不可少的系统类,系统自动为程序引入 java.lang 包中的类(比如 System 类、Math 类等),因此不需要再使用 import 语句引入该包中的类。

4.11.2 基础训练

基础训练的能力目标是掌握怎样使用类库中的类。

1. 基础训练的主要内容

主类所在的源文件使用 import 语句仅引入 java.time 包中的 LocalDate 类和 Arrays 类,引入 javax.swing 包中的全部类。主类 Application4_13 在 main 方法中分别使用 java.util 包中 LocalDate 类、Arrays 类以及 javax.swing 包中的 JFrame 类和 JButton 类创建对象。

2. 基础训练使用的代码模板

将下列 Application4_13.java 中的【代码】替换为程序代码。程序运行效果如图 4-24 所示。
Application4_13.java 源文件内容如下:

```
【代码 1】//仅仅引入 java.time 包中的 LocalDate 类
【代码 2】//仅仅引入 java.util 包中的 Arrays 类
【代码 3】//引入 javax.swing 包中的所有类
public class Application4_13 {
```

```
    public static void main(String args[]){
        LocalDate date = LocalDate.now();            //得到当前时间
        System.out.println(date);                    //会输出 date 中封装的时间信息
        System.out.println("是否是闰年:"+date.isLeapYear());
        int [] a={12,2,34,5,67,100,75};
        Arrays.sort(a);                              //Arrays 类调用类方法排序数组 a
        for(int i=0;i<a.length;i++)
            System.out.printf("%5d",a[i]);
        JFrame win = new JFrame();                   //JFrame 类在 javax.swing 包中
        win.setSize(400,150);
        win.setLocation(400,10);
        win.setVisible(true);
        win.setDefaultCloseOperation(JFrame.DISPOSE_ON_CLOSE);
        JButton button = new JButton("我在 javax.swing 包中");
        win.add(button);
        win.validate();
    }
}
```

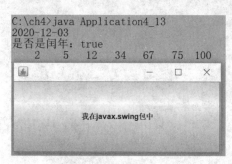

图 4-24　使用 import 语句

3. 训练小结与拓展

如果使用 import 语句引入了整个包中的类,那么可能会增加编译时间。但绝对不会影响程序运行的性能,因为当程序执行时,只是将程序真正使用的类的字节码文件加载到内存中。

(1) 有包名的源文件

包名路径左对齐。所谓包名路径左对齐,就是让源文件中的包名所对应的路径和它要用 import 语句引入的非类库中的类的包名所对应的路径的父目录相同。假如用户的源文件的包名是 hello.nihao,该源文件想引入的非类库中的包名是 sohu.com 的类。那么只需将两个包名所对应的路径左对齐,即让两个包名所对应的路径的父目录相同。例如,将用户的源文件和它准备用 import 语句引入的包名是 sohu.com 的类分别保存在 C:\ch4\hello\nihao 和 C:\ch4\sohu\com 中,即 hello\nihao 和 sohu\com 的父目录相同,都是 C:\ch4。

(2) 无包名的源文件

包名路径和源文件左对齐。假如用户的源文件没有包名,该源文件想引入非类库中有包名的类。那么只需使源文件中 import 语句要引入的非类库中的类的包名路径的父目录和用户的源文件所在的目录相同,即包名路径和源文件左对齐即可。例如,将用户的源文件和它准备用 import 语句引入的包名是 sohu.com 的类分别保存在 C:\ch4 和 C:\ch4\sohu\com 中,即 sohu\com 的父目录和用户的源文件所在目录都是 C:\ch4。

编写一个有价值的类是令人高兴的事情,可以将这样的类打包(自定义包),形成有价值的"软件产品",供其他软件开发者使用。

4. 代码模板的参考答案

【代码 1】 `import java.time.LocalDate;`
【代码 2】 `import java.util.Arrays;`
【代码 3】 `import javax.swing.*;`

4.11.3 上机实践

用户程序也可以使用 import 语句引入非类库中有包名的类。当准备使用非类库中的有包名的类时,引入者只需在当前目录中按引入的类的包名建立相应的子目录结构并将引入的类放在该目录中即可。

按下列步骤完成上机调试代码的过程。

1. Triangle 类

将下列 Triangle.java(其包名是 sohu.com)源文件保存到 C:\1000\sohu\com 目录中,并编译该文件。Triangle.java 源文件内容如下:

```java
package sohu.com;
public class Triangle {
    double sideA,sideB,sideC;
    public double getArea() {
        double p = (sideA+sideB+sideC)/2.0;
        double area = Math.sqrt(p * (p-sideA) * (p-sideB) * (p-sideC)) ;
        return area;
    }
    public void setSides(double a,double b,double c) {
        sideA = a;
        sideB = b;
        sideC = c;
    }
}
```

2. E 类

将下列 E.java(其包名是 hello.ok)源文件保存到 C:\1000\hello\ok 目录中,并编译该文件,然后运行主类 E。

E.java 源文件内容如下:

```java
import sohu.com.Triangle;
public class Application411_2 {
    public static void main(String args[]){
        Triangle tri = new Triangle();
        tri.setSides(3,4,5);
        System.out.println(tri.getArea());
    }
}
```

4.12 访问权限

4.12.1 基础知识

访问权限是指对象是否可以通过"."运算符(也称访问运算符)操作自己的变量或通过"."运算符使用类中的方法。访问限制修饰符有 private(私有)、protected(保护)和 public(公共),都是 Java 的关键字,用来修饰成员变量或方法。访问限制修饰符按访问权限从高到低的排列顺序是：public、protected、友好权限、private。

1. public 权限

用 public 修饰的成员变量和方法被称为共有变量和共有方法。当在任何一个类中用类 Tom 创建一个对象后，该对象都能访问自己的 public 型变量和类中的 public()方法。

2. protected 权限

用 protected 修饰的成员变量和方法被称为受保护的成员变量和受保护的方法。当在另一个类中，比如在 Jerry 类中，用 Tom 类创建一个对象后，如果 Jerry 类与 Tom 类在同一个包中，那么该对象能访问自己的 protected 型变量和 protected()方法。

3. 友好权限（默认权限）

不用 private、public、protected 修饰的成员变量和方法被称为友好变量和友好方法。当在另一个类中，比如在 Jerry 类中，用 Tom 类创建一个对象后，如果 Jerry 类与 Tom 类在同一个包中，那么该对象能访问自己的友好变量和友好方法（友好变量和 protected 型变量的区别在第 5 章讲解）。

4. private 权限

用关键字 private 修饰的成员变量和方法称为私有变量和私有方法。示例如下：

```
class Tom {
    private float weight;//weight 是 private 的 float 型变量
    private float f(float a,float b) {           //f 是 private 方法
        return a+b;
    }
}
```

当在另一个类中用 Tom 类创建一个对象后，该对象不能访问自己的私有变量和私有方法。示例如下：

```
class Jerry {
    void g() {
        Tom cat=new Tom();
        cat.weight=23f;                          //非法
        float sum=cat.f(3,4);//非法
    }
}
```

4.12.2 基础训练

基础训练的能力目标是掌握怎样合理地使用访问限制修饰符。

1. 基础训练的主要内容

当用某个类在另一个类中创建对象后，如果不希望该对象直接访问自己的变量，即需要通过"."运算符来操作自己的成员变量，就应当将该成员变量的访问权限设置为 private。面向对象编程提倡对象应当调用方法来改变自己的属性，类应当提供操作数据的方法，这些方法可以经过精心的设计，使得对数据的操作更加合理。

编写一个 Student 类，要求该类有一个名字是 age 的 int 型变量，并且该变量的访问权限是 private 的。要求 Student 类提供获取和修改 age 的 public 权限的方法。

2. 基础训练使用的代码模板

将下列 Student.java 中的【代码】替换为程序代码。程序运行效果如图 4-25 所示。

Student.java 源文件的内容如下:

```java
public class Student {
    【代码 1】        //声明 private 访问权限的 int 型变量 age
    public void setAge(int age) {
        【代码 2】    //如果参数的值在 7 和 26 之间,就将参数的值赋给成员变量 age
    }
    public int getAge() {
        return age;
    }
}
```

Application4_14.java 源文件的内容如下:

```java
public class Application4_14 {
    public static void main(String args[]) {
        Student studentOne = new Student();
        Student studentTwo = new Student();
        studentOne.setAge(19);
        System.out.println("学生 1 的年龄:"+studentOne.getAge());
        studentTwo.setAge(21);
        System.out.println("学生 2 的年龄:"+studentTwo.getAge());
    }
}
```

```
C:\ch4>java Application4_14
学生1的年龄：19
学生2的年龄：21
```

图 4-25 访问权限

3. 训练小结与拓展

在 Application4_14 类中,由于 Student 类的成员变量 age 的访问权限是 private,因此代码 studentOne.age = 23;或 studentTwo.age = 25;都是非法的,因为对象 studentOne 和 studentTwo 不在 Student 类中(二者在 Application4_14 类中)。

需要特别注意的是,在编写类的时候,类中的实例方法总是可以操作该类中的实例变量和类变量;类方法总是可以操作该类中的类变量,与访问限制符没有关系。

构造方法的访问权限也可以是 public、protected、private 或友好权限,但方法中声明的局部变量不可以用访问修饰符 public、proteced、private 修饰。

声明类时,如果在关键字 class 前面加上 public 关键字,就称这样的类是一个 public 类。可以在任何其他类中使用 public 类创建对象。如果一个类未加 public 修饰,这样的类被称作友好类,那么在其他类中使用友好类创建对象时,要保证它们是在同一个包中。需要特别注意,在 Java 语言中不能用 protected 和 private 修饰类(这一点和 C++ 语言不同)。

4. 代码模板的参考答案

【代码 1】   private int age;
【代码 2】   if(age>=7&&age<=28) {
                  this.age = age;
              }

4.12.3 上机实践

本实践验证访问权限，按下列 3 个操作步骤完成本实践过程。

1. Friend 类

将 Friend.java 源文件保存到 C:\1000\book\sea 目录中，编译 Friend.java。
Friend.java 源文件内容如下：

```java
package book.sea;
public class Friend {
    int money;
    public void setMoney(int money) {
        if(money>=0&&money<=50000) {
            this.money = money;
        }
    }
    public int getMoney() {
        return money;
    }
}
```

2. E 类

将 E.java 源文件保存到 C:\1000 目录中，然后编译、运行主类 E。
E.java 源文件内容如下：

```java
import book.sea.*;
public class E {
    public static void main(String args[]) {
        Friend peng = new Friend();
        peng.setMoney(2000);
        System.out.println(peng.getMoney());
    }
}
```

3. 改动代码

将 Friend 类中的 public void setMoney(int money)修改为 void setMoney(int money)，编译通过，然后编译主类 E，看提示怎样的错误。将 Friend 类中的 public void setMoney(int money)修改为 protected void setMoney(int money)，编译通过，然后编译主类 E，看提示怎样的错误。

4.13 可变参数与 var 局部变量

4.13.1 基础知识

1. 可变参数

可变参数(the variable arguments)是指在声明方法时不给出参数列表中从某项开始直至最后一项参数的名字和个数。可变参数使用"..."表示若干个参数，这些参数类型相同。示例如下：

```java
public void f(int ... x)
```

那么，方法 f 的参数列表中，从第一个至最后一个参数都是 int 型，但连续出现的 int 型参数的个数不确定。称 x 是方法 f 的参数列表中的可变参数的"参数代表"。

参数类型不同的可变参数的定义格式如下：

```
public void g(double a,int ... x)
```

那么，方法 g 的参数列表中，第一个参数是 double 型，第二个至最后一个参数是 int 型，但连续出现的 int 型参数的个数不确定（可变）。称 x 是方法 g 的参数列表中的可变参数的"参数代表"。"参数代表"必须是参数列表中的最后一个。参数代表可以通过下标运算来表示参数列表中的具体参数，即 x[0]、x[1]、…、x[m−1]分别表示 x 代表的第 0 个至第 m−1 个参数（索引从 0 开始，x 类似于一个数组），x.length 是 x 代表的参数的个数。

2. var 局部变量

Java SE 10（JDK10）版本开始增加了"局部变量类型推断"这一新功能。即可以使用 var 声明局部变量。在类的类体中，不可以用 var 声明成员变量，即仅限于在方法体内使用 var 声明局部变量。在方法的方法体内使用 var 声明局部变量时，必须显式地指定初值（初值不可以是 null），那么编译器就可以推断出 var 所声明的变量的类型，即确定该变量的类型。var 不是真正意义上的动态变量（运行时刻确定类型），var 声明的变量也是在编译阶段就确定了类型。需要特别注意的是，方法的参数和方法的返回类型不可以用 var 来声明。

4.13.2 基础训练

基础训练的能力目标是掌握可变参数的使用方法。

1. 基础训练的主要内容

如果参数的个数需要灵活地变化，那么使用参数代表可以使对方法的调用更加灵活。编写一个计算若干个整数的和的方法，该方法的参数是可变参数。

2. 基础训练使用的代码模板

将下列 Application4_15.java 中的【代码】替换为程序代码。程序运行效果如图 4-26 所示。

Application4_15.java 源文件内容如下：

```
class Sum {
    public static double getSum(double...x) {     //x是可变参数
        double sum = 0;
        for(int i=0;i<x.length;i++)   {
            sum  = sum + x[i];
        }
        return sum;
    }
}
public class Application4_15 {
    public static void main(String args[]){
        double sum =【代码 1】                    //调用 getSum 方法计算 1.23,3.14,0.618 的和
        System.out.println(sum);
        sum =【代码 2】                           //调用 getSum 方法计算 1,78,29,89,199 的和
        System.out.println(sum);
    }
}
```

```
C:\ch4>java Application4_15
4.988
396.0
```

图 4-26 可变参数

3. 训练小结与拓展

使用 var 局部变量可减少文字编辑量,让代码看起来更加美观,但并不能提高程序的运行效率。笔者认为,过多地使用 var 声明局部变量,将增加软件测试维护人员的工作量,因为软件测试维护人员在阅读代码时需要学着像编译器那样去推断局部变量的类型。

Java 也提供了增强的 for 语句,允许按如下方式使用 for 语句遍历参数代表所代表的参数:

```
for(声明循环变量:参数代表) {
    ...
}
```

上述 for 语句的作用就是:对于循环变量,依次取参数代表所代表的每一个参数的值。例如,上述 getSum(double...x)方法中的 for 循环语句还可做如下定义:

```
for(double param:x) {
    sum = sum + param;
}
```

4. 代码模板的参考答案

【代码 1】　`Sum.getSum(1.23,3.14,0.618);`

【代码 2】　`Sum.getSum(1,78,29,89,199);`

4.13.3　上机实践

上机调试下列程序,理解 var 局部变量。

E.java 源文件内容如下:

```java
import java.time.LocalDate;
class Tom {
    void f(double m) {
        var width = 108;              //var 声明变量 width 并推断出其是 int 型
        var height = m;               //var 声明变量 height 并推断出其是 double 型
        var date = LocalDate.now();   //var 声明变量 date 并推断出其是 LocalDate 型
        //width = 3.14;非法,因为 width 的类型已经确定为 int 型
        //var str ; 非法,没有显式地指定初值,无法推断 str 的类型
        //var what = null; 非法,无法推断 what 的类型
        System.out.printf("%d,%f,%s\n",width,height,date);
    }
}
public class E {
    public static void main(String args[]){
        var tom = new Tom();          //var 声明变量 tom 并推断出其是 Tom 型
        tom.f(6.18);
    }
}
```

4.14　小结

(1) 类是组成 Java 源文件的基本元素,一个源文件是由若干个类组成的。

(2) 类体可以有两种重要的成员:成员变量和方法。

(3) 成员变量分为实例变量和类变量。类变量被该类的所有对象共享;不同对象的实例变量互不相同。

(4) 除构造方法外,其他方法分为实例方法和类方法。类方法不仅可以由该类的对象调用,也可以通过类名调用;而实例方法必须由对象来调用。

(5) 实例方法既可以操作实例变量,也可以操作类变量,当对象调用实例方法时,方法中的成员变量就是指分配给该对象的成员变量,其中的实例变量和其他对象的不相同,即占用不同的内存空间;而类变量和其他对象的相同,即占有相同的内存空间。类方法只能操作类变量,当对象调用类方法时,方法中的成员变量一定都是类变量,也就是说该对象和所有的对象共享类变量。

(6) 通过对象的组合可以实现方法复用。

(7) 在编写 Java 源文件时,可以使用 import 语句引入有包名的类。

4.15 课外读物

扫描二维码即可观看学习。

习题 4

1. 判断题(题目叙述正确的,在后面的括号中打√,否则打×)

(1) 类是最重要的"数据类型",类声明的变量被称为对象变量,简称对象。　　　　　　　( )

(2) 构造方法没有类型。　　　　　　　　　　　　　　　　　　　　　　　　　　( )

(3) 类中的实例变量在用该类创建对象的时候才会被分配内存空间。　　　　　　　　( )

(4) 类中的实例方法可以用类名直接调用。　　　　　　　　　　　　　　　　　　( )

(5) 局部变量没有默认值。　　　　　　　　　　　　　　　　　　　　　　　　　( )

(6) 构造方法的访问权限可以是 public、protected、private 或友好权限。　　　　　　　( )

(7) 方法中声明的局部变量不可以用访问修饰符 public、proteced、private 修饰。　　　　( )

(8) this 可以出现在实例方法和构造方法中。　　　　　　　　　　　　　　　　　( )

(9) 成员变量的名字不可以和局部变量的名字相同。　　　　　　　　　　　　　　( )

(10) static 方法不可以重载。　　　　　　　　　　　　　　　　　　　　　　　　( )

2. 单选题

(1) 下列叙述正确的是(　　)。

　　A. Java 应用程序由若干个类构成,这些类必须在一个源文件中

　　B. Java 应用程序由若干个类构成,这些类可以在一个源文件中,也可以分布在若干个源文件中,其中必须有一个源文件含有主类

　　C. Java 源文件必须含有主类

　　D. Java 源文件如果含有主类,主类必须是 public 类

(2) 下列叙述正确的是(　　)。

　　A. 成员变量的名字不可以和局部变量的名字相同

　　B. 方法的参数的名字可以和方法中声明的局部变量的名字相同

　　C. 成员变量没有默认值

　　D. 局部变量没有默认值

(3) 下列 Hello 类叙述正确的是(　　)。

　　A. Hello 类有两个构造方法

B. Hello 类的 int Hello() 方法是错误的方法

C. Hello 类没有构造方法

D. Hello 无法通过编译，因为其中的 hello 方法的方法头是错误的(没有类型)

```
class Hello {
    Hello(int m){
    }
    int Hello() {
        return 20;
    }
    hello() {
    }
}
```

(4) 下列 Dog 类叙述错误的是(　　)。

A. Dog(int m) 与 Dog(double m) 是互为重载的构造方法

B. int Dog(int m) 与 void Dog(double m) 是互为重载的非构造方法

C. Dog 类只有两个构造方法，而且没有无参数的构造方法

D. Dog 类有三个构造方法

```
class Dog {
    Dog(int m){
    }
    Dog(double m){
    }
    int Dog(int m){
        return 23;
    }
    void Dog(double m){
    }
}
```

(5) 下列叙述正确的是(　　)。

A. 成员变量有默认值

B. this 可以出现在 static 方法中

C. 类中的实例方法可以用类名调用

D. 局部变量也可以用访问修饰符 public、proteced、private 修饰

(6) 下列 Tom 类叙述正确的是(　　)。

A. 程序运行时输出：ok

B. 没有构造方法

C. 有编译错误，因为创建对象 cat 使用的不是构造方法，Java 编译器已经不提供默认的构造方法了

D. 程序运行时无任何输出

```
public class Test {
    public static void main(String args[]){
        Tom cat = new Tom();
    }
}
class Tom {
    void  Tom(){
```

```
        System.out.println("ok");
    }
    Tom(int m){
        System.out.println("你好");
    }
}
```

3. 挑错题

(1)

```
public class People {
    int m = 10,n;                                    //A
    n = 200;                                         //B
    void f(){
        if(m==n)
            n =+m;                                   //C
        else
            n = n - m;                               //D
    }
}
```

(2)

```
class E {
    int  x;
    public void f(int n) {
        int m;                                       //A
        int t = x+n;                                 //B
        int y = x+m;                                 //C
        m = 10;
        y = x+m;                                     //D
    }
}
```

(3)

```
class Tom {
    int x;
    static int y;
    void showXY(){
        System.out.printf("%d,%d\n",x,y);
    }
    static void showY() {
        System.out.printf("%d\n",y);
    }
}
public class E {
    public static void main(String aqgs[]){
        Tom.y = 100;                                 //A
        Tom cat = new Tom();
        cat.x = 100;
```

```
        cat.y = 200;                                //B
        Tom.x = 300;                                //C
        cat.showXY();
        Tom.showY();                                //D

    }
}
```

4. 阅读程序

(1) 说出下列 E 类中【代码 1】~【代码 3】的输出结果。

```
class Fish {
    int weight = 1;
}
class Lake {
    Fish fish;
    void setFish(Fish s){
        fish = s;
    }
    void foodFish(int m) {
        fish.weight=fish.weight+m;
    }
}
public class E {
    public static void main(String args[]) {
        Fish   redFish = new Fish();
        System.out.println(redFish.weight);         //【代码 1】
        Lake lake = new Lake();
        lake.setFish(redFish);
        lake.foodFish(120);
        System.out.println(redFish.weight);         //【代码 2】
        System.out.println(lake.fish.weight);       //【代码 3】
    }
}
```

(2) 请说出 A 类中 System.out.println 的输出结果。

```
class B {
    int x = 100, y = 200;
    public void setX(int x) {
        x = x;
    }
    public void setY(int y) {
        this.y = y;
    }
    public int getXYSum() {
        return x+y;
    }
}
public class A {
    public static void main(String args[]) {
```

```
        B b = new B();
        b.setX(-100);
        b.setY(-200);
        System.out.println("sum="+b.getXYSum());
    }
}
```

(3) 请说出 A 类中 System.out.println 的输出结果。

```
class B {
  int n;
  static int sum=0;
  void setN(int n) {
    this.n=n;
  }
  int getSum() {
    for(int i=1;i<=n;i++)
      sum=sum+i;
    return sum;
  }
}
public class A {
  public static void main(String args[]) {
    B b1=new B(),b2=new B();
    b1.setN(3);
    b2.setN(5);
    int s1=b1.getSum();
    int s2=b2.getSum();
    System.out.println(s1+s2);
  }
}
```

(4) 请说出 E 类中【代码 1】和【代码 2】的输出结果。

```
class A {
  double f(int x,double y) {
    return x+y;
  }
  int f(int x,int y) {
    return x * y;
  }
}
public class E {
  public static void main(String args[]) {
    A a=new A();
    System.out.println(a.f(10,10));        //【代码 1】
    System.out.println(a.f(10,10.0));      //【代码 2】
  }
}
```

(5) 上机执行下列程序，了解可变参数。

```java
public class E {
    public static void main(String args[]) {
        f(1,2);
        f(-1,-2,-3,-4);                    //给参数传值时,实参的个数很灵活
        f(9,7,6) ;
    }
    public static void f(int ... x){       //x 是可变参数的代表,代表若干个 int 型参数
        for(int i=0;i<x.length;i++) {      //x.length 是 x 代表的参数的个数
            System.out.println(x[i]);      //x[i]是 x 代表的第 i 个参数(类似数组)
        }
    }
}
```

(6) 类的字节码进入内存时，类中的静态块会立刻被执行(先于主类的 main 方法)。
执行下列程序，了解静态块。

```java
class AAA {
    static {                               //静态块
        System.out.println("我是 AAA 中的静态块!");
    }
}
public class E {
    static {                               //静态块
        System.out.println("我是最先被执行的静态块!");
    }
    public static void main(String args[]) {
        AAA a=new AAA();                   //AAA 的字节码进入内存
        System.out.println("我在了解静态(static)块");
    }
}
```

5. 编程题

用类描述计算机中 CPU 的速度和硬盘的容量。要求 Java 应用程序有 4 个类，名字分别是 PC、CPU、HardDisk 和 Test，其中 Test 是主类。

(1) PC 类与 CPU 类和 HardDisk 类关联的 UML 图(见图 4-27)

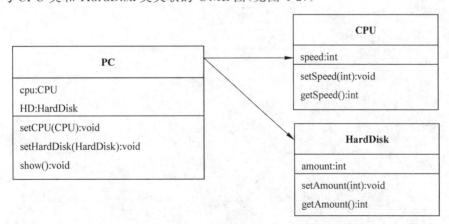

图 4-27　PC 类与 CPU 类和 HardDisk 关联的 UML 图

其中,CPU 类要求 getSpeed()返回 speed 的值,要求 setSpeed(int m)方法将参数 m 的值赋值给 speed;HardDisk 类要求 getAmount()返回 amount 的值,要求 setAmount(int m)方法将参数 m 的值赋给 amount;PC 类要求 setCPU(CPU c)将参数 c 的值赋给 cpu,要求 setHardDisk(HardDisk h)方法将参数 h 的值赋给 HD,要求 show()方法能显示 cpu 的速度和硬盘的容量。

(2) 主类 Test 的要求

① main()方法中创建一个 CPU 对象 cpu,cpu 将自己的 speed 设置为 2200。

② main()方法中创建一个 HardDisk 对象 disk,disk 将自己的 amount 设置为 200。

③ main()方法中创建一个 PC 对象 pc。

④ pc 调用 setCPU(CPU c)方法,调用时实参是 cpu。

⑤ pc 调用 setHardDisk(HardDisk h)方法,调用时实参是 disk。

⑥ pc 调用 show()方法。

第 5 章　继承与接口

主要内容

- 子类
- 成员变量的隐藏和方法重写
- super 和 final 关键字
- 对象的上转型对象
- 多态和抽象类
- 接口与实现
- 接口回调
- 匿名类
- 函数接口与 Lambda 表达式
- 异常类

在第 4 章中我们学习了怎样从抽象得到类,体现了面向对象编程最重要的一个方面——数据和算法的封装。本章将讲述面向对象的另外两个方面的重要内容:继承、接口以及相关的多态性。

5.1　子类

5.1.1　基础知识

1. 子类的定义

在类的声明中,使用关键字 extends 来定义一个类的子类,格式如下:

```
class 子类名 extends 父类名 {
    ...
}
```

示例如下:

```
class Student extends People {
    ...
}
```

把 Student 类定义为 People 类的子类,People 类是 Student 类的父类(超类)。

2. 子类的继承性

如果子类与父类在同一个包中,子类继承父类中不是 private 的成员变量作为自己的成员变量,继承父类中不是 private 的方法作为自己的方法,即继承父类中的 protected、public 和友好权限的成员变量和方法,继承的成员变量或方法的访问权限保持不变。当子类与父类不在同一个包中时,子类只继承父类中的 protected 和 public 访问权限的成员变量和方法,继承的成员变量或方法的访问权限保持不变。

那么,什么叫继承呢?所谓子类继承父类的成员变量作为自己的成员变量,就好像它们是在子类中直接声明一样,可以被子类中自己定义的任何实例方法操作,也就是说,一个子类继承的成员应当是这个类的完全意义的成员,如果子类中定义的实例方法不能操作父类中的某个成员变量,该成员变量就无法被子类继承;所谓子类继承父类的方法作为子类中的方法,就像它们是在子类中直接定义了该方法一样,该方法可以被子类中自己定义的任何实例方法调用。

3. 类的树型结构

如果 C 是 B 的子类,B 又是 A 的子类,习惯上称 C 是 A 的子孙类。Java 的类按继承关系形成树型结构(将类看作树上的节点),在这个树型结构中,根节点是 Object 类(Object 是 java.lang 包中的类),即 Object 是所有类的祖先类。任何类都是 Object 类的子孙类,每个类(除 Object 类外)有且仅有一个父类,一个类可以有多个或零个子类。如果一个类(除 Object 类外)的声明中没有使用 extends 关键字,这个类被系统默认为是 Object 的子类,即类声明"class A"与"class A extends Object"是等同的。

5.1.2 基础训练

基础训练的能力目标是能定义子类,并知道子类的哪些成员变量或方法是从父类继承下来的。

1. 基础训练的主要内容

① 编写一个 People 类,该类有名字是 age、hand 和 leg 的访问权限是友好权限的 int 型成员变量,以及输出 age、hand 和 leg 的值的 protected void showPeopleMess()方法。

② 编写一个 Student 类,该类是 People 类的子类。在 Student 类中声明一个名字是 number 的访问权限是友好权限的 int 型成员变量。在 Student 类中定义一个输出 number 的值的 void tellNumber()方法,以及计算两个整数和的 int add(int x,int y)方法。

③ 编写一个 UniverStudent 类,该类是 Student 类的子类。在 UniverStudent 类中定义计算两个整数乘积的 int multi(int x,int y)方法。

2. 基础训练使用的代码模板

将下列 Application5_1.java 中的【代码】替换为程序代码。程序运行效果如图 5-1 所示。

People.java 源文件内容如下:

```java
public class People {
    int age, leg = 2, hand = 2;
    protected void showPeopleMess() {
        System.out.printf("%d岁,%d只脚,%d只手 。",age,leg,hand);
    }
}
```

Student.java 源文件内容如下:

```java
public class Student extends People {
    int number;
    void tellNumber() {
        System.out.printf("学号:%d。",number);
    }
    int add(int x,int y) {
        return x+y;
    }
}
```

UniverStudent.java 源文件内容如下:

```java
public class UniverStudent extends Student {
    int multi(int x,int y) {
        return x * y;
    }
}
```

Application5_1.java 源文件内容如下：

```java
public class Application5_1 {
  public static void main(String args[]) {
    People people = new People();
    people.showPeopleMess();
    Student zhang = new Student();
    System.out.printf("\n---------------\n");
    zhang.age = 17;                    //zhang 访问继承的成员变量 age,并赋值 17
    zhang.number=100101;
    zhang.showPeopleMess();   //zhang 调用继承的 showPeopleMess()方法
    zhang.tellNumber();
    int x=9,y=29;
    int result=zhang.add(x,y);
    System.out.printf("%d+%d=%d\n",x,y,result);
    System.out.printf("---------------\n");
    UniverStudent geng = new UniverStudent();
    【代码 1】                         //geng 访问继承的成员变量 age,并赋值 21
    geng.number=6609;
    【代码 2】                         //geng 调用继承的 showPeopleMess()方法
    geng.tellNumber();
    result=【代码 3】                  //geng 调用继承的 add 方法计算 x 与 y 的和
    System.out.printf("%d+%d=%d,",x,y,result);
    result=geng.multi(x,y);
    System.out.printf("%d×%d=%d\n",x,y,result);
  }
}
```

```
C:\ch5>java Application5_1
0岁，2只脚,2只手。
---------------
17岁，2只脚,2只手。学号:100101。9+29=38
---------------
21岁，2只脚,2只手。学号:6609。9+29=38,9×29=261
```

图 5-1　子类及继承性

3. 训练小结与拓展

继承是一种由已有的类创建新类的机制。可以先定义一个共有属性的一般类,根据该一般类再定义具有特殊属性的子类,子类继承一般类的属性和行为,并根据需要增加它自己的新的属性和行为,子类可以让程序不必一切都"从头做起"。

instanceof 运算符是双目运算符,其左面的操作元是对象,右面的操作元是类,当左面的操作元是右面的类或其子类所创建的对象时,instanceof 运算的结果是 true,否则是 false。

如果一个类是另一个类的子类,那么 UML 使用一条实线连接两个类的 UML 图来表示二者之间的继承关系,实线的起始端是子类的 UML 图,终点端是父类的 UML 图,但终点端使用一个空心的三角形表示实线的结束,如图 5-2 所示。

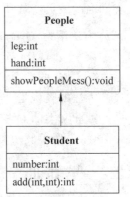

图 5-2　继承关系的 UML 图

4. 代码模板的参考答案

【代码 1】　geng.age = 21;

【代码 2】　geng.showPeopleMess();

【代码3】 `geng.add(x,y);`

5.1.3 上机实践

尽管子类不继承父类的 private 成员变量或 private 方法，但子类的对象可以通过调用继承的方法访问这些未被继承的成员变量或方法。调试下列程序，注意输出结果。

E.java 源文件内容如下：

```java
class People {
    private int money=2000;
    public int getMoney() {
        return money;
    }
}
class ChinaPeople extends People {
    double height;
    public double getHeight() {
        return height;
    }
}
public class E{
  public static void main(String args[]) {
     ChinaPeople zhangSan = new ChinaPeople();
     zhangSan.height=1.89;                        // zhangSan.money=3000是非法操作
     int m=zhangSan.getMoney();                   //zhangSan调用继承的方法,得到未继承的money的值
     System.out.println("子类对象未继承的money的值是:"+m);
     System.out.println("子类对象的实例变量height的值是:"+zhangSan.getHeight());
  }
}
```

5.2 成员变量的隐藏和方法重写

5.2.1 基础知识

1. 隐藏成员变量

如果子类声明的成员变量的名字和从父类继承下来的成员变量的名字相同（声明的类型可以不同），子类就会隐藏所继承的成员变量。子类一旦隐藏了继承的成员变量，子类对象及子类自己定义的方法操作与父类同名的成员变量时，系统默认操作子类重新声明的成员变量。

2. 方法重写（Override）

如果子类可以继承父类的某个方法，那么子类就有权重写这个方法。方法重写是指：子类中定义一个方法，这个方法的类型和父类的方法的类型一致或者是父类的方法的类型的子类型（所谓子类型是指：如果父类的方法的类型是"类"，那么允许子类的重写方法的类型是"子类"），并且这个方法的名字、参数个数、参数的类型和父类的方法完全相同。子类如此定义的方法称作子类重写的方法。子类一旦重写了继承的方法，那么子类对象及子类自己定义的方法操作与父类同名的方法时，系统默认调用子类重写的方法。

5.2.2 基础训练

基础训练的能力目标是学会通过重写方法改变子类继承的行为。

1. 基础训练的主要内容

高考考试课程为三科，每科满分为100。在高考招生时,大学录取规则如下：录取最低分数线是180分，

而重点大学重写录取规则如下：录取最低分数线是 220 分。

① 编写 University 类，该类的 void enterRule(double math,double english,double chinese) 方法当 math、english、chinese 之和大于或等于 180 时输出"达到大学录取线"。

② 编写 University 类的子类：ImportantUniversity 类，该子类的重写继承的 void enterRule(double math,double english,double chinese) 方法，重写的算法是当 math、english、chinese 之和大于或等于 220 时输出"达到重点大学录取线"。

2. 基础训练使用的代码模板

将下列 University.java 和 ImportantUniversity.java 中的【代码】替换为程序代码。程序运行效果如图 5-3 所示。

University.java 源文件内容如下：

```java
public class University {
    void enterRule(double math,double english,double chinese) {
        double total = math+english+chinese;
        【代码 1】//如果 total 大于或等于 180,输出:达到大学录取线,否则输出:未达到大学录取线
    }
}
```

ImportantUniversity.java 源文件内容如下：

```java
public class ImportantUniversity extends University{
    void enterRule(double math,double english,double chinese) {
        double total = math+english+chinese;
        【代码 2】//如果 total 大于或等于 220 输出:达到重点大学录取线,否则输出:未达到重点大学录取线
    }
}
```

Application5_2.java 源文件内容如下：

```java
public class Application5_2 {
    public static void main(String args[]) {
        double math = 62,english = 76.5,chinese = 67;
        ImportantUniversity univer = new ImportantUniversity();
        univer.enterRule(math,english,chinese);   //调用重写的方法
        math = 91;
        english = 82;
        chinese = 86;
        univer.enterRule(math,english,chinese);   //调用重写的方法
    }
}
```

```
C:\ch5>java Application5_2
205.5分未达到重点大学录取线
259.0分达到重点大学录取线
```

图 5-3 方法重写

3. 训练小结与拓展

重写方法既可以操作继承的成员变量、调用继承的方法,也可以操作子类新声明的成员变量、调用新定义的其他方法,但无法操作被子类隐藏的成员变量和方法。另外,需要特别注意的是,子类在重写父类的方

法时,不可以降低方法的访问权限,但可以提升其访问权限(访问权限从高到低的排列顺序是:public、protected、友好权限、private)。

4. 代码模板的参考答案

【代码 1】
```
if(total >= 180)
    System.out.println(total+"分达到大学录取线");
else
    System.out.println(total+"分未达到大学录取线");
```

【代码 2】
```
if(total >= 220)
    System.out.println(total+"分达到重点大学录取线");
else
    System.out.println(total+"分未达到重点大学录取线");
```

5.2.3 上机实践

阅读、调试下列程序,并解释程序的输出结果。

E.java 源文件内容如下:

```java
class A {
  double computer(int x,int y) {
     return x+y;
  }
}
class B extends A {
  double computer(double x,double y) {   //这个computer不是重写方法(是新增的方法)
     return x * y;
  }
}
public class E {
  public static void main(String args[]) {
     B b=new B();
     double result=b.computer(12,8);
     System.out.println(result);
     result=b.computer(12.0,8.0);
     System.out.println(result);
  }
}
```

在上述上机实践代码中,父类 A 的 computer 方法没有被子类 B 重写,因为子类 B 定义的 computer 方法的参数没有和父类的 computer 方法的参数保持类型一致,子类 B 如此定义的 computer 方法不是重写(覆盖)继承的 computer 方法,这样子类 B 就无法隐藏继承的 computer 方法(没有覆盖继承的 computer 方法),导致子类 B 出现两个方法的名字相同(名字都是 computer),但参数不相同(子类 B 中出现了方法重载)。

5.3　super 关键字

5.3.1　基础知识

1. 用 super 操作被隐藏的成员变量和方法

子类一旦隐藏了继承的成员变量,那么子类创建的对象就不再拥有该变量,该变量将归关键字 super 所拥有,同样,子类一旦隐藏了继承的方法,那么子类创建的对象就不能调用被隐藏的方法,该方法的调用由关键字 super 负责。因此,如果在子类中想使用被子类隐藏的成员变量或方法就需要使用关键字 super,比如 super.x、super.play()就是访问和调用被子类隐藏的成员变量 x 和方法 play()。

2. 使用 super 调用父类的构造方法

当用子类的构造方法创建一个子类的对象时,子类的构造方法一定是先调用父类的某个构造方法,也就是说,如果子类的构造方法中没有显式地指明使用父类的哪个构造方法,子类就调用父类的不带参数的构造方法。由于子类不继承父类的构造方法,因此,子类在其构造方法中需使用 super 来调用父类的构造方法,而且 super 必须是子类构造方法中的第一条语句,即如果在子类的构造方法中,没有显式地写出 super 关键字来调用父类的某个构造方法,那么默认调用方式如下:

```
super();             //调用父类的不带参数的构造方法
```

下面的 UniverStudent 是 Student 的子类,UniverStudent 子类在构造方法中使用了 super 关键字。

```
class Student {
    int number;
    Student() {
    }
    Student(int number) {
        this.number = number;
    }
}
class UniverStudent extends Student {
    boolean isMerried;
    UniverStudent(int number,boolean b) {
        super(number);       //调用父类的构造方法 Student(int number)
        isMerried = b;
    }
}
```

如果 UniverStudent 子类的构造方法中省略了"super(number);",那么子类的构造方法的第一条语句默认为"super();",那么就没有为子类对象的新属性 number 赋值。

5.3.2 基础训练

基础训练的能力目标是在子类中使用 super 关键字调用被隐藏(覆盖)的方法。

1. 基础训练的主要内容

① 编写一个 WaterUser 类,该类有 double waterMoney(int amount)方法,该方法根据参数 amount 的值,即根据用水量(吨)返回水费。水费按每吨 2 元计算。

② 编写 WaterUser 的子类:BeijingWaterUser,该子类重写 double waterMoney(int amount)方法,重写的方法按参数 amount 的值,即根据用水量(吨)返回水费。对于小于或等于 6 吨的水量,按父类 WaterUser 类的 double waterMoney(int amount)方法计算水费,对于超出 6 吨的部分,按每吨 3 元计算水费。

2. 基础训练使用的代码模板

将下列 BeijingWaterUser.java 中的【代码】替换为程序代码。程序运行效果如图 5-4 所示。
WaterUser.java 源文件内容如下:

```
public class WaterUser {
    double unitPrice;
    WaterUser() {
        unitPrice=2;
```

```
    }
    public double waterMoney(int amount) {
        double money=amount * unitPrice ;           //每吨2元
        if(money>0)
            return money;
        else
            return 0;
    }
}
```

BeijingWaterUser.java 源文件内容如下：

```
public class BeijingWaterUser extends WaterUser {
double unitPrice;
    BeijingWaterUser() {
        unitPrice = 3;
    }
    public double waterMoney(int amount) {
        double money=0;
        if(amount<=6) {
    money =【代码 1】                    //使用 super 调用隐藏的 waterMoney 方法,参数得到的值是 amount 的值
        }
        else if(amount>6) {
    money =【代码 2】+ (amount-6) * 3; //super 调用隐藏的 waterMoney 方法,参数得到的值是 6
        }
        return money;
    }
}
```

Application5_3.java 源文件内容如下：

```
public class Application5_3 {
    public static void main(String args[]) {
        BeijingWaterUser user=new  BeijingWaterUser();
        int waterAmount =6;
        System.out.printf("水量:%d 吨,水费:%f 元\n",
                    waterAmount,user.waterMoney(waterAmount));
        waterAmount =11;
        System.out.printf("水量:%d 吨,水费:%f 元\n",
                    waterAmount,user.waterMoney(waterAmount));
    }
}
```

```
C:\ch5>java Application5_3
水量:6吨,水费:12.000000元
水量:11吨,水费:27.000000元
```

图 5-4　使用 super

3. 训练小结与拓展

当 super 调用被隐藏的方法时，该方法中出现的成员变量就是被子类隐藏的成员变量或继承的成员变量。

如果类里定义了一个或多个构造方法,那么Java不提供默认的构造方法(不带参数的构造方法),因此,当在父类中定义多个构造方法时,应当包含一个不带参数的构造方法,以防子类省略super时出现编译错误。

4. 代码模板的参考答案
【代码1】　`super.waterMoney(amount);`
【代码2】　`super.waterMoney(6)`

5.3.3　上机实践

上机调试下列代码,要特别注意Average类重写的float f()方法中,如果省略代码"super.n＝n;",程序输出的结果会发生怎样的变化,并分析为何发生这样的变化。

E.java源文件的内容如下:

```java
class Sum {
    int n;
    float f() {
        float sum = 0;
        for(int i=1;i<=n;i++)
            sum = sum+i;
        return sum;
    }
}
class Average extends Sum {
    int n;
    float f() {
        float c;
        super.n = n;            //如果省略这行代码,程序的运行效果会有怎样的变化
        c = super.f();
        return c/n;
    }
}
public class E {
    public static void main(String args[]) {
        Average aver = new Average();
        aver.n = 100;
        float result = aver.f();
        System.out.println("result="+result);
    }
}
```

5.4　final 关键字

5.4.1　基础知识

final关键字可以修饰类、成员变量和方法中的局部变量。

1. final 类

Java程序中可以使用final将类声明为final类。final类不能被继承,即不能有子类。示例如下:

```
final class A {
    ...
}
```

2. final()方法

如果使用 final 修饰父类中的一个方法,那么这个方法就不允许子类重写,也就是说,不允许子类隐藏(覆盖)可以继承的 final()方法。

3. 常量

如果使用 final 修饰成员变量或局部变量,那么该成员变量或局部变量就是常量。常量在程序运行期间不允许再发生变化。对于 final 成员常量在声明时必须指定该 final 常量的值。对于 final 局部常量(方法内声明的 final 常量和 final 参数),声明时可以不指定初始值,在使用之前,必须对其赋值,而且不能再重新赋值。

5.4.2 基础训练

基础训练的能力目标是掌握 final 关键字的用法。

1. 基础训练的主要内容

编写一个 Circle 类,要求如下。

① Circle 类中有名字是 PI 的 double 型 final 常量,其值是 3.1415926。
② Circle 类中有名字是 radius 的 double 型成员变量。
③ Circle 类中有修改圆半径(修改 radius)的方法,要求该方法的参数是 double 型的 final 参数。
④ Circle 类中有计算圆面积的方法,要求该方法是 final 方法。

2. 基础训练使用的代码模板

将 Circle.java 中的【代码】替换为程序代码。程序运行效果如图 5-5 所示。

Circle.java 源文件内容如下:

```
public class Circle {
   【代码 1】    //声明名字是 PI 的 final 常量,其值是 3.1415926
   double radius;
   public void setRadius(final double r) {
      radius = r;
   }
   【代码 2】    //定义计算圆面积的 double getArea()方法,该方法必须是 final 方法
}
```

Application5_4.java 源文件内容如下:

```
public class Application5_4 {
   public static void main(String args[]) {
      Circle c=new Circle();
      c.setRadius(38.26);
      System.out.printf("面积%5.3f\n",c.getArea());
   }
}
```

```
C:\ch5>java Application5_4
面积4598.750
```

图 5-5 使用 final 关键字

3. 训练小结与拓展

final 参数可以接收所传递值,但在方法内不允许对 final 参数进行写操作,即参数得到值之后,就按常

量对待 final 参数。

4. 代码模板的参考答案

【代码 1】　　`final double PI=3.1415926;`

【代码 2】　　`public final double getArea() {`
　　　　　　　　`return PI * radius * radius;`
　　　　　　`}`

5.4.3　上机实践

调试下列代码,看看编译器会指出所标注的 A、B、C、D 代码中的哪些是错误的,并修改或删除这些错误的代码。

E.java 源文件内容如下:

```
class E {
  final int content ;                    //A
  int number;
  public void setContent(final int content) {
    content=content;                     //B
    number = content+10;
  }
  public final void outPut() {           //C
    final int m;
    m=100;
    m=200;                               //D
    System.out.println(m);
  }
}
```

5.5　对象的上转型对象

5.5.1　基础知识

1. 上转型对象

假设 People 类是 American 类的父类,当用子类创建一个对象,并把这个对象的引用放到父类的对象中时,示例如下:

```
People person;
American anAmerican = new American ();
person = anAmerican;
```

或

```
People person;
person = new American ();
```

这时,称对象 person 是对象 anAmerican 的上转型对象(好比说:"美国人是人")。

2. 上转型对象的特性

对象的上转型对象的实体是子类负责创建的,但上转型对象会失去原对象的一些属性和行为。上转型对象具有如下特点(见图 5-6)。

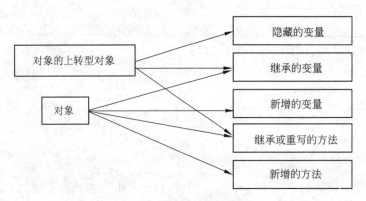

图 5-6　上转型对象示意图

- 上转型对象不能操作子类新增的成员变量(失掉了这部分属性)；不能调用子类新增的方法(失掉了这些行为)。
- 上转型对象可以访问子类继承或隐藏的成员变量，也可以调用子类继承的方法或子类重写的实例方法。

需要特别注意的是，上转型对象操作子类重写的实例方法，其作用等价于子类对象去调用这些实例方法。因此，如果子类重写了父类的某个实例方法后，当对象的上转型对象调用这个实例方法时一定是调用了子类重写的实例方法。

注：如果子类重写了父类的静态方法，那么子类对象的上转型对象不能调用子类重写的静态方法，只能调用父类的静态方法。

5.5.2　基础训练

基础训练的能力目标是使用上转型对象调用子类重写的实例方法。

1. 基础训练的主要内容

① 编写一个 People 类，该类有 String 类型的成员变量 firstName 和 lastName，分别用来存放 Peopole 对象的"姓"和"名"，该类有 void showName()方法，用来输出 firstName 和 lastName，而且在输出姓名时，先输出"姓"再输出"名"，即先输出 firstName，再输出 lastName。

② 编写 People 类的子类 ChinaPeople，ChinaPeople 类直接继承父类的 void showName()方法。

③ 编写 People 类的子类 AmericanPeople，AmericanPeople 类重写父类的 void showName()方法，重写的方法在输出姓名时，先输出"名"再输出"姓"，即先输出 lastName，再输出 firstName。

④ 在主类中，首先 People 类声明的对象分别作为 ChinaPeople 和 AmericanPeople 类的对象的上转型对象，并让这个上转型对象调用 showName()方法。

2. 基础训练使用的代码模板

将下列 Application5_5.java 中的【代码】替换为程序代码。程序运行效果如图 5-7 所示。

People.java 源文件的内容如下：

```java
public class People {
    String firstName,lastName;
    void showName() {
        System.out.print(firstName);
        System.out.println(lastName);
    }
}
```

ChinaPeople.java 源文件的内容如下：

```
class ChinaPeople extends People {
  void speakChinese() {
    System.out.println("您好");
  }
}
```

AmericanPeople.java 源文件的内容如下:

```
public class AmericanPeople extends People {
  void showName() {                              //重写 showName()方法
    System.out.print(lastName);
    System.out.print("."+firstName+"\n");
  }
  void speakEnglish() {
    System.out.println("how are you");
  }
}
```

Application5_5.java 源文件的内容如下:

```
public class Application5_5 {
  public static void main(String args[]) {
    People people=null;
    AmericanPeople american = new AmericanPeople();
    【代码 1】                                    //让 people 是 american 对象的上转型对象
    people.firstName = "Lee";                    //等同于 american.firstName="Lee";
    people.lastName ="MadingSun";
    people.showName();                           //等同于 american.showName();
    american.speakEnglish();
    ChinaPeople chinese = new ChinaPeople();
    【代码 2】                                    //让 people 是 chinese 对象的上转型对象
    people.firstName = "张";
    people.lastName ="林海";
    people.showName();
    chinese.speakChinese();
  }
}
```

```
C:\ch5>java Application5_5
MadingSun.Lee
how are you
张林海
您好
```

图 5-7 对象的上转型对象

3. 训练小结与拓展

在 Aplication5_5 类的 main()方法中,不能让上转型对象 people 调用 speakChinese()或 void speakEnglish()方法,因为这两个方法不是子类继承或重写的方法,而是子类新增的方法。子类重写的方法不属于子类完全意义的新增的方法,也不是完全意义的继承的方法,通俗地讲,子类即使没有重写这个方法也会拥有这个方法(继承下来了,不写也有),所谓重写只不过是重写一遍而已。

需要注意的是,如果子类隐藏了继承的成员变量,上转型只能访问隐藏的成员变量,不能访问子类新声明的成员变量。

4. 代码模板的参考答案

【代码1】 people = american ;

【代码2】 people = chinese ;

5.5.3 上机实践

上机调试下列代码,能用所学的基础知识解释程序【代码】的输出结果。

E.java 源文件的内容如下:

```java
class Animal {
    int m = 100;
    public int setM(){
        return m;
    }
}
class Dog extends Animal{
    int m = 6;
    public int setM(){
        return  m;
    }
}
public class E {
    public static void main(String args[]){
        Animal dog = new Dog();
        System.out.printf("%d:%d",dog.setM(),dog.m);      //【代码】
    }
}
```

5.6 多态和抽象类

5.6.1 基础知识

1. 多态性

多态性就是指父类的某个方法被其子类重写时,可以各自产生自己的功能行为,也就是说一个类的不同子类在重写方法时可以各自产生适合其子类对象的行为。因此,这里的"多"是指多个子类,"态"是指子类重写父类的方法时,给出了可能不同于父类的算法。

2. 用上转型对象体现多态

当把子类创建的对象的引用放到其父类的对象中时,就得到了该对象的一个上转型对象,那么这个上转型对象在调用子类重写的方法时就可能具有多种形态,因为不同的子类在重写父类的方法时可能产生不同的行为。

3. 抽象类及抽象方法

用关键字 abstract 修饰的类称为 abstract 类(抽象类)。示例如下:

```java
abstract class A {
}
```

用关键字 abstract 修饰的方法称为 abstract()方法(抽象方法)。示例如下:

```
abstract int min(int x,int y);
```

对于 abstract()方法,只允许声明,不允许实现(没有方法体)。

① 和普通类(非 abstract 类)相比,abstract 类中可以有 abstract()方法[非 abstract 类中不可以有 abstract()方法]也可以有非 abstract()方法。

② 对于 abstract 类,不能使用 new 运算符创建该类的对象。如果一个非抽象类是某个抽象类的子类,那么它必须重写父类的抽象方法并给出方法体[因此不允许使用 final 修饰 abstract()方法]。

③ 可以使用 abstract 类声明对象,尽管不能使用 new 运算符创建该对象,但该对象可以成为其子类对象的上转型对象,那么该对象就可以调用子类重写的方法。

5.6.2 基础训练

基础训练的能力目标是掌握用抽象类的对象做上转型对象并体现子类的多态的方法。

1. 基础训练的主要内容

人们常说:"动物有很多种叫声",比如"吼""嚎""汪汪""喵喵"等,这就是叫声的多态。编写程序,用上转型对象模拟"叫声"的多态。

① 编写一个抽象的 Animal 类,该类有 abstratc void cry()方法,由于无法知道"动物"的叫声是什么样子,所以 void cry()方法是一个抽象方法。

② 编写 Animal 类的子类 Dog。Dog 类在重写 void cry()方法时说明狗的叫声是"汪汪"。

③ 编写 Animal 类的子类 Cat。Cat 类在重写 void cry()方法时说明猫的叫声是"喵喵"。

2. 基础训练使用的代码模板

将下列 Application5_6.java 中的【代码】替换为程序代码。程序运行效果如图 5-8 所示。

Animal.java 源文件内容如下:

```
public abstract class  Animal {
    abstract void cry();                        //抽象方法
}
```

Dog.java 源文件内容如下:

```
public class Dog extends Animal {
  void cry() {
     System.out.println("汪汪......");
  }
}
```

Cat.java 源文件内容如下:

```
public class Cat extends Animal {
  void cry() {
     System.out.println("喵喵......");
  }
}
```

Aplication5_6.java 源文件内容如下:

```
public class Application5_6 {
  public static void main(String args[]) {
     Animal animal;
```

```
            【代码 1】    //让 animal 是 Dog 类对象的上转型对象
            animal.cry();
            【代码 2】    //让 animal 是 Cat 类对象的上转型对象
            animal.cry();
        }
}
```

```
C:\ch5>java Application5_6
汪汪.....
喵喵.....
```

图 5-8 重写与多态

3. 训练小结与拓展

用上转型对象调用子类重写的方法具有很好的通用性,因为程序不必关心子类的具体对象的名字,就可以让上转型对象调用子类体重写的方法。

不允许使用 static 修饰 abstract()方法,即 abstract()方法必须是实例方法。不允许使用 final 修饰 abstract 类,即必须允许 abstract 类有子类。

4. 代码模板的参考答案

【代码 1】   animal = new Dog();
【代码 2】   animal = new Cat();

5.6.3 上机实践

上机调试下列代码,注意对象 car 是哪些对象的上转性对象及其是怎样体现多态的。

E.java 源文件内容如下:

```java
abstract class EspecialCar {
    abstract void cautionSound();
}
class PoliceCar extends EspecialCar {
    void cautionSound() {
        System.out.println("警车的警笛声:"+"zua..zua..zua..");
    }
}
class AmbulanceCar extends EspecialCar {
    void cautionSound() {
        System.out.println("救护车的救护声:"+"jiu..jiu..jiu..");
    }
}
class FireCar extends EspecialCar {
    void cautionSound() {
        System.out.println("消防车的救火声:"+"huo..huo..huo..");
    }
}
public class E {
    public static void main(String args[]) {
        EspecialCar car=new PoliceCar(); /
        car.cautionSound();
        car=new AmbulanceCar();
```

```
        car.cautionSound();
        car=new FireCar();
        car.cautionSound();
    }
}
```

5.7 接口与实现

5.7.1 基础知识

1. 接口的定义

使用关键字 interface 来定义接口。接口的定义和类的定义很相似,分为接口的声明和接口体,如定义名字是 Com 的接口的代码如下:

```
interface Com {
    public static final int MAX=100;              //等价写法:int MAX=100;
    public abstract void add();                   //等价写法:void add();
    public abstract float sum(float x ,float y);
    //等价写法:float sum(float x ,float y);
}
```

使用关键字 interface 来声明自己是一个接口,格式如下:

```
interface 接口的名字
```

(1) 接口体中的抽象方法和常量

接口中可以有抽象方法(在 JDK8 版本之前,接口体中只可以有抽象方法),接口中所有的抽象方法的访问权限一定都是 public,而且允许省略抽象方法的 public 和 abstract 修饰符。接口体中所有的 static 常量的访问权限一定都是 public,而且允许省略 public、final 和 static 修饰符,因此,接口中不会有变量。

(2) 接口体中的 default 实例方法

从 JDK8 版本开始,允许使用 default 关键字、在接口体中定义 default 的实例方法(不可以定义 default 的 static 方法),default 的实例方法和普通的实例方法相比就是用关键字 default 修饰的带方法体的实例方法。default 实例方法的访问权限必须是 public(允许省略 public 修饰符)。例如,下列接口中的 max 方法就是 default 实例方法:

```
interface Com {
    public final int MAX = 100;
    public abstract void add();
    public abstract float sum(float x ,float y);
    public default int max(int a,int b) {          //default 方法
        return a>b? a:b;
    }
}
```

注:不可以省略 default 关键字,因为接口里不允许定义通常的带方法体的实例方法。

(3) 接口体中的 static() 方法

从 JDK8 版本开始,允许在接口体中定义 static() 方法。例如,下列接口中的 f() 方法就是 static() 方法。

```
public interface Com {
    public static final int MAX = 100;
```

```
    public abstract void on();
    public abstract float sum(float x,float y);
    public default int max(int a,int b) {
        return a>b?a:b;
    }
    public static void f() {                              //static方法
        System.out.println("注意是从 Java SE 8 开始的");
    }
}
```

(4) 接口体中的 private() 方法

从 JDK9 版本开始,允许在接口体中定义 private 的方法,其目的是配合接口中的 default 的实例方法,即接口可以将某些算法封装在 private() 方法中,供接口中的 default 的实例方法调用,以实现算法的复用。

2. 实现接口

接口由类来实现,即由类来重写接口中的方法。类可以在类声明中使用关键字 implements 声明实现一个或多个接口。如果类实现多个接口,用逗号隔开接口名,如 A 类实现了 Printable 和 Addable 接口:

```
class A implements Printable,Addable
```

如果一个类实现了某个接口,那么这个类就自然拥有了接口中的常量、default() 方法(去掉了 default 关键字),该类也可以重写接口中的 default() 方法(注意,重写时需要去掉 default 关键字)。如果一个非 abstract 类实现了某个接口,那么这个类必须重写该接口的所有 abstract() 方法,即去掉 abstract 修饰符并给出方法体(有关重写的要求见第 5.4.2 小节)。如果一个 abstract 类实现了某个接口,该类可以选择重写接口的 abstract() 方法或直接使用接口的 abstract 方法。

需要特别注意的是,类实现某接口,但类并不拥有接口的 static() 方法和 private() 方法。

接口中除 private() 方法外,其他方法的访问权限默认都是 public,重写时不可省略 public(否则就会降低访问权限,这是不允许的)。

实现接口的非 abstract 类一定要重写接口的 abstract() 方法,因此也称这个类实现了接口。

可以用接口名访问接口的常量、调用接口中的 static() 方法,示例如下:

```
Com.MAX;
Com.f();
```

表示接口的 UML 图和表示类的 UML 图类似,使用一个长方形描述接口的主要构成,将长方形垂直地分为三层。

顶部第 1 层是名字层,接口的名字必须是斜体字形,而且需要用<<interface>>修饰名字,并且该修饰和名字分列 2 行。

第 2 层是常量层,列出接口中的常量及类型,格式是"常量名字:类型"。

第 3 层是方法层,也称操作层,列出接口中的方法及返回类型,格式是"方法名字(参数列表):类型"。图 5-9 是一个名字为 Computable 的接口的 UML 图。

如果某个类实现了一个接口,那么这个类和接口的关系是实现关系,称该类实现接口。UML 使用虚线连接类和它所实现的接口,虚线起始端是类,虚线终点端是它实现的接口,但终点端使用一个空心的三角形表示虚线的结束。请画出任务模板中的类实现接口的 UML 图(见图 5-9)。

5.7.2 基础训练

基础训练的能力目标是掌握实现接口。

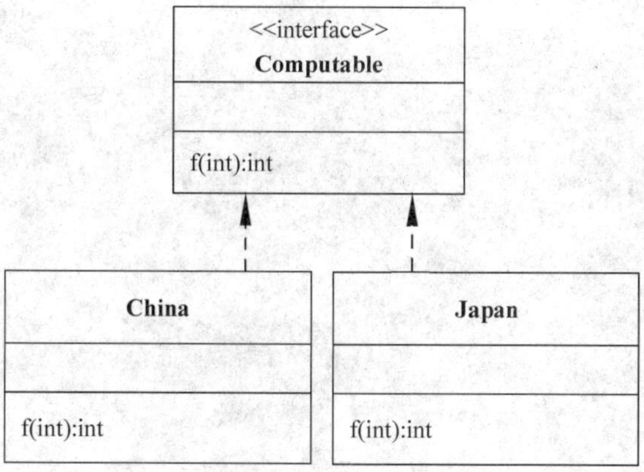

图 5-9　China 类和 Japan 类实现 Compuable 接口

1. 基础训练的主要内容

轿车、拖拉机和客车都是机动车的子类(机动车是一个抽象类)。机动车中有诸如"刹车"等方法是合理的,即要求轿车、拖拉机和客车都必须具体实现"刹车"功能是合理的,但是如果机动车类含有"收取费用"的方法,那么所有的子类都要重写这个方法,即给出方法体,产生各自的收费的行为。这显然不符合人们的思维逻辑,因为拖拉机可能不需要有"收取费用"的行为。因而,机动车不应当含有"收取费用"的行为,这时,应当提供一个接口,该接口有"收取费用"的方法,如果希望某些类有"收取费用"的方法,只需要求它们实现这个接口,那么这些类就会实现接口中的"收取费用"的方法。

① 定义一个抽象类：MotorVehicles(机动车),要求该类有一个 abstract void brake()的方法。
② 定义一个 MoneyFare 接口,该接口有 void charge()方法(收取费用)。
③ 定义 Bus 类,要求 Bus 类是 MotorVehicles 类的子类,并实现 MoneyFare 接口。
④ 定义 Cinema(电影院)类,并实现 MoneyFare 接口。

2. 基础训练使用的代码模板

将下列 Application5_7.java 中的【代码】替换为程序代码。程序运行效果如图 5-10 所示。
Application5_7.java 源文件的内容如下：

```
abstract class MotorVehicles {
   abstract void brake();
}
interface MoneyFare {
   void charge();
}
【代码1】   //定义 Bus 类是 MotorVehicles 的子类,并实现 MoneyFare 接口
{
   void brake() {
       System.out.println("公共汽车使用毂式刹车技术");
   }
   public  void charge() {
       System.out.println("公共汽车:一元/张,不计算公里数");
   }
}
【代码2】   //定义 Cinema 类,并实现 MoneyFare 接口
{
   public  void charge() {
       System.out.println("电影院:十元/票");
   }
```

```
}
public class Application5_7 {
  public static void main(String args[]) {
      Bus bus101 = new Bus();
      Cinema redStarCinema = new Cinema();
      bus101.brake();
      bus101.charge();
      redStarCinema.charge();
  }
}
```

```
C:\ch5>java Application5_7
公共汽车使用毂式刹车技术
公共汽车:一元/张,不计算公里数
电影院:十元/票
```

图 5-10　接口与实现

3. 训练小结与拓展

接口的思想在于它可以要求某些类有名称相同的方法,但方法的具体内容(方法体的内容)可以不同,即要求这些类实现接口,以保证这些类一定有接口中所声明的方法(即所谓的方法绑定)。接口在要求一些类有名称相同的方法的同时,并不强迫这些类具有相同的父类。比如,各式各样的电器产品,它们可能归属不同的种类,但国家标准要求电器产品都必须提供一个名称为 on 的功能(为达到此目的,只需要求它们实现同一接口,该接口中有名字为 on 的方法),但名称为 on 的功能的具体行为由各个电器产品去实现。

4. 代码模板的参考答案

【代码1】　`class Bus extends MotorVehicles implements MoneyFare`

【代码2】　`class Cinema implements MoneyFare`

5.7.3　上机实践

上机调试下列程序,根据运行效果理解接口及类实现接口的语法。

Com.java 源文件的内容如下:

```
public interface Com {
    public static final int MAX = 100;              //等价写法:int MAX=100;
    public abstract void on();                      //等价写法:void on();
    public abstract float sum(float x ,float y);
    default int max(int a,int b) {                  //default 方法
        outPutJava();                               //调用接口中的 private 方法
        return a>b? a:b;
    }
    public static void f() {                        //static 方法
        System.out.println("注意是从 Java SE 8 开始的");
    }
    private void outPutJava(){                      //private 方法
        System.out.println("Java");
    }
}
```

AAA.java 源文件的内容如下:

```java
public class AAA implements Com {                    //AAA类实现Com接口
    public void on(){                                //必须重写接口的abstract方法on
        System.out.println("打开电视");
    }
    public float sum(float x ,float y){              //必须重写接口的abstract方法sum
        return x+y;
    }
}
```

E.java源文件的内容如下：

```java
public class {
    public static void main(String args[]) {
        AAA a = new AAA();
        System.out.println("接口中的常量"+AAA.MAX);
        System.out.println("调用 on 方法(重写的):");
        a.on();
        System.out.println("调用 sum 方法(重写的):"+a.sum(12,18));
        System.out.println("调用接口提供的default方法"+a.max(12,78));
        Com.f();
    }
}
```

5.8 接口回调

5.8.1 基础知识

1. 接口变量

接口也是Java中一种重要数据类型，用接口声明的变量称为接口变量。那么接口变量中可以存放什么样的数据呢？接口变量中可以存放实现该接口的类的实例的引用，即存放对象的引用，因此，接口回调是指可以把实现某一接口的类创建的对象的引用赋给该接口声明的接口变量，那么该接口变量就可以调用被类实现的接口方法。实际上，当接口变量调用被类实现的接口方法时，就是通知相应的对象调用这个方法。

2. 接口与多态

把实现接口的类的实例的引用赋值给接口变量后，该接口变量就可以回调类重写的接口方法。由接口产生的多态就是指不同的类在实现同一个接口时可能具有不同的实现方式，那么接口变量在回调接口方法时就可能具有多种形态。

5.8.2 基础训练

基础训练的能力目标是使用接口变量调用类实现的接口方法，即掌握接口回调技术。

1. 基础训练的主要内容

如果一个方法的参数是接口类型，我们就可以将任何实现该接口的类的实例的引用传递给该接口参数，那么接口参数就可以回调类实现的接口方法。

① 定义一个接口Sound，该接口有void makeSound()方法。
② 定义一个SoundMachine类，该类有一个void play(Sound sound)方法，即该方法的参数是接口类型。
③ 编写几个实现Sound接口的类。
④ 在主类中用SoundMachine类创建一个对象，让该对象调用void play(Sound sound)方法，并将实现

Sound 接口的类的实例传递给方法的参数。

2. 基础训练使用的代码模板

将下列 Application5_8.java 中的【代码】替换为程序代码。程序运行效果如图 5-11 所示。

Sound.java 源文件的内容如下：

```java
public interface Sound {
    void makeSound();
}
```

SoundMachine.java 源文件的内容如下：

```java
public class SoundMachine {
   public void play(Sound sound) {
       sound.makeSound();
   }
}
```

Piano.java 源文件的内容如下：

```java
public class Piano implements Sound {
    public void makeSound() {
        System.out.println("钢琴的声音。");
    }
}
```

Violin.java 源文件的内容如下：

```java
public class Violin implements Sound {
    public void makeSound() {
        System.out.println("小提琴的声音。");
    }
}
```

Application5_8.java 源文件的内容如下：

```java
public class Application5_8 {
   public static void main(String args[]) {
       SoundMachine machine = new SoundMachine();
       【代码1】    //machine 调用 play 方法，向方法的参数传递 Violin 对象的引用
       【代码2】    //machine 调用 play 方法，向方法的参数传递 Piano 对象的引用
   }
}
```

```
C:\ch5>java Application5_8
小提琴的声音。
钢琴的声音。
```

图 5-11 接口回调

3. 训练小结与拓展

使用接口可以让程序更易于维护和扩展，比如在任务模板中，在增加实现 Sound 接口的类时，不需要修改 SoundMachine 类的代码。

abstract 类和接口都可以有 abstract 方法。接口中只可以有常量,不能有变量;而 abstract 类中既可以有常量也可以有变量。abstract 类中也可以有非 abstract() 方法。abstract 类除提供重要的需要子类重写的 abstract() 方法外,也提供了子类可以继承的变量和非 abstract 方法。如果某个问题需要使用继承才能更好地解决,比如,子类除了需要重写父类的 abstract() 方法外,还需要从父类继承一些变量或继承一些重要的非 abstract() 方法,就可以考虑用 abstract 类。如果某个问题不需要使用继承,只是需要若干个类给出某些重要的 abstract() 方法的实现细节,就可以考虑使用接口。

4. 代码模板的参考答案

【代码1】 machine.play(new Violin());
【代码2】 machine.play(new Piano());

5.8.3 上机实践

小狗在不同环境条件下可能呈现不同的状态表现,要求用接口封装小狗的状态,即让一个接口类型的变量是 Dog 类的成员,用于刻画狗的状态。具体要求如下。

① 编写一个接口 DogState,该接口有一个名字为 void showState() 的方法。
② 编写 Dog 类,该类中有一个 DogState 接口声明的变量 state。另外,该类有一个 show() 方法,在该方法中让接口 state 回调 showState() 方法。
③ 编写若干个实现 DogState 接口的类,负责刻画小狗的各种状态。
④ 编写主类,在主类中测试小狗的各种状态。

调试程序,将程序模板中的【代码】替换为程序代码,并体会:当增加一个实现 DogState 接口的类后,Dog 类不需要进行修改。

请按模板要求,将【代码】替换为 Java 程序代码。

E.java 源文件内容如下:

```
interface DogState {
   public void showState();
}
class SoftlyState implements DogState {
   public void showState() {
      System.out.println("听主人的命令");
   }
}
class MeetEnemyState implements DogState {
   【代码1】              //重写 public void showState()
}
class MeetFriendState implements DogState {
   【代码2】              //重写 public void showState() 方法
}
class MeetAnotherDog implements DogState {
   【代码3】              //重写 public void showState() 方法
}
class Dog {
  DogState  state;         // 接口类型的变量 state 是 Dog 类的成员
  public void show() {
     state.showState();    //接口回调,显示狗的状态
  }
  public void setState(DogState s) {
```

```
            state = s;              //更换狗的状态
        }
    }
    public class E {
        public static void main(String args[]) {
            Dog yellowDog =new Dog();
            System.out.print("狗在主人面前:");
            yellowDog.setState(new SoftlyState());
            yellowDog.show();
            System.out.print("狗遇到敌人:");
            yellowDog.setState(new MeetEnemyState());
            yellowDog.show();
            System.out.print("狗遇到朋友:");
            yellowDog.setState(new MeetFriendState());
            yellowDog.show();
            System.out.print("狗遇到同伴:");
            yellowDog.setState(new MeetAnotherDog());
            yellowDog.show();
        }
    }
```

5.9 匿名类

5.9.1 基础知识

1. 内部类

可以在一个类中再定义另一个类,这样的类称作当前类中的内部类,而包含内部类的类称为内部类的外嵌类。内部类的外嵌类的成员变量在内部类中仍然有效,内部类中的方法也可以调用外嵌类中的方法。

内部类的类体中不可以声明类变量和类方法。内部类仅供它的外嵌类使用,一个类不可以用其他类的内部类声明对象。例如,红牛农场饲养了特殊种类的红牛,但不希望其他农场饲养这种牛,那么这种类型的农场就可以将创建这种特殊种牛的类作为自己的内部类。如下列代码所示:

```
class RedCowForm {
    RedCow cow;              //内部类声明对象 cow
    RedCowForm() {
        cow = new RedCow(150,112);
    }
    public void showCowMess() {
        cow.speak();
    }
    class RedCow {           //内部类的声明
        String cowName = "红牛";
        int height,weight,price;
        RedCow(int h,int w) {
            height = h;
            weight = w;
        }
        void speak() {
            System.out.println("高:"+height+"cm 重:"+weight);
```

```
    }
  }                      //内部类结束
}
```

2. 匿名类与子类

Java 允许直接使用一个类的子类的类体创建一个子类对象。例如,假设 Bank 是一个类,那么下列代码就是用 Bank 的一个子类(不必显式地事先定义这个子类,因此该子类是一个匿名类)创建对象:

```
new Bank() {
   匿名类的类体
};
```

使用匿名类时,必然是在某个类中直接用匿名类创建对象,因此匿名类一定是内部类。

如果某个方法的参数是 Bank 类型,那么经常使用匿名类创建一个对象,并将对象的引用传递给方法的参数。示例如下:

```
void showMoney(Bank bank)
```

其中的参数 bank 是 Bank 类型,那么在调用 showMoney 时,可以向 showMoney 方法的参数 bank 传递一个匿名类的对象(Bank 的某个子类的对象)。示例如下:

```
void showMoney(new Bank() {
         Bank 类的子类的类体
})          //注意这里最后的右小括号
```

5.9.2 基础训练

基础训练的能力目标是掌握如何向方法的参数传递一个匿名类的对象的引用。

1. 基础训练的主要内容

① 定义一个抽象类 OutputAlphabet,该类有一个 abstract void output()方法。

② 编写一个 ShowBoard 类,该类有 void showMess(OutputAlphabet show)方法,该方法的参数 show 是 OutputAlphabet 类型的对象,在方法体中让参数 show 回调 output()方法。

③ 在主类的 main 方法中,用 ShowBoard 类创建一个对象,当该对象调用 showMess()方法时,向该方法的参数 show 传递一个匿名类(OutputAlphabet 的一个子类)的对象,该匿名类重写的 output()方法能输出英文字母表。

2. 基础训练使用的代码模板

将下列 Application5_9.java 中的【代码】替换为程序代码。程序运行效果如图 5-12 所示。

OutputAlphabet.java 源文件的内容如下:

```
public abstract class OutputAlphabet {
    public abstract void output();
}
```

ShowBoard.java 源文件的内容如下:

```
public class ShowBoard {
    void showMess(OutputAlphabet show) {      //参数 show 是 OutputAlphabet 类型的对象
       【代码 1】                               // show 调用 output()
    }
}
```

Application5_9.java 源文件的内容如下：

```java
public class Application5_9 {
  public static void main(String args[]) {
     ShowBoard board = new ShowBoard();
     board.showMess(new OutputAlphabet() {   //向参数传递匿名类的对象
                    public void output() {
                         System.out.println("我是一个匿名类创建的对象!");
                    }
     });                                //请注意这里的小括号和分号
     board.showMess(【代码2】);          //向参数传递匿名类的对象,该匿名类重写的output()方法能输出
                                        //大写英文字母表
  }
}
```

```
C:\ch5>java Application5_9
我是一个匿名类创建的对象!
 A B C D E F G H I J K L M
 N O P Q R S T U V W X Y Z
```

图 5-12 匿名类

3. 训练小结与拓展

由于匿名类是一个子类但没有类名,所以在用匿名类创建对象时,可以直接使用父类的构造方法,比如使用父类的不带参数的构造方法。

4. 代码模板的参考答案

【代码1】 `show.output();`

【代码2】
```
new OutputAlphabet()
    { public void output() {
         for(char c='A';c<='Z';c++) {
            System.out.printf("%3c",c);
            if(c =='M')
               System.out.printf("\n");
         }
       }
     }
```

5.9.3 上机实践

Java 允许直接用接口名和一个类体创建对象,此类体被认为是实现了接口的类去掉类声明后的类体,称为匿名类。下列代码就是用实现了 Computable 接口的类(匿名类)创建对象:

```
new Computable() {
     实现接口的匿名类的类体
};
```

如果某个方法的参数是接口类型,那么可以使用接口名和类体组合创建一个匿名对象传递给方法的参数,类体必须重写接口中的全部方法。示例如下:

```
void f(ComPutable  x)
```

其中的参数 x 是接口,那么在调用 f 时,可以向 f 的参数 x 传递一个匿名对象。示例如下:

```
f(new ComPutable() {
      实现接口的匿名类的类体
})
```

上机调试下列程序,注意匿名类的用法。
E.java 源文件的内容如下:

```
interface SpeakHello {
    void speak();
}
class  HelloMachine {
   public void turnOn(SpeakHello hello) {
       hello.speak();
   }
}
public class E {
   public static void main(String args[]) {
      HelloMachine machine = new HelloMachine();
      machine.turnOn( new SpeakHello() {           //和接口 SpeakHello 有关的匿名类
                     public void speak() {
                          System.out.println("hello,you are welcome!");
                     }
      });
      machine.turnOn( new SpeakHello() {           //和接口 SpeakHello 有关的匿名类
                     public void speak() {
                          System.out.println("你好,欢迎光临!");
                     }
      });
   }
}
```

5.10 函数接口与 Lambda 表达式

5.10.1 基础知识

1. 函数接口

如果一个接口里有且只有一个 abstract 方法,称这样的接口是单接口。从 JDK8 开始,Java 开始使用 Lambda 表达式,也将单接口称为函数接口。

2. Lambada 表达式

下列 computeSum 是一个普通的方法(也称函数):

```
int computeSum(int a,int b ) {
    return   a+b;
}
```

Lambda 表达式就是一个匿名方法(函数),用 Lambda 表达式表达同样功能的匿名方法格式如下:

```
(int a,int b) ->{
    return a+b;
}
```

或

```
(a,b) ->{
    return a+b;
}
```

Lambda 表达式就是只写参数列表和方法体的匿名方法。参数列表和方法体之间的符号是—>：

```
(参数列表)->{
    方法体
}
```

3. Lambda 表达式的值

由于 Lambda 表达式过于简化,因此必须在特殊的上下文中,编译器才能推断出 Lambda 表达式到底是哪个方法,才能计算出 Lambda 表达式的值,Lambda 表达式的值就是方法的入口地址。因此,Java 中的 Lambda 表达式主要用在单接口,即函数接口中。

4. 接口变量存放 Lambda 表达式的值

第 5.8 节中我们学习了接口回调,即把实现接口的类的实例的引用赋值给接口变量后,该接口变量就可以回调类重写的接口方法(不要求接口是函数接口,即不要求接口是单接口)。

对于函数接口,允许把 Lambda 表达式的值(方法的入口地址)赋值给接口变量,那么接口变量就可以调用 Lambda 表达式实现的方法(接口中的方法),这一机制称为接口回调 Lambda 表达式实现的接口方法。简单地说,和函数接口有关的 Lambda 表达式实现了该函数接口中的抽象方法(重写了抽象方法),并将所实现的方法的入口地址作为此 Lambda 表达式的值。示例如下:

```
public interface SingleCom {
    public abstract int computeSum(int a ,int b);
}
```

对于上述函数接口,相关的 Lambda 表达式如下:

```
(a,b)->{
    return a+b;
}
```

把 Lambda 表达式的值(Lambda 表达式实现的 computeSum()方法的入口地址)赋给接口变量 com:

```
SingleCom com =(a,b)->{
    return a+b;
};
```

那么,com 就可以调用 Lambda 表达式实现的接口中的方法:

```
int result = com.computeSum(10,8);
```

Java 中的 Lambda 表达式的主要作用是在给单接口变量赋值时,即给函数接口变量赋值时使代码更加简洁。因此,掌握函数接口和 Lambda 表达式也就基本掌握了 Java 的 Lambda 表达式。

5.10.2 基础训练

基础训练的能力目标是掌握怎样使用和函数接口相关的 Lambda 表达式。

1. 基础训练的主要内容

定义一个名字是 Computable 的函数接口。在主类的 main() 方法中，用 Computable 的函数接口声明接口变量，并用这个接口变量存放和函数接口相关的 Lambda 表达式的值，然后让接口变量调用 Lambda 表达式实现的接口方法。

2. 基础训练使用的代码模板

将下列 Application5_10.java 中的【代码】替换为程序代码。程序运行效果如图 5-13 所示。
Computable.java 源代码的内容如下：

```java
public interface Computable {
    double compute(double a, double b);
}
```

Application5_10.java 源代码的内容如下：

```java
public class Application5_10 {
  public static void main(String args[]) {
      Computable com = null;
      com =【代码 1】          //将 Lambda 表达式的值赋给 com
      System.out.println(com.compute(5,15));
      com =【代码 2】          //将 Lambda 表达式的值赋给 com
      System.out.println(com.compute(5,15));
  }
}
```

```
C:\ch5>java Application5_10
20.0
75.0
```

图 5-13　函数接口与 Lambda 表达式

3. 训练小结与拓展

由于 Lambda 表达式中不允许出现方法的名字，因此如果用户更改了函数接口中方法的名字，Lambda 表达式不受影响。

4. 代码模板的参考答案

【代码 1】
```
(a,b)->{ double result;
         result = a+b;
         return result;
     };
```
【代码 2】
```
(a,b)->{ return a * b;
     };
```

5.10.3　上机实践

上机调试下列代码，体会与函数接口相关的 Lambda 表达式的用法（请与第 5.9.3 小节中的代码模板进行比对）。

E.java 源文件的内容如下：

```java
interface SpeakHello {
    void speak();
}
```

```
class HelloMachine {
  public void turnOn(SpeakHello hello) {
      hello.speak();
  }
}
public class E {
  public static void main(String args[]) {
    HelloMachine machine = new HelloMachine();
    machine.turnOn(()->{
                      System.out.println("hello,you are welcome!");
                   });
    machine.turnOn(()->{
                      System.out.println("你好,欢迎光临!");
                   });
  }
}
```

5.11 异常类

5.11.1 基础知识

1. 什么是异常

所谓异常就是程序运行时可能出现的一些错误,比如试图打开一个根本不存在的文件等,异常处理将会改变程序的控制流程,让程序有机会对错误做出处理。这一节将对异常给出初步的介绍,而 Java 程序中出现的具体异常问题会在相应的章节中详细讲解。

Java 使用 throw 关键字抛出一个 Exception 子类的实例表示异常发生。例如,java.lang 包中的 Integer 类调用其类方法 public static int parseInt(String s)可以将数字格式的字符序列,如 6789,转化为 int 型数据,但是当试图将字符序列 ab89 转换成数字时,代码如下:

```
int number = Integer.parseInt("ab89");
```

方法 parseInt()在执行过程中就会抛出 NumberFormatException 对象(使用 throw 关键字抛出一个 NumberFormatException 对象),即程序运行出现 NumberFormatException 异常。例如,流对象在调用 read()方法读取一个不存在的文件时,就会抛出 IOException 异常对象(见第 7 章)。

异常对象可以调用如下方法得到或输出有关异常的信息。

```
public String getMessage();
public void printStackTrace();
public String toString();
```

2. try-catch 语句

Java 使用 try-catch 语句来处理异常,将可能出现的异常操作放在 try-catch 语句的 try 部分,一旦 try 部分抛出异常对象,或者调用某个可能抛出异常对象的方法,并且该方法抛出了异常对象,那么 try 部分将立刻结束执行,转向执行相应的 catch 部分。所以程序可以将发生异常后的处理放在 catch 部分。try-catch 语句可以由几个 catch 组成,分别处理发生的相应异常。

try-catch 语句的格式如下:

```
try {
    包含可能发生异常的语句
```

```
    }
    catch(ExceptionSubClass1  e) {
       ...
    }
    catch(ExceptionSubClass2  e) {
       ...
    }
```

各个 catch 参数中的异常类都是 Exception 的某个子类，表明 try 部分可能发生的异常，这些子类之间如果有父子关系，那么 catch 参数是子类的在 catch 参数是父类的前面。

5.11.2 基础训练

基础训练的能力目标是掌握使用 try-catch 语句处理异常。

1. 基础训练的主要内容

将形如"1278"的字符序列转换成整数，但用户提供的字符序列如果是"127 八"，程序通过处理异常提示原始数据有错误。

2. 基础训练使用的代码模板

仔细阅读下列代码模板，体会 try-catch 语句的用法，理解程序的输出结果。程序运行效果如图 5-14 所示。

Application5_11.java 源文件内容如下：

```java
public class Application5_11 {
    public static void main(String args[ ]) {
       int n = 0, m = 0, t = 1000;
       try{  m = Integer.parseInt("1278");
             n = Integer.parseInt("127八");         //运行时发生异常,转向 catch
             t = 7777;                              //t 没有机会被赋值,但编译无错误
       }
       catch(NumberFormatException e) {
             System.out.println("发生异常:"+e.getMessage());
       }
       System.out.println("n="+n+",m="+m+",t="+t);
       try{  System.out.println("故意抛出 I/O 异常!");
             throw new NumberFormatException ("故意");   //故意抛出异常
          // t = 7777; //编译器发现这个语句肯定没有机会执行,必须注释,否则编译出错
       }
       catch(NumberFormatException e) {
             System.out.println("发生异常:"+e.getMessage());
       }
    }
}
```

```
C:\ch5>java Application5_11
发生异常:For input string: "127八"
n=0, m=1278, t=1000
故意抛出异常!
发生异常:故意
```

图 5-14　处理异常

3. 训练小结与拓展

带 finally 子语句的 try-catch 语句,语法格式如下:

```
try{}
catch(ExceptionSubClass e){ }
finally{}
```

带 finally 子语句的 try-catch 语句的执行机制是:在执行 try-catch 语句后,执行 finally 子语句,也就是说,无论在 try 部分是否发生过异常,finally 子语句都会被执行。

4. 代码模板的参考答案

没有需要完成的【代码】。

5.11.3 上机实践

上机调试下列代码,并解释程序【代码】的输出结果。

E.java 源文件的内容如下:

```java
class ScoreException extends Exception {
    int score;
    ScoreException(int n){
        score = n;
    }
    int getMess(){
        return score;
    }
}
class Teacher {
    public int giveScore(int score) throws ScoreException {
        if(score >100|| score< 0)
            throw new ScoreException(score);        //抛出异常结束方法的执行,不会返回值
        return score;
    }
}
public class E {
    public static void main(String args[]){
        Teacher t = new Teacher();
        int m = 0;
        int score = 0;
        try {   m = t.giveScore(199);
            m = t.giveScore(69);                    //不会被执行
        }
        catch(ScoreException e){
            score = e.getMess();
            System.out.println("成绩"+score+"有误");
        }
        System.out.printf("m = %d\n",m);            //【代码 1】输出:m = 0
        System.out.printf("score = %d",score);      //【代码 2】输出 score = 199
    }
}
```

5.12 小结

（1）子类继承的方法只能操作子类继承和隐藏的成员变量。

（2）子类重写或新增的方法能操作子类继承和新声明的成员变量,但不能直接操作隐藏的成员的变量(需使用关键字 super 操作隐藏的成员变量)。

（3）上转型对象可以访问子类继承或隐藏的成员变量,也可以调用子类继承的方法或子类重写的实例方法。

（4）接口的接口体中只能有常量和 abstract()方法。

（5）和类一样,接口也是 Java 中一种重要的引用型数据类型,接口变量中只能存放实现该接口的类的实例(对象)的引用。

（6）当接口变量中存放了实现接口的类的对象的引用后,接口变量就可以调用类实现的接口方法,这一过程称为接口回调。

5.13 课外读物

扫描二维码即可观看学习。

习题 5

1. 判断题（题目叙述正确的,在后面的括号中打√,否则打×）

（1）子类继承父类的构造方法。　　　　　　　　　　　　　　　　　　　　　　　　（　）

（2）子类中想使用被子类隐藏的实例成员变量或实例方法就需要使用关键字 super。（　）

（3）可以用 final 修饰构造方法。　　　　　　　　　　　　　　　　　　　　　　　（　）

（4）如果在子类的构造方法中,没有显式地写出 super 关键字来调用父类的某个构造方法,那么编译器默认地由 super();调用父类的无参数的构造方法,如果父类没有这样的构造方法,代码将出现编译错误。
（　）

（5）可以同时用 final 和 abstract 修饰同一个方法。　　　　　　　　　　　　　　　（　）

（6）子类继承的方法所操作的成员变量一定是被子类继承或隐藏的成员变量。　　　（　）

（7）如果一个类的所有构造方法的访问权限都是 private 的,意味着这个类不能有子类,理由是：一个类的 private()方法不能在其他类中被使用,但子类的构造方法中一定会调用父类的某个构造方法。（　）

（8）子类在方法重写时,不可以把父类的实例方法重写为类(static)方法,也不可以把父类的类(static)方法重写为实例方法。
（　）

（9）abstract 类中只可以有 abstract()方法。　　　　　　　　　　　　　　　　　　（　）

（10）子类可以有多个父类。

2. 选择题（单选或多选）

（1）下列叙述正确的是（　　　）。

　　A. 子类继承父类的构造方法

　　B. abstract 类的子类必须是非 abstract 类

　　C. 子类继承的方法只能操作子类继承和隐藏的成员变量

　　D. 子类重写或新增的方法也能直接操作被子类隐藏的成员变量

(2) 下列叙述正确的是（　　）。
  A. final 类可以有子类
  B. abstract 类中只可以有 abstract()方法
  C. abstract 类中可以有非 abstract()方法，但该方法不可以用 final 修饰
  D. 不可以同时用 final 和 abstract 修饰同一个方法
  E. 允许使用 static 修饰 abstract()方法

(3) 下列程序中注释错误（无法通过编译）的两个代码（A、B、C、D）是（　　）。

```java
class Father {
    private int money = 12;
    float height;
    int seeMoney() {
        return money;                //A
    }
}
class Son extends Father {
    int height;
    int lookMoney() {
        int m = seeMoney();          //B
        return m;
    }
}
class E {
    public static void main(String args[]) {
        Son erzi = new Son();
        erzi.money = 300;            //C
        erzi.height = 1.78F;         //D
    }
}
```

(4) 假设 C 是 B 的子类，B 是 A 的子类，cat 是 C 类的一个对象，bird 是 B 类的一个对象，下列叙述错误的是（　　）。
  A. cat instanceof B 的值是 true　　　　B. bird instanceof A 的值是 true
  C. cat instanceof A 的值是 true　　　　D. bird instanceof C 的值是 true

(5) 下列程序中注释错误（无法通过编译）的代码（A、B、C、D）是（　　）。

```java
class A {
    static int m;
    static void f() {
        m = 20 ;                     //A
    }
}
class B extends A {
    void f()                         //B
    { m = 222 ;                      //C
    }
}
class E {
    public static void main(String args[]) {
        A.f();                       // D
    }
}
```

(6) 下列程序中注释错误(无法通过编译)的代码(A、B、C、D)是(　　)。

```
abstract class Takecare {
    protected void speakHello() {}      //A
    public abstract static void cry();  //B
    static int f() { return 0 ;}        //C
    abstract float g();                 //D
}
```

(7) 下列程序中注释错误(无法通过编译)的代码(A、B、C、D)是(　　)。

```
abstract class A {
    abstract float getFloat ();     //A
    void f()                        //B
    { }
}
public class B extends A {
    private float m = 1.0f;         //C
    private float getFloat ()       //D
    {   return m;
    }
}
```

(8) 下列代码(A、B、C、D)放入程序中标注的【代码】处将导致编译错误的是(　　)。

    A. public float getNum(){return 4.0f;}

    B. public void getNum(){ }

    C. public void getNum(double d){ }

    D. public double getNum(float d){return 4.0d;}

```
class A {
    public float getNum() {
        return 3.0f;
    }
}
public class B extends A {
    【代码】
}
```

(9) 对于下列代码,叙述正确的选项是(　　)。

    A. 程序提示编译错误(原因是 A 类没有不带参数的构造方法)

    B. 编译无错误,【代码】输出结果是 0

    C. 编译无错误,【代码】输出结果是 1

    D. 编译无错误,【代码】输出结果是 2

```
class A {
    public int i=0;
    A(int m) {
        i = 1;
    }
}
```

```
public class B extends A {
    B(int m) {
        i = 2;
    }
    public static void main(String args[]){
        B b = new B(100);
        System.out.println(b.i);           //【代码】
    }
}
```

(10) 下列叙述正确的是(　　)。
　　A. 一个类最多可以实现两个接口
　　B. 如果一个抽象类实现某个接口,那么它必须重写接口中的全部方法
　　C. 如果一个非抽象类实现某个接口,那么它可以只重写接口中的部分方法
　　D. 允许接口中只有一个抽象方法

(11) 下列接口中标注的 A、B、C、D 中错误的两项是(　　)。

```
interface Takecare {
    protected void speakHello();            //A
    public abstract static void cry();      //B
    int f();                                //C
    abstract float g();                     //D
}
```

(12) 将下列(A、B、C、D)代码替换下列程序中的【代码】不会导致编译错误的是(　　)。
　　A. public int f(){return 100＋M;}
　　B. int f(){return 100;}
　　C. public double f(){return 2.6;}
　　D. public abstract int f();

```
interface Com {
    int M = 200;
    int f();
}
class ImpCom implements Com {
    【代码】
}
```

3. 挑错题(A、B、C、D 注释标注的哪行代码有错误?)

(1)

```
abstract class AAA {
    final static void speakHello() {}       //A
    final abstract void cry();              //B
    static final int f() { return 0 ; }     //C
    abstract float g();                     //D
}
```

(2)
```
abstract class Animal {
    int m =100;
}
class Dog extends Animal{
    double m;
}
public class E {
    public static void main(String args[]){
        Animal animal = null;                    //A
        Dog dog = new Dog();
        animal = dog;                            //B
        dog.m = 3.14;                            //C
        animal.m = 3.14;                         //D
    }
}
```

4. 阅读程序

(1) 请说出 E 类中【代码 1】和【代码 2】的输出结果。

```
class A {
  double f(double x,double y) {
    return x+y;
  }
}
class B extends A {
  double f(int x,int y) {
    return x * y;
  }
}
public class E {
  public static void main(String args[]) {
    B b=new B();
    System.out.println(b.f(3,5));              //【代码 1】
    System.out.println(b.f(3.0,5.0));          //【代码 2】
  }
}
```

(2) 请说出 B 类中【代码 1】和【代码 2】的输出结果。

```
class A {
  public int getNumber(int a) {
      return a+1;
  }
}
class B extends A {
  public int getNumber (int a) {
      return a+100;
  }
  public static void main (String args[])   {
```

```
        A a =new A();
        System.out.println(a.getNumber(10));     //【代码 1】
        a = new B();
        System.out.println(a.getNumber(10));     //【代码 2】
    }
}
```

(3) 请说出 E 类中【代码 1】~【代码 4】的输出结果。

```
class A {
    double f(double x,double y) {
        return x+y;
    }
    static int g(int n) {
        return n * n;
    }
}
class B extends A {
    double f(double x,double y) {
        double m = super.f(x,y);
        return m+x * y;
    }
    static int g(int n) {
        int m = A.g(n);
        return m+n;
    }
}
public class E {
    public static void main(String args[]) {
        B b = new B();
        System.out.println(b.f(10.0,8.0));       //【代码 1】
        System.out.println(b.g(3));              //【代码 2】
        A a = new B();
        System.out.println(a.f(10.0,8.0));       //【代码 3】
        System.out.println(a.g(3));              //【代码 4】
    }
}
```

(4) 请说出 E 类中【代码 1】~【代码 3】的输出结果。

```
class A {
    int m;
    int getM() {
        return m;
    }
    int seeM() {
        return m;
    }
}
class B extends A {
    int m ;
```

```
        int getM() {
            return m+100;
        }
    }
    public class E {
      public static void main(String args[]) {
        B b = new B();
        b.m = 20;
        System.out.println(b.getM());       //【代码 1】
        A a = b;
        a.m = -100;                         // 上转型对象访问的是被隐藏的 m
        System.out.println(a.getM());       //【代码 2】上转型对象调用的一定是子类重写的 getM() 方法
        System.out.println(b.seeM());       //【代码 3】子类继承的 seeM() 方法操作的 m 是被子类隐藏的 m
      }
    }
```

(5) 请说出 E 类中【代码 1】和【代码 2】的输出结果。

```
interface A {
    double f(double x,double y);
}
class B implements A {
    public double f(double x,double y) {
        return x * y;
    }
    int g(int a,int b) {
        return a+b;
    }
}
public class E {
    public static void main(String args[]) {
        A a = new B();
        System.out.println(a.f(3,5));              //【代码 1】
        B b = (B)a;
        System.out.println(b.g(3,5));              //【代码 2】
    }
}
```

(6) 请说出 E 类中【代码 1】和【代码 2】的输出结果。

```
interface Com {
    int add(int a,int b);
}
abstract class A {
    abstract int add(int a,int b);
}
class B extends A implements Com{
    public int add(int a,int b) {
        return a+b;
    }
}
```

```
public class E {
  public static void main(String args[]) {
    B b = new B();
    Com com = b;
    System.out.println(com.add(12,6));        //【代码 1】
    A a = b;
    System.out.println(a.add(10,5));          //【代码 2】
  }
}
```

(7) 请说出 E 类中【代码】的输出结果。

```
interface Com {
    int add(int a,int b);
    public static int get(int n){
        return n;
    }
    public default int see(int n){
        return n;
    }
    public default int look(int n){
        return n;
    }
}
class A implements Com{
    public int add(int a,int b) {
        return a+b;
    }
    public int see(int n){
        return n+1;
    }
}
public class E {
    public static void main(String args[]) {
        A a =  new A();
        int m = a.add(12,6);
        int n =Com.get(12);
        int t = a.see(6);
        int q = a.look(6);
        System.out.printf("%d:%d:%d:%d",m,n,t,q);    //【代码】
    }
}
```

5. 编程题

设计一个动物声音"模拟器",希望模拟器可以模拟许多动物的叫声,要求如下。

(1) 编写抽象类 Animal

Animal 抽象类有两个抽象方法 cry()和 getAnimalName(),即要求各种具体的动物给出自己的叫声和种类名称。

(2) 编写模拟器类 Simulator

该类有一个 playSound(Animal animal)方法,该方法的参数是 Animal 类型。即参数 animal 可以调用

Animal 的子类重写的 cry()方法播放具体动物的声音,调用子类重写的 getAnimalName()方法显示动物种类的名称。

(3) 编写 Animal 类的子类:Dog 和 Cat 类

图 5-15 是 Simulator、Animal、Dog、Cat 的 UML 图。

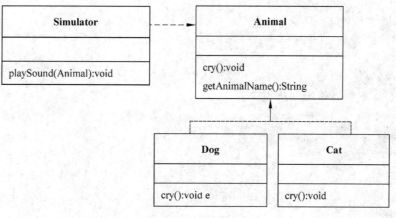

图 5-15 UML 类图

(4) 编写主类 Application(用户程序)

在主类 Application 的 main 方法中至少包含如下代码:

```
Simulator simulator = new Simulator();
simulator.playSound(new Dog());
simulator.playSound(new Cat());
```

第 6 章　常用实用类

主要内容

- String 对象
- String 对象与数组
- String 对象与基本数据的相互转化
- 正则表达式
- 分解字符序列
- 日期与时间
- 数学公式
- StringBuffer 类

本章学习 Java 提供的常用实用类。

6.1　String 对象

6.1.1　基础知识

1. String 类

（1）常量对象

String 常量对象是用双引号（英文状态下输入的双引号）括起来的字符序列。例如："你好"、12.97、boy 等。

（2）String 对象

使用 String 类创建 String 对象。示例如下：

```
String s = new String("we are students");
```

上述代码创建了一个 String 对象 s，其中的字序列：we are students 是 String 对象 s 封装的"数据"，称作 String 对象 s 的字符序列或实体。

（3）引用 String 常量对象

String 常量是对象，因此可以把 String 常量的引用赋值给一个 String 对象。示例如下：

```
String s1,s2;
s1 = "how are you";
s2 = "how are you";
```

这样，s1、s2 具有相同的引用，因而具有相同的实体，即相同的字符序列（都是 How are you）。s1、s2 内存示意如图 6-1 所示。

把 String 常量的引用赋值给一个 String 对象 s1 时，Java 让用户直接写常量来完成这一任务，但实际上赋值到 String 对象 s1 中的是 String 常量 How are you 的引用（见图 6-1）。

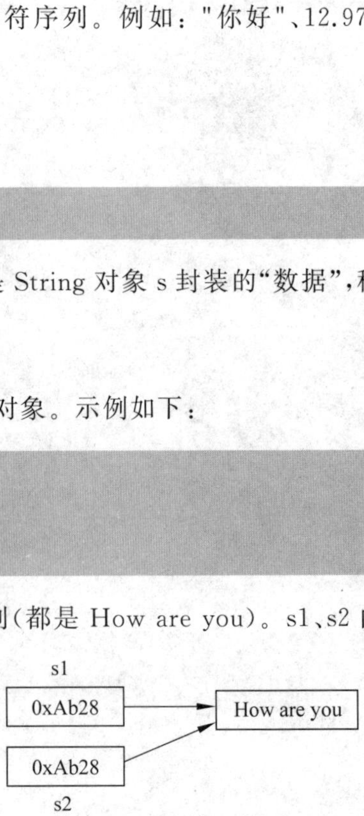

图 6-1　String 对象与常量

2. String 类的常用方法

（1）public int length()

String 类中的 length() 方法用来获取一个 String 对象的字符序列的长度。示例如下：

```
String china = "1945年抗战胜利";
int n1,n2;
n1 = china.length();
n2 = "小鸟 fly".length();
```

那么 n1 的值是 9,n2 的值是 5。

(2) public boolean equals(String s)

String 对象调用 equals(String s)方法比较当前 String 对象的字符序列是否与参数 s 指定的 String 对象的字符序列相同。示例如下:

```
String tom = new String("天道酬勤");
String boy = new String( "知心朋友");
String jerry = new String("天道酬勤");
```

那么,tom.equals(boy)的值是 false,tom.equals(jerry)的值是 true。

关系表达式 tom == jerry 的值是 false。因为 String 对象 tom、jerry 中存放的是引用,内存示意如图 6-2 所示。String 对象调用 public boolean equalsIgnoreCase(String s)比较当前 String 对象的字符序列与参数指定的 String 对象 s 的字符序列是否相同,比较时忽略大小写。

需要注意的是 System.out.println(tom);输出的是 String 对象的实体,即 String 对象的字符序列"天道酬勤"。可以让 System 类调用如下静态方法:

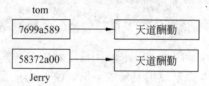

图 6-2 内存示意图

```
int identityHashCode(Object object)
```

上述代码返回(得到)String 对象 tom 的引用。示例如下:

```
int address  =System.identityHashCode(tom);
```

(3) public boolean startsWith(String s)、public boolean endsWith(String s)方法

String 对象调用 startsWith(String s)方法,判断当前 String 对象的字符序列前缀是否是参数指定的 String 对象 s 的字符序列。示例如下:

```
String tom = "天气预报,阴有小雨",jerry = "比赛结果,中国队赢得胜利";
```

那么,tom.startsWith("天气")的值是 true,jerry.startsWith("天气")的值是 false。

使用 endsWith(String s)方法判断一个 String 对象的字符序列后缀是否是 String 对象 s 的字符序列,如 tom.endsWith("大雨")的值是 false,jerry.endsWith("胜利")的值是 true。

(4) public int compareTo(String s)方法

String 对象调用 compareTo(String s)方法,按字典序与参数指定的 String 对象 s 的字符序列比较大小。如果当前 String 对象的字符序列与 s 的相同,该方法返回值 0;如果大于 s 的字符序列,该方法返回正值;如果小于 s 的字符序列,该方法返回负值。例如,字符 a 在 Unicode 表中的排序位置是 97,字符 b 是 98,那么对于如下代码:

```
String str = "abcde";
```

str.compareTo("boy")小于 0,str.compareTo("aba")大于 0,str.compareTo("abcde")等于 0。

按字典序比较两个 String 对象还可以使用 public int compareToIgnoreCase(String s)方法,该方法忽略大小写。

(5) public boolean contains(String s)

String 对象调用 contains 方法判断当前 String 对象的字符序列是否包含参数 s 的字符序列。例如，tom="student"，那么 tom.contains("stu")的值就是 true,而 tom.contains("ok")的值是 false。

(6) public int indexOf (String s)和 public int lastIndexOf(String s)

String 对象的字符序列索引位置从 0 开始。例如，对于 String tom＝"ABCD",索引位置 0、1、2 和 3 上的字符分别是字符 A、B、C 和 D。String 对象调用方法 indexOf(String str)从当前 String 对象的字符序列的 0 索引位置开始检索首次出现 str 的字符序列的位置，并返回该位置。如果没有检索到,该方法返回的值是－1。String 对象调用方法 lastIndexOf(String str)从当前 String 对象的字符序列的 0 索引位置开始检索最后一次出现 str 的字符序列的位置，并返回该位置。如果没有检索到,该方法返回的值是－1。indexOf(String str,int startpoint)方法是一个重载方法,参数 startpoint 的值用来指定检索的开始位置。

示例如下：

```
String tom = "I am a good cat";
tom.indexOf("a");                    //值是 2
tom.indexOf("good",2);               //值是 7
tom.indexOf("a",7);                  //值是 13
tom.indexOf("w",2);                  //值是-1
```

String 对象的字符序列中的转义字符是一个字符,如\n 代表回行,特别要注意,String 对象的字符序列中如果使用目录符,那么 Windows 目录符必须转义写成\\。Unix 目录符/直接使用即可。示例如下：

```
String path = "c:\\book\\ Java Programmer.doc";
int indexOne = path.indexOf("\\");
int indexTwo = path.lastIndexOf("\\");
```

indexOne 得到的值是 2,indexTwo 的值是 7。

(7) public String substring(int startpoint)

String 对象调用该方法获得一个新的 String 对象,新的 String 对象的字符序列是复制当前 String 对象的字符序列中 startpoint 位置至最后位置上的字符所得到的字符序列。String 对象调用 substring(int start ,int end)方法获得一个新的 String 对象,新的 String 对象的字符序列是复制当前 String 对象的字符序列中的 start 位置至 end－1 位置上的字符所得到的字符序列。示例如下：

```
String tom = "我喜欢篮球";
String str = tom.substring(1,3);
```

那么 String 对象 str 的字符序列是"喜欢"(注意,不是"喜欢篮")。

(8) public String trim()

String 对象调用方法 trim()得到一个新的 String 对象,这个新的 String 对象的字符序列是当前 String 对象的字符序列去掉前后空格后的字符序列。

6.1.2 基础训练

基础训练的能力目标是掌握 String 类的常用方法。

1. 基础训练的主要内容

在主类的 main 方法中完成以下任务。

① 输出 String 对象"1945 年抗战胜利"的长度,并判断后缀是否是"胜利"。

② String tom ＝ new String("提琴知音");String boy ＝ new String("难得知音");判断 tom 和 boy 的字符序列是否相同。

③ 截取文件路径"C:\\book\\javabook\\程序设计.doc"中的文件名：程序设计.doc。

2. 基础训练使用的代码模板

将下列 Application6_1.java 中的【代码】替换为程序代码。程序运行效果如图 6-3 所示。
Application6_1.java 源文件内容如下：

```java
public class Application6_1 {
    public static void main(String args[]) {
        String china = "1945年抗战胜利";
        int length=【代码 1】        //返回 china 的长度
        boolean isTrue=china.endsWith("胜利");
        System.out.printf("\"%s\"的长度是%d,后缀是否为胜利:%b\n",
                          china,length,isTrue);
        String tom,boy;
        tom = new String("提琴知音");
        boy = new String("难得知音");
        System.out.printf("tom的引用:%x\n",System.identityHashCode(tom));
        System.out.printf("boy的引用:%x\n",System.identityHashCode(boy));
        System.out.println(tom==boy);
        isTrue=【代码 2】            //判断 tom 和 boy 的字符序列是否相同
        System.out.printf("\"%s\"是否和\"%s\"相同:%b\n",tom,boy,isTrue);
        String path = "c:\\book\\javabook\\程序设计.doc";
        int index = path.lastIndexOf("\\");
        String sub =【代码 3】       //返回 path 从 index+1 位置开始至结尾的字串
        System.out.printf("\"%s\"中的文件名:%s",path,sub);
    }
}
```

```
C:\ch6>java Application6_1
"1945年抗战胜利"的长度是9,后缀是否为胜利:true
tom的引用:7ba4f24f
boy的引用:3b9a45b3
false
"提琴知音"是否和"难得知音"相同:false
"c:\book\javabook\程序设计.doc"中的文件名:程序设计.doc
```

图 6-3　String 类常用方法

3. 训练小结与拓展

要特别注意关系表达式 tom == boy 和 tom.equals(boy)的意义有很大的不同,因为 String 对象是对象,tom、boy 中存放的是引用,内存示意如图 6-4 所示。那么 tom==boy 比较的是对象的引用,不是对象的字符序列(实体),而 String 对象调用 public boolean equals (String s) 是比较当前 String 对象的字符序列与参数 s 的字符序列是否相同。

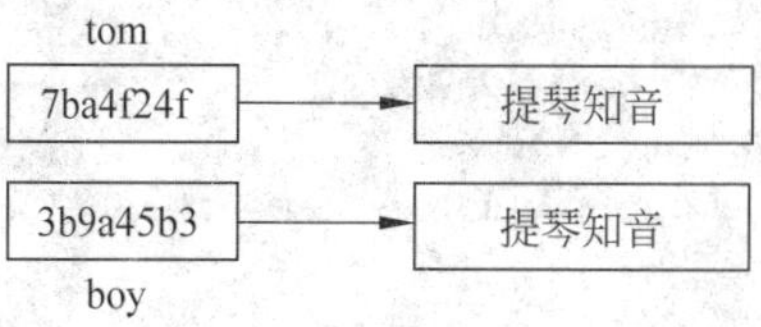

另外,需要特别注意的是,Java 把 String 类声明为 final 类,因此用户不能扩展 String 类,即 String 类不可以有子类。

图 6-4　内存示意图

4. 代码模板的参考答案

【代码 1】　china.length();
【代码 2】　tom.equals(boy);
【代码 3】　path.substring(index+1);

6.1.3 上机实践

阅读、调试下列程序，注意 SortSring 类中排序 String 对象的 sort 方法。
SortString.java 源文件内容如下：

```java
public class SortString {
    public static void sort(String a[]) {
        int count = 0;
        for(int i=0;i<a.length-1;i++) {
            int index = i;
            for(int j=i+1;j<a.length;j++) {
                if(a[j].compareTo(a[index])<0) {
                    index = j;
                }
            }
            String temp = a[i];
            a[i] = a[index];
            a[index] = temp;
        }
    }
}
```

E.java 源文件内容如下：

```java
import java.util.Arrays;
public class E {
    public static void main(String args[]) {
        String [] a = {"melon","apple","pear","banana"};
        System.out.println("使用 SortString 类,按字典序排列数组 a:");
        SortString.sort(a);
        for(int i=0;i<a.length;i++) {
            System.out.print("  "+a[i]);
        }
        System.out.println("");
        System.out.println("使用类库中的 Arrays 类,按字典序排列数组 a:");
        Arrays.sort(a);
        for(int i=0;i<a.length;i++) {
            System.out.print("  "+a[i]);
        }
    }
}
```

6.2　String 对象与数组

6.2.1　基础知识

1. 用数组构造 String 对象

可用构造方法 String(char a[])提取字符数组 a 中的全部字符构造一个 String 对象：

```java
char a[] = {'J','a','v','a'};
String s = new String(a);
```

上述过程相当于：

```
String s = new String("Java");
```

也可用构造方法 String(char a[],int startIndex,int count)提取字符数组 a 中的一部分字符创建一个 String 对象，参数 startIndex 和 count 分别指定在 a 中提取字符的起始位置和从该位置开始截取的字符个数。示例如下：

```
char a[] = {'零','壹','贰','叁','肆','伍','陆','柒','捌','玖'};
String s = new String(a,2,4);
```

上述过程相当于：

```
String s = new String("贰叁肆伍");
```

2. 将 String 对象中的字符放入数组中

String 对象的使用方法如下：

```
public void getChars(int start,int end,char c[],int offset )
```

将当前 String 对象中从位置 start 到位置 end−1 上的字符复制到数组 c 中，并从数组 c 的 offset 处开始存放这些字符。需要注意的是，必须保证数组 c 能容纳下要被复制的字符。

String 对象调用该方法的代码如下：

```
public char[] toCharArray()
```

上述代码返回一个字符数组，该数组的长度与 String 对象的长度相等、第 i 单元中的字符刚好为当前 String 对象中的第 i 个字符。

String 对象调用该方法的代码如下：

```
public byte[] getBytes()
```

使用平台默认的字符编码，将当前 String 对象的字符序列的编码存放在一个字节数组中，并返回这个字节数组的引用。例如，假设机器的默认编码是 GBK，"Java 你好"调用 getBytes()返回一个字节数组 d，其长度为 8，该字节数组的 d[0]、d[1]、d[2]和 d[3]单元分别是字符 J、a、v、a 的编码，第 d[4]和 d[5]单元存放的是字符'你'的编码(GBK 编码中，一个汉字占 2 个字节)，第 d[6]和 d[7]单元存放的是字符'好'的编码。

6.2.2 基础训练

基础训练的能力目标是将 String 对象放入数组中，以及用数组构造 String 对象。

1. 基础训练的主要内容

① 在主类的 main 方法中将一个 String 对象放入字符数组中。
② 在主类的 main 方法中将一个 String 对象放入字节数组中，即得到 String 对象的编码。

2. 基础训练使用的代码模板

将下列 Application6_2.java 中的【代码】替换为程序代码。程序运行效果如图 6-5 所示。
Application6_2.java 源文件内容如下：

```
public class Application6_2 {
    public static void main(String args[]) {
```

```
            char [] tom,jerry;
            String s="1945年8月15日是抗战胜利日";
            tom = new char[4];
            【代码1】                    //将s中从索引位置11至14上的字符复制到数组tom中
            System.out.println(tom);
            String t="十一长假期间,学校都放假了";
            【代码2】                    //将t中全部字符复制到数组jerry中
            for(int i=0;i<jerry.length;i++)
                System.out.print(jerry[i]);
            byte d[]=【代码3】            //返回"Java你好"的默认编码
            System.out.printf("\n数组d的长度是:%d\n",d.length);
            s=new String(d,6,2);         //输出:好
            System.out.println(s);
            s=new String(d,0,6);
            System.out.println(s);       //输出:Java你
        }
    }
```

```
C:\ch6>java Application6_2
抗战胜利
十一长假期间,学校都放假了
数组d的长度是:8
好
Java你
```

图 6-5 String 对象与数组

3. 训练小结与拓展

String 类的构造方法 String(byte[])用指定的字节数组构造一个 String 对象。另外,byte[] getBytes (String charsetName)使用参数指定字符编码,将当前 String 对象的字符序列的编码存放在一个字节数组中,并返回这个字节数组的引用。如果平台默认的字符编码是 GBK(国标,简体中文),那么调用 getBytes()方法等同于调用 getBytes("GBK")。

4. 代码模板的参考答案

【代码1】 s.getChars(11,15,tom,0);
【代码2】 jerry = t.toCharArray();
【代码3】 "Java你好".getBytes();

6.2.3 上机实践

假设数组 p 的长度为 n(相当于密钥),那么就将待加密的 String 对象 sourceString 的字符序列按顺序以 n 个字符为一组(最后一组中的字符个数可小于 n),对每一组中的字符用数组 p 的对应字符做加法运算。比如,某组中的 n 个字符是:$a_0,a_1,\cdots,a_{n-1}$,那么对该组字符进行加密的结果 $c_0,c_1,\cdots,c_{n-1}$ 如下:
$$c_0=(\text{char})(a_0+p[0]),c_1=(\text{char})(a_1+p[1]),\cdots,c_{n-1}=(\text{char})(a_{n-1}+p[n-1])$$

最后,将字符数组 c 转化为 String 对象,得到 sourceString 的字符序列密文。上述加密算法的解密算法是对密文做减法运算。

阅读、调试下列代码,并用熟悉的加密算法修改代码中的加密算法。
EncryptAndDecrypt.java 源文件的内容如下:

```
public class EncryptAndDecrypt {
    String encrypt(String sourceString,String password) {              //加密算法
        char [] p = password.toCharArray();
```

```
        int n = p.length;
        char [] c = sourceString.toCharArray();
        int m = c.length;
        for(int k=0;k<m;k++) {
            int mima = c[k]+p[k%n];                          //加密
            c[k] = (char)mima;
        }
        return new String(c);                                //返回密文
    }
    String decrypt(String sourceString,String password) {   //解密算法
        char [] p = password.toCharArray();
        int n = p.length;
        char [] c = sourceString.toCharArray();
        int m = c.length;
        for(int k=0;k<m;k++) {
            int mima = c[k]-p[k%n];                          //解密
            c[k] = (char)mima;
        }
        return new String(c);                                //返回明文
    }
}
```

E.java 源文件的内容如下：

```
public class E {
    public static void main(String args[]) {
        String sourceString = "今晚十点进攻";
        EncryptAndDecrypt person = new EncryptAndDecrypt();
        String password = "this is my paasword";
        String secret = person.encrypt(sourceString,password);
        System.out.println("密文:"+secret);
        String source = person.decrypt(secret,password);
        System.out.println("明文:"+source);
    }
}
```

6.3 String 对象与基本数据的相互转化

6.3.1 基础知识

1. Integer 类中的 parseInt 方法

java.lang 包中的 Integer 类调用其类方法（static 方法）：

```
public static int parseInt(String s)
```

可以将 String 对象字符序列（由数字组成），如"876"，转化为 int 型数据。示例如下：

```
int x;
String s = "876";
x = Integer.parseInt(s);
```

2. 基本型转化为 String 对象

可以使用 String 类的下列类方法将形如 123、1232.98 等数值转化为 String 对象：
- public static String valueOf(byte n);
- public static String valueOf(int n);
- public static String valueOf(long n);
- public static String valueOf(float n);
- public static String valueOf(double n)。

示例如下：

```
String str = String.valueOf(12313.9876);
```

另一个简单的办法就是基本型数据和不含任何字符的 String 对象进行并置运算。示例如下：

```
String str = ""+12313.9876;
```

3. 基本型数据的进制表示

可以把整型数据，比如 int 或 long 型数据的二进制、八进制或十六进制转化成 String 对象，即让 String 对象封装的字符序列是 int 或 long 型数据的二进制、八进制或十六进制。

Integer 和 Long 类的下列 static 方法，返回整数的进制的 String 对象表示（负数返回的是补码），即返回的 String 对象封装的字符序列是参数的相应进制。

- public static String toBinaryString(int i)：返回 i 的二进制的 String 对象表示。
- public static String toOctalString(int i)：返回 i 的八进制的 String 对象表示。
- public static String toHexString(int i)：返回 i 的十六进制的 String 对象表示。
- public static String toBinaryString(long i)：返回 i 的二进制的 String 对象表示。
- public static String toOctalString(long i)：返回 i 的八进制的 String 对象表示。
- public static String toHexString(long i)：返回 i 的十六进制的 String 对象表示。

6.3.2 基础训练

基础训练的能力目标是能把 String 对象的字符序列转换为数字，将数字格式的字符序列封装到 String 对象中。

1. 基础训练的主要内容

分别得到形如 5668.23568 的小数部分和整数部分，输出 1298 的二进制表示。

2. 基础训练使用的代码模板

将下列 Application6_3.java 中的【代码】替换为程序代码。程序运行效果如图 6-6 所示。
Application6_3.java 源文件的内容如下：

```java
public class Application6_3 {
    public static void main(String args[]) {
        String str = "8976";
        int number = 0;
        try {
            number =【代码1】           //将str的字符序列转化为int型数字
        }
        catch(NumberFormatException exp){}
        System.out.println(number+"的平方是"+(number*number));
        String numberStr =【代码2】    //将数字5668.23568转化成String对象
        int dotPosition  =numberStr.indexOf(".");
```

```
            String integerPart = numberStr.substring(0,dotPosition);
            String decimalPart = numberStr.substring(dotPosition+1);
            System.out.println(numberStr+"的整数部分:"+integerPart);
            System.out.println(numberStr+"的小数部分:"+decimalPart);
            System.out.println("整数部分共有"+integerPart.length()+"个数字。");
            number = 1298;
            String binaryStr = Integer.toBinaryString(number);
            System.out.printf("%d的二进制:%s",number,binaryStr);
    }
}
```

```
C:\ch6>java Application6_3
8976的平方是80568576
5668.23568的整数部分: 5668
5668.23568的小数部分: 23568
整数部分共有4个数字。
1298的二进制:10100010010
```

图 6-6 数字的有关信息

3. 训练小结与拓展

使用 java.lang 包中的 Byte、Short、Long、Float、Double 类调用相应的类方法:

```
public static byte parseByte(String s) throws NumberFormatException
public static short parseShort(String s) throws NumberFormatException
public static long parseLong(String s) throws NumberFormatException
public static float parseFloat(String s) throws NumberFormatException
public static double parseDouble(String s) throws NumberFormatException
```

执行上述代码可以将由"数字"字符组成的 String 对象转化为相应的基本数据类型。

4. 代码模板的参考答案

【代码1】 number=Integer.parseInt(str);
【代码2】 String.valueOf(5668.23568);

6.3.3 上机实践

在以前的应用程序中,未曾使用过 main() 方法的参数。实际上应用程序中的 main() 方法中的参数 args 能接收用户从键盘输入的 String 对象。比如,假设主类是 E,使用解释器 java.exe 来执行主类(在主类 E 的后面是空格分隔的若干个 String 对象):

```
java  E  78.86  12  25  125  98
```

这时,程序中的 args[0]、arg[1]、arg[2]、arg[3] 和 args[4] 等 String 对象的字符序列分别是 78.86、12、25、125 和 98。

上机调试下列代码:

```
java  E  190  212  298  562  785
```

E.java 源文件的内容如下:

```
public class E {
    public static void main(String args[]) {
        double aver=0,sum=0,item=0;
```

```
            boolean computable=true;
            for(int i=0;i<args.length;i++) {
                try{ item=Double.parseDouble(args[i]);
                     sum=sum+item;
                }
                catch(NumberFormatException e) {
                    System.out.println("您输入了非数字字符:"+e);
                    computable=false;
                }
            }
            if(computable)
                System.out.println("sum="+sum);
        }
    }
```

6.4 正则表达式

6.4.1 基础知识

1. 正则表达式

正则表达式是含有一些具有特殊意义字符的 String 对象,这些特殊字符称作正则表达式中的元字符。

(1) 用斜线格式构成元字符

比如,\\dcat 中的\\d 就是有特殊意义的元字符,代表 0 到 9 中的任意一个。String 对象 0cat、1cat、…、9cat 都是和正则表达式\\dcat 匹配的 String 对象。再如,\\p{Lower}199 中的\\p{Lower}是一个元字符,这个元字符代表任何一个小写英文字母,因此,a199、b199、c199、…、z199 都是和正则表达式\\p{Lower}199 匹配的 String 对象(常用格式见表 6-1)。

表 6-1 中列出了常用的元字符及其意义。

表 6-1 元字符

元字符	在正则表达式中的写法	意 义
.	.	代表任何一个字符
\d	\\d	代表 0 至 9 的任何一个数字
\D	\\D	代表任何一个非数字字符
\s	\\s	代表空格类字符,'\t'、'\n'、'\x0B'、'\f'、'\r'
\S	\\S	代表非空格类字符
\w	\\w	代表可用于标识符的字符(不包括美元符号)
\W	\\W	代表不能用于标识符的字符
\p{Lower}	\\p{Lower}	小写字母[a-z]
\p{Upper}	\\p{Upper}	大写字母[A-Z]
\p{ASCII}	\\p{ASCII}	ASCII 字符
\p{Alpha}	\\p{Alpha}	字母
\p{Digit}	\\p{Digit}	数字字符,即[0-9]
\p{Alnum}	\\p{Alnum}	字母或数字

(2) 用中括号格式构成的元字符

可以用方括号括起若干个字符来表示一个元字符,该元字符代表方括号中的任何一个字符。例如,regex = "[159]ABC",那么1ABC、5ABC和9ABC都是和正则表达式regex匹配的String对象。例如:

- [abc]代表a、b、c中的任何一个。
- [^abc]代表除a、b、c以外的任何字符。
- [a-zA-Z]代表英文字母(包括大写和小写)中的任何一个。
- [a-d]代表a至d中的任何一个。

另外,中括号里允许嵌套中括号,可以进行并、交、差运算。例如:

- [a-d[m-p]]代表a至d或m至p中的任何字符(并)。
- [a-z&&[def]]代表d、e或f中的任何一个(交)。
- [a-f&&[^bc]]代表a、d、e、f(差)。

(3) 元字符的修饰符

在正则表达式中可以使用限定修饰符。比如,对于限定修饰符?,如果X代表正则表达式中的一个元字符或普通字符,那么X?就表示X出现0次或1次(X+表示X出现至少1次)。示例如下:

```
String regex = "hello[2468]?";
```

那么"hello"、"hello2"、"hello4"、"hello6"和"hello8"都是与正则表达式regex匹配的String对象。而对于如下代码:

```
String regex = "hello[2468]+";
```

那么hello222268、hello264、hello286和hello6828都是与正则表达式regex匹配的String对象。再如,[^0123456789.]+是匹配所有非数字String对象的一个正则表达式。

表6-2给出了常用的限定修饰符的用法。

表 6-2 限定符

带限定符号的模式	意 义
X?	X出现0次或1次
X*	X出现0次或多次
X+	X出现1次或多次
X{n}	X恰好出现n次
X{n,}	X至少出现n次
X{n,m}	X出现n次至m次
XY	X的后缀是Y
X|Y	X或Y

2. String 对象的替换

String对象调用public String replaceAll(String regex,String replacement)方法返回一个String对象,该String对象是将当前String对象的字符序列中所有和参数regex指定的正则表达式匹配的字符序列部分用参数replacement指定的String对象的字符序列替换后得到的String对象。示例如下:

```
String s ="12hello567bird".replaceAll("[a-zA-Z]+","你好");
```

那么s的字符序列就是将12hello567bird中所有英文子字符序列替换为"你好"后得到的String对象,即s的字符序列是12你好567你好。

注:当前String对象调用replaceAll()方法返回一个新的String对象,并不改变当前String对象的字符序列。

6.4.2 基础训练

基础训练的能力目标是能使用正则表达式及 replaceAll() 方法返回一个 String 对象。

1. 基础训练的主要内容

计算出菜单(中英文混合)"烤鸭：129 元，家常豆腐：28 元，beer：10 dollar"中的价格之和。

2. 基础训练使用的代码模板

将 Application6_4.java 中的【代码】替换为程序代码。程序运行效果如图 6-7 所示。

Application6_4.java 源文件内容如下：

```java
public class Application6_4 {
    public static void main(String args[]) {
        double sum =0;
        int startPosition=0;
        String menuPrice="烤鸭:129.56元,家常豆腐:5.8元,beer :97 dollar";
        String regex =【代码 1】                //匹配所有非数字 String 对象的正则表达式
        menuPrice=【代码 2】                    //将 menuPrice 中的所有非数字字符序列部分替换为#
        System.out.println(menuPrice);
        while(startPosition < menuPrice.length()) {
            int indexOne=menuPrice.indexOf("#",startPosition);
            int indexTwo=menuPrice.indexOf("#",indexOne+1);
            String sub=menuPrice.substring(indexOne+1,indexTwo);
            double price =0;
            try {
                price =Double.parseDouble(sub);
                sum =sum+price;
            }
            catch(Exception e) {
                price = 0;
            }
            startPosition=indexTwo+1;
        }
        System.out.printf("菜单\"%s\"\n总价格:%7.2f元",menuPrice,sum);
    }
}
```

```
C:\ch6>java Application6_4
#129.56#5.8#97#
菜单"#129.56#5.8#97#"
总价格：226.56元
```

图 6-7 使用正则表达式

3. 训练小结与拓展

由于"."代表任何一个字符，所以在正则表达式中如果想使用普通意义的点字符，必须使用[.]或\56 表示普通意义的点字符。例如，任务中的【代码 1】："[^0123456789.]+"；

中的"."就表示普通意义的"点"字符。

4. 代码模板的参考答案

【代码 1】   "[^0123456789.]+";

【代码 2】   menuPrice.replaceAll(regex,"#");

6.4.3 上机实践

String 类提供了如下实用的方法：

```
public String[ ] split(String regex)
```

String 对象调用该方法时，使用参数指定的正则表达式 regex 作为分隔标记分解出其中的单词，并将分解出的单词存放在 String 对象数组中。例如，对于 String 对象 str：

```
String str = "1949年10月1日是中华人民共和国成立的日子";
```

如果准备分解出全部由数字字符组成的单词，就必须用非数字 String 对象作为分隔标记，因此，可以使用正则表达式 String regex="\\D+";作为分隔标记分解出 str 中的单词：

```
String digitWord[ ]=str.split(regex);
```

那么，digitWord[0]、digitWord[1]和 digitWord[2]就分别是 1949、10 和 1。

需要特别注意的是，对于 String str = "公元 1949 年 10 月 1 日是中华人民共和国成立的日子"；digitWord[0]中存放的是""，即不含任何字符的空串，而 digitWord[1]、digitWord[2]和 digitWord[3]就分别是 1949、10 和 1。

上机调试下列程序掌握 String 类的 split 方法。

E.java 源文件内容如下：

```java
public class E {
    public static void main (String args[ ]) {
        String str="烤鸭:129.56元,家常豆腐:5.8元,beer :97 dollar";
        String regex = "[^0-9.]+";
        String a[] = str.split(regex);
        System.out.println(a.length);
        double sum = 0;
        for(int i=0;i<a.length;i++) {
            if(a[i].equals("")) {
                System.out.println("这是一个空串");
            }
            else {
                sum = sum+Double.parseDouble(a[i]);
                System.out.println(a[i]);
            }
        }
        System.out.println("菜单总价格:"+sum);
    }
}
```

6.5 分解 String 对象

6.5.1 基础知识

有时需要分析 String 对象并将 String 对象分解成可被独立使用的单词，这些单词叫作语言符号。例如，对于 String 对象"You are welcome"，如果把空格作为该 String 对象的分隔标记，那么该 String 对象有三个单词(语言符号)。而对于 String 对象"You,are,welcome"，如果把逗号作为该 String 对象的分隔标记，那么该 String 对象有三个单词(语言符号)。

当需要把 String 对象的字符序列分解成可被独立使用的单词时,可以使用 java.util 包中的 StringTokenizer 类,该类有以下两个常用的构造方法。

- StringTokenizer(String s):为 String 对象 s 构造一个分析器。使用默认的分隔标记,即空格符(若干个空格被看作一个空格)、换行符、回车符、Tab 符、进纸符做分隔标记。
- StringTokenizer(String s, String delim):为 String 对象 s 构造一个分析器。参数 delim 中的字符被作为分隔标记。

注:分隔标记的任意组合仍然是分隔标记。

示例如下:

```
StringTokenizer fenxi = new StringTokenizer("you are welcome");
StringTokenizer fenxi = new StringTokenizer("you,are ; welcome",  ",; ");
```

称一个 StringTokenizer 对象为一个字符序列分析器,分析器中封装的数据是若干个单词。分析器可以使用 nextToken()方法逐个获取分析器中的单词。每当调用 nextToken()时,都将在分析器中获得下一个单词,每当 nextToken()返回一个单词(一个 String 对象,该 String 对象的字符序列是单词),分析器就自动从分析器中删除该单词。

分析器通常用 while 循环来逐个获取分析器中的单词。为了控制循环,分析器可以使用 StringTokenizer 类中的 hasMoreTokens()方法,只要分析器中还有单词,该方法就返回 true,否则返回 false。另外还可以随时让分析器调用 countTokens()方法返回当前分析器中单词的个数。示例如下:

```
String s = "you are welcome(thank you),nice to meet you";
StringTokenizer fenxi = new StringTokenizer(s,"() ,");
```

那么 fenxi 首次调用 countTokens()方法返回的值是 9,首次调用 nextToken()方法返回的值是"you"。

注:还可以使用 Scanner 流分解 String 对象的字符序列,见第 7.8.4 节相关知识点。

6.5.2 基础训练

基础训练的能力目标能够使用 StringTokenizer 对象分解 String 对象的字符序列中的单词。

1. 基础训练的主要内容

① 首先将菜单"烤鸭:129.56元,家常豆腐:5.8元,beer : 97 dollar"中的非数字字符序列替换成井号"#"得到一个 String 对象,该 String 对象中的字符序列是:#129.56#5.8#97#。

② 然后用 StringTokenizer 类的对象分解出 #129.56#5.8#97# 中的各个价格:129.56,5.8 和 97,并计算出价格之和。

2. 基础训练使用的代码模板

将下列 Application6_5.java 中的【代码】替换为程序代码。程序运行效果如图 6-8 所示。

Application6_5.java 源文件的内容如下:

```java
import java.util.StringTokenizer;
public class Application6_5 {
    public static void main(String args[]) {
        double sum =0;
        String menuPrice="烤鸭:129.56元,家常豆腐:5.8元,beer :97 dollar";
        String regex ="[^0-9.]+";
        String menu = menuPrice.replaceAll(regex,"#");
        StringTokenizer fenxi ;
        【代码 1】                           //创建 fenxi,让 fenxi 用#做分隔标记分解 menu
```

```
            int number =【代码2】                    //fenxi调用countTokens()返回单词数目
            while(fenxi.hasMoreTokens()) {
                String str =【代码3】                //fenxi调用nextToken()返回一个单词
                sum = sum+Double.parseDouble(str);
            }
            System.out.println("共有"+number+"道菜");
            System.out.printf("总价格:%6.2f元",sum);
        }
    }
```

```
C:\ch6>java Application6_5
共有3道菜
总价格:232.36元
```

图 6-8　使用 StringTokenizer 类

3. 训练小结与拓展

在第 6.4 节的实践环节我们学习了怎样使用 String 类的 split() 方法分解 String 对象。本节学习的 StringTokenizer 类的 nextToken() 方法和 String 类的 split() 方法的不同之处在于，nextToken() 方法不使用正则表达式做分隔标记来分解 String 对象。

4. 代码模板的参考答案

【代码1】　`fenxi=new StringTokenizer(menu,"#");`
【代码2】　`fenxi.countTokens();`
【代码3】　`fenxi.nextToken();`

6.5.3　上机实践

请上机调试代码，本代码中 StringTokenizer 类用左、右小括号、逗号或空格的任意组合做分隔标记，统计出 String 对象的字符序列 you are welcome(thank you),nice to meet you 中的单词数目，并单独输出这些单词。

E.java 源文件内容如下：

```
import java.util.StringTokenizer;
public class E {
    public static void main(String args[]) {
        String s = "you are welcome(thank you),nice to meet you";
        StringTokenizer fenxi = new StringTokenizer(s,"() ,");
        int number = fenxi.countTokens();
        while(fenxi.hasMoreTokens()) {
            String str = fenxi.nextToken();
            System.out.println(str);
        }
        System.out.println("共有单词:"+number+"个");
    }
}
```

6.6　日期与时间

6.6.1　基础知识

Java SE 8 版本开始提供 java.time 包，该包中有专门处理日期和时间的类，而早期的 java.util 包中的

Date 类成为过期 API。

LocalDate、LocalDateTime 和 LocalTime 类的对象封装和日期、时间有关的数据（如年、月、日、时、分、秒、纳秒和星期等），这三个类都是 final 类，而且不提供修改数据的方法，即这些类的对象的实体不可再发生变化，属于不可变对象（和 String 类似）。

1. LocalDate

LocalDate 调用 now() 方法可以返回一个 LocalDate 对象，该对象封装和本地当前日期有关的数据（年、月、日、星期等）。LocalDate 调用 of(int year, int month, int dayOfMonth) 方法可以返回一个 LocalDate 对象，该对象封装参数指定日期有关的数据（年、月、日、星期等）。示例如下：

```
LocalDate dateNow = LocalDate.now();
LocalDate dateOther = LocalDate.of(1988,12,16);
```

如果本地当前日期是 2022-2-16，那么 dateNow 中封装的年是 2022，月是 2，日是 16。date 对象可以调用下列方法返回其中的有关数据。

- int getDayOfMonth()：返回月中的号码。例如，dateNow.getDayOfMonth() 的值是 16。
- int getMonthValue()：返回月的整数值（1～12）。例如，dateNow.getMonthValue() 的值是 2。
- Month getMonth()：返回月的枚举值（Month 是枚举类型）。例如，dateNow.getMonth() 的值是 FEBRUARY（Month 中的枚举常量之一）。
- int getDayOfYear()：返回当前年的第几天。例如，dateNow.getDayOfYear() 的值是 47，即 2022-02-16 是 2022 年的第 47 天。
- DayOfWeek getDayOfWeek()：返回星期的枚举值（DayOfWeek 是枚举类型，其枚举值有 SUNDAY、MONDAY、TUESDAY、WEDNESDAY、THURSDAY、FRIDAY、SATURDAY）。例如，dateNow.getDayOfWeek() 的值是 SATURDAY。
- int getYear()：返回年值。例如，dateNow.getYear() 的值是 2022。
- int lengthOfYear()：返回年所含有的天数（365 或 366）。例如，dateNow.lengthOfYear() 的值是 365。
- int lengthOfMonth()：返回月含有的天数。例如，dateNow.lengthOfMonth() 的值是 28。
- boolean isLeapYear()：判断年是否是闰年。例如，dateNow.isLeapYear() 的值是 false。
- LocalDate plusMonths(long monthsToAdd)：调用该方法返回一个新的 LocalDate 对象，该对象中的日期是 date 对象的日期增加 monthsToAdd 月之后得到的日期（monthsToAdd 可以取负数）。例如，dateNow.plusMonths(16) 中的日期是 2023-06-16。
- int compareTo(LocalDate dataTwo)：LocalDate 对象调用此方法与 dateTwo 比较大小，规则是：按年、月、日三项的顺序进行比较，当出现某项不同时，该方法返回二者的此项目的差。因此，该方法返回正数，表明调用该方法的日期对象大于 dateTwo，返回负数表明调用该方法的日期小于 dataTwo，返回 0，表明调用该方法的日期等于 dataTwo。例如，对于日期是 2022-2-16 的 dateNow 对象和日期是 2022-9-29 的 dateTwo 对象，dateNow.compareTo(dateTwo) 的值是 -7。

2. LocalDateTime

相对 LocalDate 类，LocalDateTime 类的对象中还可以封装时、分、秒和纳秒（1 纳秒是 1 秒的 10 亿分之一）等时间数据。

示例如下：

```
LocalDateTime date = LocalDateTime.now();
```

假设本地当前日期是 2020-7-3，时间是 10:32:27，那么 date 中封装的年是 2020，月是 7，日是 3，时是 10，分是 32，秒是 27，纳秒是 820630500。

LocalDateTime 类的对象 date 可以调用下列方法获得时、分、秒、纳秒数据。
- int getHour()：返回时(0 至 23)。例如，data.getHour()的值是 10。
- int getMinute()：返回分(0 至 59)。例如，data.getMinute()的值是 32。
- int getSecond()：返回秒(0 至 59)。例如，data.getSecond()的值是 27。
- int getNano()：返回纳秒(0 至 999999999)。例如，data.getNano()的值是 820630500。

LocalDateTime 调用 of(int year, int month, int dayOfMonth, int hour, int minute, int second, int nanoOfSecond)方法可以返回一个 LocalDateTime 对象，该对象封装参数指定日期有关的数据(年、月、日、星期、时、分、秒等)示例如下：

```
LocalDateTime date = LocalDate.of(1988,12,16,22,35,55,0);
```

3. LocalTime

相对于 LocalDateTime 类的对象，LocalTime 只封装时、分、秒和纳秒等时间数据。
示例如下：

```
LocalTime time = LocalTime.now();
```

假设本地当前时间是 10:32:27，那么 time 中封装的时是 10，分是 32，秒是 27，纳秒是 820630500。

注：LocalTime、LocalDateTime、LocalDate 类都重写了 Object 类的 toString()方法，比如对于 LocalDate 类中的对象 date，System.out.println(date)将输出 date 封装的数据，而不是 date 变量中的引用。

4. 日期或时间的差

在许多应用中可能经常需要计算两个日期或时间的差。LocalDate、LocalDateTime 和 LocalTime 都提供了计算日期、时间差的方法：

```
long until(Temporal endExclusive, TemporalUnit unit);
```

假设 dateStart 的时期是 2021-2-4，endDate 的日期是 2022-7-9，那么 dateStart.until(dateEnd, ChronoUnit.DAYS)的值是 520，dateStart.until(dateEnd, ChronoUnit.MONTHS)的值是 17，dateStart.until(dateEnd, ChronoUnit.YEARS)的值是 1。

ChronoUnit 提供许常量，如 YEARS、MONTHS、DAYS、HOURS、MINUTES、SECONDS、NANOS、WEEKS。

注：如果 dateEnd 小于 startDate，until 方法返回的是负数。在计算日期差时，不足一个单位的零头按 0 计算。

6.6.2 基础训练

基础训练的能力目标是能够使用 LocalDate 类计算日期差。

1. 基础训练的主要内容

计算当前时间(程序运行时刻计算机时钟的时间)和 1949-10-01 之间相隔的天数，不足一天按 0 天计算，以及相隔的周数，不足一周按 0 周计算。

2. 基础训练使用的代码模板

将下列 Application6_6.java 中的【代码】替换为程序代码。运行效果如图 6-9 所示。
Application6_6.java 源文件的内容如下：

```
import java.time.*;
import java.time.temporal.ChronoUnit;
public class Application6_6 {
```

```java
    public static void main(String args[ ]) {
        LocalDate dateStart = 【代码1】  //得到日期:1949-10-01
        LocalDate dateEnd = 【代码2】    //得到当前日期
        long days = dateStart.until(dateEnd,ChronoUnit.DAYS);
        long weeks = dateStart.until(dateEnd,ChronoUnit.WEEKS);
        System.out.println(dateStart+"和"+dateEnd+"相差:");
        System.out.println(days+"天,不计不足一天的时间。");
        System.out.println(weeks+"个星期,不计不足一个星期的天数。");
        System.out.println(weeks+"乘以 7 等于"+(weeks * 7));
    }
}
```

```
C:\ch6>java Application6_6
1949-10-01和2020-12-05相差:
25998天，不计不足一天的时间。
3714个星期,不计不足一个星期的天数。
3714乘以7等于25998
```

图 6-9　时期差

3. 训练小结与拓展

String 类的 format 方法格式如下：

```
String format(格式化模式,日期列表)
```

返回一个 String 对象,该对象的字符序列是把"格式化模式"的格式符号替换成"日期列表"中对应数据(年、月、日、小时等数据)后的字符序列。

format 方法中的"格式化模式"是一个用双引号括起的字符序列,该字符序列中的字符由时间格式符和普通字符所构成。例如：

```
"日期:%ty-%tm-%td"
```

其中的%ty,%tm 和%td 等都是时间格式符；开始的 2 个汉字（"日"和"期"）、冒号（:）、格式符之间的连接字符(-)都是普通字符(不是时间格式符的字符都被认为是普通字符,有兴趣的读者可查阅 Java API 中的 java.util.Formatter 类,了解时间格式符)。比如,格式符%ty,%tm 和%td 将分别表示日期中的"年""月"和"日"。format 方法返回的 String 对象的字符序列就是把"格式化模式"中的时间格式符替换为相应的时间后的字符序列。示例如下：

```
LocalDate date = LocalDate.now();
```

假设本地当前日期是 2022-2-17：

```
String s = String.format("%tY年%tm月%td日",date,date,date);
```

那么 s 的字符序列就是"2022 年 02 月 17 日",因为%tY 对 date 的格式化的结果是 2022,%tm 对 date 的格式化的结果是 02,%td 对 date 的格式化的结果是 17。

4. 代码模板的参考答案

【代码1】 `LocalDate.of(1949,10,1);`
【代码2】 `LocalDate.now();`

6.6.3　上机实践

上机调试下列代码,程序将输出你调试代码时当前月的日历。

GiveCalendar.java 源文件的内容如下:

```java
import java.time.*;
public class GiveCalendar {
    public LocalDate [] getCalendar(LocalDate date) {
        date = date.withDayOfMonth(1);              //确保date日期的day是1即day的值是1
        int days = date.lengthOfMonth();            //得到该月有几天
        LocalDate dataArrays[] = new LocalDate[days];
        for(int i = 0;i<days;i++){
            dataArrays[i] = date.plusDays(i);
        }
        return dataArrays;
    }
}
```

E.java 源文件的内容如下:

```java
import java.time.*;
public class E {
    public static void main(String args[]) {
        LocalDate date = LocalDate.now();
        GiveCalendar giveCalendar  =new GiveCalendar();
        LocalDate [] dataArrays = giveCalendar.getCalendar(date);
        printNameHead(date);                        //输出日历的头
        for(int i = 0;i<dataArrays.length;i++) {
            if( i ==0){
                //根据1号是星期几,输出样式空格:
                printSpace(dataArrays[i].getDayOfWeek());
                System.out.printf("%4d",dataArrays[i].getDayOfMonth());
            }
            else {
                System.out.printf("%4d",dataArrays[i].getDayOfMonth());
            }
            if(dataArrays[i].getDayOfWeek() ==DayOfWeek.SATURDAY)
            ////星期六为星期最后一天
                System.out.println();               //日历样式中的星期回行
        }
    }
    public static void printSpace(DayOfWeek x) {    //输出空格
      switch(x) {
        case SUNDAY:printSpace(0);
                 break;
        case MONDAY:printSpace(1);
                 break;
        case TUESDAY:printSpace(2);
                 break;
        case WEDNESDAY:printSpace(3);
                 break;
        case THURSDAY: printSpace(4);
                 break;
        case FRIDAY:   printSpace(5);
```

```
                            break;
            case SATURDAY: printSpace(6);
                            break;
        }
    }
    public static void printSpace(int n){
        for(int i = 0;i<n;i++)
            System.out.printf("%4s","");                    //输出 4 个空格
    }
    public static void printNameHead(LocalDate date){   //输出日历的头
        System.out.println
        (date.getYear()+"年"+date.getMonthValue()+"月日历:");
        String name[] = {"日","一","二","三","四","五","六"};
        for(int i = 0;i<name.length;i++)
            System.out.printf("%3s",name[i]);
        System.out.println();
    }
}
```

6.7 数学公式

6.7.1 基础知识

1. Math 类

在编写程序时,可能需要计算数的平方根、绝对值、获取一个随机数等。java.lang 包中的 Math 类包含许多用来进行科学计算的类方法,这些方法可以直接通过类名调用。另外,Math 类还有两个静态常量 E 和 PI,它们的值分别是 2.7182828284590452354 和 3.14159265358979323846。

以下是 Math 类的常用类方法。

- public static long abs(double a):返回 a 的绝对值。
- public static double max(double a,double b):返回 a、b 的最大值。
- public static double min(double a,double b):返回 a、b 的最小值。
- public static double random():产生一个 0 到 1 之间的随机数(不包括 0 和 1)。
- public static double pow(double a,double b):返回 a 的 b 次幂。
- public static double sqrt(double a):返回 a 的平方根。
- public static double log(double a):返回 a 的对数。
- public static double sin(double a):返回 a 的正弦值。
- public static double asin(double a):返回 a 的反正弦值。

2. Random 类

尽管可以使用 Math 类调用其类方法 random()返回一个 0 至 1 之间的随机数(包括 0,但不包括 1)。例如,执行如下代码将得到 1 至 100 之间的一个随机整数(包括 1 和 100):

```
(int)(Math.random() * 100)+1;
```

Java 提供了更为灵活的用于获得随机数的 Random 类(该类在 java.util 包中)。使用 andom 类的如下构造方法创建 Random 对象:

```
public Random();
public Random(long seed);
```

其中第一个构造方法使用当前机器时间作为种子创建一个 Random 对象,第二个构造方法使用参数 seek 指定的种子创建一个 Random 对象。人们习惯地将 Random 对象称为随机数生成器。例如,下列随机数生成器 Random 调用不带参数的 nextInt()方法返回一个随机整数:

```
Random random=new Random();
random.nextInt();
```

如果想让随机数生成器 random 返回一个 0 至 n 之间(包括 0,但不包括 n)的随机数,可以让 random 调用带参数的 nextInt(int m)方法(参数 m 必须取正整数值)。例如,random.nextInt(100);返回一个 0 至 100 之间的随机整数(可能包括 0,但肯定不包括 100)。

如果程序需要随机得到 true 和 false,可以让 random 调用 nextBoolean()方法。例如:random.nextBoolean();返回一个随机 boolean 值。

6.7.2 基础训练

基础训练的能力目标是掌握常用数学公式以及怎样获得随机数。

1. 基础训练的主要内容

计算数的正弦值。在循环 10000 次的循环语句的循环体中,每次使用 Random 对象得到 1 至 7 之间的一个数字。循环结束后输出 1 至 7 之间的各个数字出现的次数。

2. 基础训练使用的代码模板

将下列 Application6_7.java 中的【代码】替换为程序代码。程序运行效果如图 6-10 所示。

Application6_7.java 源文件的内容如下:

```
import java.util.*;
public class Application6_7 {
    public static void main(String args[]) {
        double result=【代码 1】                    //返回 sin(π/2)的值
        System.out.println(result);
        result=【代码 2】                           //返回 2 的 5 次幂
        System.out.println(result);
        Random random =【代码 3】                   //使用当前机器时间作为种子创建一个 Random 对象
        int number = 7;
        int [] saveNumber = new int[number];
        for(int i = 0;i<saveNumber.length;i++){
            saveNumber[i] = i+1;                   //将 1 至 number 存放在数组 saveNumber 中
        }
        int [] frequency = new int[number];        //存放数字出现的次数
        int counts = 10000;
        int i =1;
        while(i<=counts){
            int m = random.nextInt(number)+1;
            //判断 m 是否在数组 saveNumber 中(知识点见第 4.7.3 小节)。
            int index = Arrays.binarySearch(saveNumber,m);
            if(index>=0)
                frequency[index]++;
            i++;
        }
        System.out.println("循环"+counts+"次");
        System.out.println(Arrays.toString(saveNumber));
```

```
        System.out.println("各个数字出现的次数:");
        System.out.println(Arrays.toString(frequency));
        int sum = 0;
        for(int item:frequency)                    //item 依次取数组 frequency 的元素的值
            sum +=item;
        System.out.println("次数之和 sum = "+sum);
    }
}
```

```
C:\ch6>java Application6_7
1.0
32.0
循环10000次
[1, 2, 3, 4, 5, 6, 7]
各个数字出现的次数:
[1412, 1471, 1369, 1428, 1441, 1489, 1390]
次数之和sum = 10000
```

图 6-10　常用数学公式

3. 训练小结与拓展

正弦 sin(double a)等方法的参数 a 是 double 类型,其代表的意义是弧度,不是"角度"。例如,要计算正弦 90°的结果,那么给参数 a 的值必须是 π/2。

需要注意的是,对于具有相同种子的两个 Random 对象,二者依次调用 nextInt()方法获取的随机数序列是相同的。

4. 代码模板的参考答案

【代码 1】　`Math.sin(Math.PI/2);`

【代码 2】　`Math.pow(2,5);`

【代码 3】　`new Random();`

6.7.3　上机实践

当需要处理大整数时,可以使用 java.math 包中提供的 BigInteger 类。调用方法 public BigInteger(String val)构造一个十进制的 BigInteger 对象。该构造方法可以发生 NumberFormatException 异常,也就是说,如果 String 对象 val 的字符序列里含有非数字字符就会发生 NumberFormatException 异常。

以下是 BigInteger 类的常用方法。

- public BigInteger add(BigInteger val):返回当前大整数对象与参数指定的大整数对象的和。
- public BigInteger subtract(BigInteger val):返回当前大整数对象与参数指定的大整数对象的差。
- public BigInteger multiply(BigInteger val):返回当前大整数对象与参数指定的大整数对象的积。
- public BigInteger divide(BigInteger val):返回当前大整数对象与参数指定的大整数对象的商。

上机调试下列代码,了解 BigInteger 类。

E.java 源文件的内容如下:

```
import java.math.*;
public class E {
    public static void main(String args[]) {
        BigInteger result = new BigInteger("0"),
                one = new BigInteger("123456789"),
                two = new BigInteger("987654321");
        result = one.add(two);
        System.out.println("和:"+result);
```

```
            result=one.multiply(two);
            System.out.println("积:"+result);
        }
    }
```

6.8 StringBuffer 对象

6.8.1 基础知识

String 类创建的 String 对象的字符序列是不可修改的,也就是说,不能修改、删除或替换 String 对象中的某个字符,即 String 对象一旦创建,那么实体是不可以再发生变化的(String 类没有提供修改字符序列的方法)。

StringBuffer 类的对象的实体的内存空间可以自动地改变大小,便于存放一个可变的字符序列。尽管 StringBuffer 类是 java.lang 包中的 final 类,但该类提供了修改字符序列的方法。例如,对于 StringBuffer s = new StringBuffer("我喜欢");对象 s 可调用 append 方法追加一个 String 对象的字符序列:s.append("玩篮球");,使得 s 的字符序列是"我喜欢玩篮球"。

public char charAt(int n)方法得到参数 n 指定的位置上的单个字符。当前对象实体中的 String 对象序列的第一个位置为 0,第二个位置为 1,依次类推。

setCharAt(int n, char ch)方法将当前 StringBuffer 对象实体中的 String 对象位置 n 处的字符用参数 ch 指定的字符替换。

StringBuffer insert(int index,String str)方法将参数 str 指定的 String 对象的字符序列插入参数 index 指定的位置。

StringBuffer delete(int startIndex,int endIndex)方法从当前 StringBuffer 对象实体中的字符序列中删除一部分字符,并返回当前 StringBuffer 对象的引用。这里 startIndex 指定了需删除的第一个字符的下标,而 endIndex 指定了需删除的最后一个字符的下一个字符的下标。因此,要删除字符序列是从 startIndex 到 endIndex-1 数的字符。deleteCharAt(int index)方法删除当前 StringBuffer 对象字符序列中 index 位置处的一个字符。

6.8.2 基础训练

基础训练的能力目标是能够使用 StringBuffer 类创建可变 StrinBuffer 对象。

1. 基础训练的主要内容

① 创建一个可变 StringBuffer 对象 str,str 的字符序列是"你好,我很喜欢"。
② 在"你好,我很喜欢"中的'我'字和'很'字之间插入一个'们'字。
③ 向 str 的字符序列尾加"你的性格"。

2. 基础训练使用的代码模板

将下列 Application6_8.java 中的【代码】替换为程序代码。程序运行效果如图 6-11 所示。
Application6_8.java 源代码的内容如下:

```
public class Application6_8 {
    public static void main(String args[]) {
        StringBuffer str=new StringBuffer("你好,我很喜欢");
        System.out.println("str:"+str);
        【代码 1】                              //str 在'我'字和'很'字之间插入一个'们'字
        System.out.println("str:"+str);
        【代码 2】                              //str 尾加"你的性格"
        System.out.println("str:"+str);
```

```
            StringBuffer s=new StringBuffer();
            s.append("大家好");
            s.setCharAt(0,'w');
            s.setCharAt(1,'e');
            System.out.println(s);
            s.insert(2," are all");
            System.out.println(s);
            int index=s.indexOf("好");
            s.replace(index,s.length()," right");
            System.out.println(s);
        }
    }
```

```
C:\ch6>java Application6_8
str:你好,我很喜欢
str:你好,我们很喜欢
str:你好,我们很喜欢你的性格
we好
we are all好
we are all right
```

图 6-11　StringBuffer 对象

3. 训练小结与拓展

可以使用 String 类的构造方法 String (StringBuffer bufferstring)创建一个 String 对象,即将一个可变 String 对象转化为不可变的 String 对象。

4. 代码模板的参考答案

【代码 1】　str.insert(4,"们");

【代码 2】　str.append("你的性格");

6.8.3　上机实践

① 创建一个可变 StringBuffer 对象 str,str 包含的字符序列是：I love this game。
② 将 I love this game 中单词的首写字母替换为大写字母。
③ 向 str 尾加一个空格和 NBA。

6.9　小结

(1) 掌握 String 类的常用方法。
(2) 使用 StringTokenizer 分析 String 对象,获取 String 对象的字符序列中的单词。
(3) 当程序需要处理时间时,使用 java.time 包中的类。
(4) 如果需要处理特别大的整数,使用 BigInteger 类。
(5) 掌握 String 对象和 StringBuffer 对象的不同,以及二者之间的联系。

6.10　课外读物

扫描二维码即可观看学习。

习题 6

1. 判断题（题目叙述正确的，在后面的括号中打√，否则打×）

(1) "\natural"是正确的 String 常量。   (   )
(2) "\hello"是正确的 String 常量。   (   )
(3) 表达式"89762.34".matches("[0-9.]+")的值是 true。   (   )
(4) 表达式 new String("abc")=="abc"的值是 true。   (   )
(5) 表达式 new String("abc") == new String("abc")的值是 false。   (   )
(6) Random 对象的 nextInt(int n)方法随机返回[0,n)之间的一个整数。   (   )
(7) 表达式"RedBird".indexOf("Bird")的值是 4。   (   )
(8) 表达式"\t\nABC".length()的值是 5。   (   )

2. 选择题

(1) 下列叙述正确的是(   )。
    A. String 类是 final 类，不可以有子类　　B. String 类在 java.util 包中
    C. "abc"=="abc"的值是 false　　　　　　　D. "abc".equals("Abc")的值是 true

(2) 下列表达式正确(无编译错误)的是(   )。
    A. int m =Float.parseFloat("567");　　　　B. int m =Short.parseShort("567");
    C. byte m =Integer.parseInt("2");　　　　　D. float m =Float.parseDouble("2.9");

(3) 对于如下代码，下列叙述正确的是(   )。
    A. 程序编译出现错误　　　　　　　　　　　B. 程序标注的【代码】的输出结果是 bird
    C. 程序标注的【代码】的输出结果是 fly　　 D. 程序标注的【代码】的输出结果是 null

```java
public class E{
    public static void main(String[] args){
        String strOne="bird";
        String strTwo=strOne;
        strOne="fly";
        System.out.println(strTwo);              //【代码】
    }
}
```

(4) 对于如下代码，下列叙述正确的是(   )。
    A. 程序出现编译错误
    B. 无编译错误，在命令行执行程序"java E I love this game"时程序输出 this
    C. 无编译错误，在命令行执行程序"java E let us go"时程序无运行异常
    D. 无编译错误，在命令行执行程序"java E 0 1 2 3 4 5 6 7 8 9"时程序输出 3

```java
public class E {
    public static void main (String args[]) {
        String s1 = args[1];
        String s2 = args[2];
        String s3 = args[3];
        System.out.println(s3);
    }
}
```

3. 阅读程序

（1）请说出 E 类中标注的【代码】的输出结果。

```java
public class E {
    public static void main (String[]args)  {
        String str = new String ("苹果");
        modify(str);
        System.out.println(str);                    //【代码】
    }
    public static void modify (String s)  {
        s = s + "好吃";
    }
}
```

（2）请说出 E 类中标注的【代码】的输出结果。

```java
import java.util.*;
class GetToken {
  String s[];
    public String getToken(int index,String str) {
        StringTokenizer fenxi = new StringTokenizer(str);
        int number = fenxi.countTokens();
        s = new String[number+1];
        int k = 1;
        while(fenxi.hasMoreTokens()) {
            String temp=fenxi.nextToken();
            s[k] = temp;
            k++;
        }
        if(index<=number)
          return s[index];
        else
          return null;
    }
}
class E {
    public static void main(String args[]) {
        String str="We Love This Game";
        GetToken token=new GetToken();
        String s1 = token.getToken(2,str),
               s2 = token.getToken(4,str);
        System.out.println(s1+":"+s2);              //【代码】
    }
}
```

（3）请说出 E 类中标注的【代码 1】和【代码 2】的输出结果。

```java
public class E {
  public static void main(String args[]) {
      byte d[]="abc我们喜欢篮球".getBytes();
      System.out.println(d.length);                 //【代码 1】
```

```
        String s=new String(d,0,7);
        System.out.println(s);                              //【代码 2】
    }
}
```

(4) 请说出 E 类中标注的【代码】的输出结果。

```
class MyString {
    public String getString(String s) {
        StringBuffer str = new StringBuffer();
        for(int i=0;i<s.length();i++) {
            if(i%2==0) {
                char c = s.charAt(i);
                str.append(c);
            }
        }
        return new String(str);
    }
}
public class E {
    public static void main(String args[ ]) {
        String s = "1234567890";
        MyString ms = new MyString();
        System.out.println(ms.getString(s));     //【代码】
    }
}
```

(5) 请说出 E 类中标注的【代码】的输出结果。

```
public class E {
    public static void main (String args[ ]) {
        String regex = "\\djava\\w{1,}" ;
        String str1 = "88javaookk";
        String str2 = "9javaHello";
        if(str1.matches(regex)) {
            System.out.println(str1);
        }
        if(str2.matches(regex)) {
            System.out.println(str2);               //【代码】
        }
    }
}
```

(6) 上机执行下列程序(学习 Runtime 类),注意观察程序的输出结果。

```
public class Test{
    public static void main(String args[]) {
        Runtime runtime = Runtime.getRuntime();
        long free = runtime.freeMemory();
        System.out.println("Java 虚拟机可用空闲内存 "+free+" bytes");
        long total = runtime.totalMemory();
```

```
        System.out.println("Java 虚拟机占用总内存 "+total+" bytes");
        long n1 = System.currentTimeMillis();
        for(int i=1;i<=100;i++){
           int j = 2;
           for(;j<=i/2;j++){
             if(i%j==0) break;
           }
           if(j>i/2)  System.out.print(" "+i);
        }
        long n2 = System.currentTimeMillis();
        System.out.printf("\n 循环用时:"+(n2-n1)+"毫秒\n");
        free = runtime.freeMemory();
        System.out.println("Java 虚拟机可用空闲内存 "+free+" bytes");
        total=runtime.totalMemory();
        System.out.println("Java 虚拟机占用总内存 "+total+" bytes");
      }
    }
```

4. 编程题

（1）字符串调用 public String toUpperCase()方法返回一个字符串,该字符串把当前字符串中的小写字母变成大写字母;字符串调用 public String toLowerCase()方法返回一个字符串,该字符串把当前字符串中的大写字母变成小写字母。String 类的 public String concat(String str)方法返回一个字符串,该字符串是由调用该方法的字符串与参数指定的字符串连接而成的。编写一个程序,练习使用这 3 个方法。

（2）String 类的 public char charAt(int index)方法可以得到当前字符串 index 位置上的一个字符。编写程序使用该方法得到一个字符串中的第一个和最后一个字符。

（3）编程练习 Math 类的常用方法。

（4）编写程序剔除一个字符串中的全部非数字字符。例如,将形如"ab123you"的非数字字符全部剔除,得到字符串"123"（参看第 6.4 节的代码模板）。

第 7 章 输入、输出流

主要内容

- File 类
- 文件字节输入流
- 文件字节输出流
- 文件字符输入、输出流
- 缓冲流
- 数据流
- 随机流
- 解析文件

本章学习怎样使用输入流将磁盘上的数据读取到程序中,以及怎样使用输出流将程序产生的数据写入磁盘。

7.1 File 类

7.1.1 基础知识

1. 构造方法

File 类在 java.io 包中,程序使用 File 的对象来获取文件本身的一些信息,如文件所在的目录、文件的长度、文件读写权限等。File 类的构造方法有以下三个。

(1) File(String filename)。

(2) File(String directoryPath, String filename)。

(3) File(Filedir, String filename)。

其中,filename 是文件名字,directoryPath 是文件的路径,dir 为一个目录。使用 File(String filename) 创建文件时,该文件被认为与当前应用程序在同一目录中。

2. File 类的常用方法

(1) public String getName() 获取文件的名字。

(2) public boolean canRead() 判断文件是否是可读的。

(3) public boolean canWrite() 判断文件是否可被写入。

(4) public boolean exits() 判断文件是否存在。

(5) public long length() 获取文件的长度(单位是字节)。

(6) public String getAbsolutePath() 获取文件的绝对路径。

(7) public String getParent() 获取文件的父目录。

(8) public boolean isFile() 判断文件是否是一个普通文件,而不是目录。

(9) public boolean isDirectroy() 判断文件是否是一个目录。

(10) public boolean isHidden() 判断文件是否是隐藏文件。

(11) public long lastModified() 获取文件最后修改的时间(从 GMT 时间 1970 年 1 月 1 日零时至文件最后修改时间的毫秒数)。

(12) public boolean mkdir() 将当前 File 对象创建成一个目录,如果创建成功返回 true,否则返回 false(如果该目录已经存在将返回 false)。

(13) public String[] list() 如果 File 对象是一个目录,那么该对象调用该方法用字符串形式返回目录下的全部文件。

(14) public File [] listFiles() 如果 File 对象是一个目录,那么该对象调用该方法用 File 对象形式返回目录下的全部文件。

7.1.2 基础训练

基础训练的能力目标是掌握 File 类的常用方法。

1. 基础训练的主要内容

在主类的 main 方法中完成以下任务。

① 判断程序所在当前目录中的某个文件是否是可读的。
② 返回某个文件的长度。
③ 在程序所在目录下创建一个子目录。
④ 列出程序所在目录中的全部文件(不包含子目录)。

2. 基础训练使用的代码模板

将下列 Application7_1.java 中的【代码】替换为程序代码。程序运行效果如图 7-1 所示。

Application7_1.java 源文件的内容如下:

```java
import java.io.*;
public class Application7_1 {
    public static void main(String args[]) {
        File f = new File("Application7_1.java");
        boolean boo=【代码 1】                    //判断 f 是否可读
        System.out.println(f.getName()+"是可读的吗:"+boo);
        long length=【代码 2】                    //返回 f 的长度
        System.out.println(f.getName()+"的长度:"+length);
        System.out.println(f.getName()+"的绝对路径:"+f.getAbsolutePath());
        File file = new File(".\\myMusic");
        boo=【代码 3】                            //将 file 创建成一个目录
        if(boo) {
            System.out.println("在当前目录下创建子目录:"+file.getName());
        }
        else {
            System.out.println(file.getName()+"已存在");
        }
        File dir = new File(".");                //当前目录
        File [] allFiles = dir.listFiles();
        System.out.println("在当前目录下的全部文件:");
        for(int i=0;i<allFiles.length;i++) {
            if(allFiles[i].isFile())
                System.out.println(allFiles[i].getName());
        }
    }
}
```

```
C:\ch7>java Application7_1
Application7_1.java是可读的吗:true
Application7_1.java的长度:993
Application7_1.java的绝对路径:C:\ch7\Application7_1.java
在当前目录下创建子目录:myMusic
在当前目录下的全部文件:
Application7_1.class
Application7_1.java
代码模板的参考答案.txt
```

图 7-1 File 类

3. 训练小结与拓展

File 类的对象主要用来获取文件本身的一些信息,创建 File 对象时并不要求磁盘上真实存在 File 对象所要描述的文件。例如,创建 File 对象 f 时:File f = new File("perrty.txt"),不要求磁盘上有 perrty.txt 文件。创建 File 对象 f 后,也不会在磁盘上产生真实的 perrty.txt 文件。但 File 对象 f 仍然是一个不空的对象,f 调用方法可以描述 perrty.hello 文件的信息,如 f.getName() 的值为 perrty.txt,f.length() 的值可能是 0,f.canRead() 的值可能是 false。

使用 File 类创建一个文件对象之后,如:

```
File file = new File("c:\\myletter","letter.txt");
```

如果 c:\myletter 目录中没有名字为 letter.txt 文件,文件对象 file 调用方法:

```
public boolean createNewFile();
```

可以在 c:\myletter 目录中建立一个名字为 letter.txt 的文件。文件对象调用方法

```
public boolean delete()
```

可以删除当前文件。例如:

```
file.delete();
```

4. 代码模板的参考答案

【代码 1】 `f.canRead();`
【代码 2】 `f.length();`
【代码 3】 `file.mkdir();`

7.1.3 上机实践

使用 java.lang 包中的 Runtime 类的对象可以执行一个应用程序。首先使用 Runtime 类声明一个对象。例如:

```
Runtime ec;
```

然后使用该类的 getRuntime() 静态方法创建这个对象:

```
ec = Runtime.getRuntime();
```

ec 可以调用 exec(String command) 方法打开本地机的可执行文件或执行一个操作。

上机调试下列程序,并注意 Runtime 对象是怎样运行 Windows 平台上的记事本程序和浏览器程序的。

E.java 源文件的内容如下:

```java
import java.io.*;
public class E {
    public static void main(String args[]) {
        try{  Runtime ce = Runtime.getRuntime();
            File file = new File("c:/windows","Notepad.exe");
            ce.exec(file.getAbsolutePath());
            file = new File
            ("C:\\Program Files\\Internet Explorer",
```

```
            "IEXPLORE www.sohu.com");
        ce.exec(file.getAbsolutePath());
    }
    catch(Exception e) {
        System.out.println(e);
    }
}
```

7.2 文件字节输入流

7.2.1 基础知识

FileInputStream 类的对象称为文件字节输入流,文件字节输入流以字节为单位读取文件中的内容。

1. 创建指向文件的字节输入流

使用 FileInputStream 类的下列构造方法创建指向文件的输入流。

(1) FileInputStream(String name)。

(2) FileInputStream(File file)。

第一个构造方法使用给定的文件名 name 创建 FileInputStream 流,第二个构造方法使用 File 对象创建 FileInputStream 流。参数 name 和 file 指定的文件称为输入流的源。

当创建文件字节输入流时,可能会出现异常。例如,输入流指向的文件可能不存在。当出现 I/O 异常时,Java 使用 IOException 的对象表示 I/O 异常。程序必须在 try-catch 语句中的 try 块部分创建输入流、在 catch(捕获)块部分检测并处理这个异常。例如,为了读取一个名为 hello.txt 的文件,建立一个文件字节输入流 in:

```
try {
    FileInputStream in = new FileInputStream("hello.txt");
}
catch (IOException e) {
    System.out.println("File read error:"+e );
}
```

或

```
File f = new File("hello.txt");                     //指定输入流的源
try {
    FileInputStream in = new FileInputStream(f); //创建指向源的输入流
}
catch (IOException e) {
    System.out.println("File read error:"+e );
}
```

2. 以字节为单位读文件

文件字节流可以调用从父类(InputStream)继承的 read 方法顺序地、以字节为单位读取文件,只要不关闭流,每次调用 read 方法就顺序地读取文件中的其余内容,直到文件的末尾或文件字节输入流被关闭,read 方法是重载方法,如下。

(1) int read() 输入流调用该方法从源中读取单个字节的数据,该方法返回字节值(0~255 的一个整数),如果未读出字节就返回-1。

(2) int read(byte b[]) 输入流调用该方法从源中试图读取 b.length 个字节到字节数组 b 中,返回实际读取的字节数目。如果到达文件的末尾,则返回-1。

(3) int read(byte b[], int off, int len) 输入流调用该方法从源中试图读取 len 个字节到字节数组 b 中,并返回实际读取的字节数目。如果到达文件的末尾,则返回-1,参数 off 指定从字节数组的某个位置开始存放读取的数据。

例如,如果文件字节输入流 in 指向的文件的内容是 apple is very good,那么 in 首次调用 read()方法:

```
int m=in.read();
```

将读取文件中的第一个字节,即读取到字母 a,并返回字母 a 的字节值(97),即 m 的值是 97。

3. 关闭流

输入流都提供了关闭方法 close(),尽管程序结束时会自动关闭所有打开的流,但是当程序使用完流后,显式地关闭任何打开的流仍是一个良好的习惯。如果没有关闭那些被打开的流,那么就可能不允许另一个程序操作这些流所用的资源。

7.2.2 基础训练

基础训练的能力目标是使用文件字节输入流读取文件。

1. 基础训练的主要内容

使用文件字节流的 read()方法读取文件的全部内容及使用文件字节流的 read(byte b[], int off, int len)读取文件的全部内容。

2. 基础训练使用的代码模板

将下列 Application7_2.java 中的【代码】替换为程序代码。程序运行效果如图 7-2 所示。

Application7_2.java 源文件的内容如下:

```
import java.io.*;
public class Application7_2 {
    public static void main(String args[]) {
        int n=-1;
        try{   File f = new File("Application7_2.java");
            InputStream in =【代码1】              //创建指向文件 f 的字节输入流 in
            while((n=in.read())!=-1) {
                System.out.print((char)n);
            }
            in.close();
        }
        catch(IOException e) {
            System.out.println("File read Error"+e);
        }
        byte [] a = new byte[100];
        try{   File f = new File("Application7_2.java");
            InputStream in = new FileInputStream(f);
            while((n=【代码2】)!=-1){               //in 调用 read 方法读 100 个字节到数组 a 中
                String s = new String (a,0,n);
                System.out.print(s);
            }
            in.close();
        }
```

```
        catch(IOException e) {
            System.out.println("File read Error"+e);
        }
    }
}
```

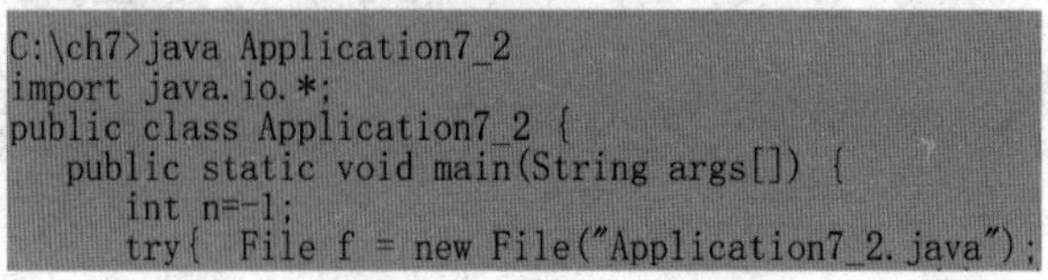

```
C:\ch7>java Application7_2
import java.io.*;
public class Application7_2 {
    public static void main(String args[]) {
        int n=-1;
        try{ File f = new File("Application7_2.java");
```

图 7-2　字节输入流读文件

3. 训练小结与拓展

程序在运行期间,可能需要从外部的存储媒介或其他程序中读入所需要的数据,这就需要使用输入流。输入流的指向称为它的源,程序通过输入流读取源中的数据。比如,程序需要读取文件,那么就可以使用 FileInputStream 建立一个和文件相连接的文件字节输入流,如图 7-3 所示。

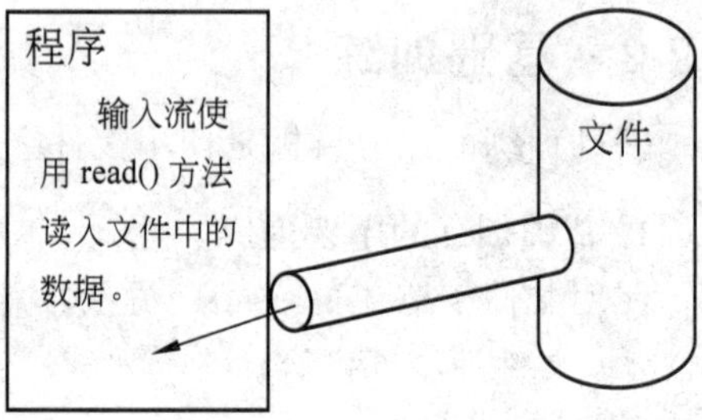

使用输入流通常包括以下 4 个基本步骤。

(1) 设定输入流的源,如磁盘上的文件。
(2) 创建指向源的输入流。
(3) 让输入流读取源中的数据。
(4) 关闭输入流。

图 7-3　输入流示意图

使用字节流的 read(byte b[]) 或 read(byte b[], int off, int len) 方法读取文件,事先要初始化一个字节数组,以便存放 read 方法从文件中读取的字节。

需要特别注意的是,当把读入的字节转化为字符串时,要把实际读入的字节数目 n 转化为 String 对象,如代码训练中的:

```
String s = new String (a,0,n);        //其中 n 是实际读取到的字节数目
```

不可以写成:

```
String s = new String (a,0,100);      //其中 100 是试图读取的字节数目
```

4. 代码模板的参考答案

【代码 1】　`new FileInputStream(f);`
【代码 2】　`in.read(a,0,100);`

7.2.3　上机实践

编写程序,在主类的 main 方法中让一个文件字节输入流使用 int read(byte b[]) 方法读取文件的全部内容。

7.3　文件字节输出流

7.3.1　基础知识

FileOutputStream 类的对象称为文件字节输出流,文件字节输出流以字节为单位向文件写入数据,即以字节为单位写文件。

1. 创建指向文件的文件字节输出流

可以使用 FileOutputStream 类的下列具有刷新功能的构造方法创建指向文件的输出流。

(1) FileOutStream(String name)。

(2) FileOutStream(File file)。

第一个构造方法使用给定的文件名 name 创建 FileOutputStream 流，第二个构造方法使用 File 对象创建 FileOutputStream 流。参数 name 和 file 指定的文件均称为输出流的目的地。

需要特别注意的是，如果输出流指向的文件不存在，Java 就会创建该文件，如果指向的文件是已存在的文件，输出流将刷新该文件（使得文件的长度为 0）。

可以使用 FileOutputStream 类的下列能选择是否具有刷新功能的构造方法创建指向文件的输出流。

(3) FileOutputStream(String name, boolean append)。

(4) FileOutputStream(File file, boolean append)。

当用构造方法(3)或(4)创建指向一个文件的输出流时，如果参数 append 取值 true，输出流不会刷新所指向的文件（假如文件已存在），即输出流将从文件的末尾开始向文件写入数据。参数 append 取值 false，输出流将刷新所指向的文件（假如文件已存在）。

2. 以字节为单位写文件

文件字节流可以调用从父类继承的 write 方法顺序地写文件。FileOutStream 流顺序地向文件写入内容，即只要不关闭流，每次调用 write 方法就顺序地向文件写入内容，直到流被关闭，write 方法是重载方法，如下。

(1) void write(int n) 输出流调用该方法向文件写入单个字节。

(2) void write(byte b[]) 输出流调用该方法向文件写入一个字节数组。

(3) void write(byte b[], int off, int len) 给定字节数组中起始于偏移量 off 处取 len 个字节写到文件。

(4) void close() 关闭输出流。

7.3.2 基础训练

基础训练的能力目标是使用文件字节输出流写文件。

1. 基础训练的主要内容

使用具有刷新功能的构造方法创建指向文件 a.txt 的输出流、并向 a.txt 文件写入"新年快乐"。选择使用不刷新文件的构造方法指向 a.txt，并向文件尾加"Happy New Year"。

2. 训练使用的代码模板

将下列 Application7_3.java 中的【代码】替换为程序代码。程序运行效果如图 7-4 所示。

Application7_3.java 源文件的内容如下：

```java
import java.io.*;
public class Application7_3 {
    public static void main(String args[]) {
        byte [] a = "新年快乐".getBytes();
        byte [] b = "Happy New Year".getBytes();
        File file = new File("hello.txt");           //输出流的目的地
        try{
            OutputStream out =【代码1】              //创建指向 file 的输出流 out
            System.out.println(file.getName()+"的大小:"+file.length());
            【代码2】                                  //out 使用 write(byte b[])方法将数组 a 写入 file
            out.close();
            out = new FileOutputStream(file,true);  //准备向 file 尾加内容
            System.out.println(file.getName()+"的大小:"+file.length());
```

```
            out.write(b,0,b.length);
            System.out.println(file.getName()+"的大小:"+file.length());
            out.close();
        }
        catch(IOException e) {
            System.out.println("Error "+e);
        }
    }
}
```

```
C:\ch7>java Application7_3
hello.txt的大小:0
hello.txt的大小:8
hello.txt的大小:22
```

图 7-4　字节输出流写文件

3. 训练小结与拓展

程序在处理数据后,可能需要将处理的结果写入永久的存储媒介中或传送给其他的应用程序,这就需要使用输出流。输出流的指向称为它的目的地,程序通过输出流把数据传送到目的地。比如,程序需要将数据写入文件,那么就可以使用 FileOutputStream 建立一个和文件相连接的文件字节输出流,如图 7-5 所示。

使用输出流通常包括以下 4 个基本步骤。

(1) 给出输出流的目的地,如磁盘上的文件。

(2) 创建指向目的地的输出流。

(3) 让输出流把数据写入目的地。

(4) 关闭输出流。

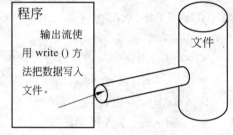

图 7-5　输出流示意图

创建输出流时,可能会出现错误(被称为异常)。例如,输出流试图写入的文件可能不允许操作或有其他受限等原因。所以必须在 try-catch 语句中的 try 块创建输出流、在 catch(捕获)块检测并处理这个异常。

字节输出流以字节为单位写数据,因此在使用字节输出流向目的地写入数据时,要事先将数据存放到字节数组中。将汉字放入字节数组时,一个汉字要占 2 个字节,如代码模板中的代码:

```
byte [] a = "新年快乐".getBytes();
```

那么数组 a 的长度是 8。

4. 代码模板的参考答案

【代码 1】　`new FileOutputStream(file);`

【代码 2】　`out.write(a);`

7.3.3　上机实践

上机调试程序,能解释【代码】的输出结果。

E.java 源文件的内容如下:

```
import java.io.*;
public class E {
    public static void main(String args[]){
        int n=-1;
        File f =new File("ok.txt");
```

```
            byte [] a="abcdf".getBytes();
         try{  FileOutputStream out=new FileOutputStream(f);
             out.write(a);
             out.close();
             FileInputStream in=new FileInputStream(f);
             byte [] tom=new byte[2];
             int m = in.read(tom);
             String s=new String(tom,0,m);
             System.out.printf("%d:%s\n",m,s);    //【代码 1】
             m = in.read(tom);
             s=new String(tom,0,m);
             System.out.printf("%d:%s\n",m,s);    //【代码 2】
             m = in.read(tom);
             s=new String(tom,0,m);
             System.out.printf("%d:%s\n",m,s);    //【代码 3】
             m = in.read(tom);
             System.out.printf("%d\n",m);         //【代码 4】
         }
      catch(IOException e) {}
   }
}
```

7.4 文件字符输入、输出流

7.4.1 基础知识

文件字节输入、输出流的 read 和 write 方法使用字节数组读写数据，即以字节为单位处理数据。因此，字节流不能很好地操作 Unicode 字符。比如，一个汉字在文件中占用 2 个字节，如果使用字节流，读取不当会出现"乱码"现象。

与 FileInputStream、FileOutputStream 字节流相对应的是 FileReader、FileWriter 字符流（文件字符输入、输出流），FileReader 和 FileWriter 分别是 reader 和 writer 的子类，其构造方法如下。

（1）FileReader(String filename)。
（2）FileReader(File filename)。
（3）FileWriter (String filename)。
（4）FileWriter (File filename)。
（5）FileWriter (String filename,boolean append)。
（6）FileWriter (File filename,boolean append)。

字符输入流和输出流的 read 和 write 方法使用字符数组读写数据，即以字符为基本单位处理数据。

7.4.2 基础训练

基础训练的能力目标是使用文件字符输入、输出流读写文件。

1. 基础训练的主要内容

使用文件字符输入、输出流更新文件，如将文件 b.txt 的内容尾加到文件 a.txt 中。

a.txt

青山原不老,为雪白头。

b.txt

绿水本无忧,因风皱面。

2. 基础训练使用的代码模板

将 Application7_4.java 中的【代码】替换为程序代码。程序运行效果如图 7-6 所示。
Application7_4.java 源文件的内容如下：

```java
import java.io.*;
public class Application7_4 {
    public static void main(String args[]) {
        File sourceFile = new File("b.txt");        //读取的文件
        File targetFile = new File("a.txt");        //写入的文件
        char c[] =new char[19];                     //char 型数组
        try{
            Writer out =【代码 1】                    //创建指向 targetFile,
                                                    //并能向 targetFile 尾加数据的输出流 out。
            Reader in  =【代码 2】                    //创建指向 sourceFile 的输入流 in
            int n = -1;
            out.write('\n');
            while((n=in.read(c))!=-1) {
                out.write(c,0,n);
            }
            out.flush();
            out.close();
        }
        catch(IOException e) {
            System.out.println("Error "+e);
        }
        System.out.println("更新后的"+targetFile.getName()+"的内容:");
        try{
            Reader in  =new FileReader(targetFile);
            int n = -1;
            while((n=in.read(c))!=-1) {
                String str = new String(c,0,n);
                System.out.print(str);
            }
            in.close();
        }
        catch(IOException e) {
            System.out.println("Error "+e);
        }
    }
}
```

```
C:\ch7>java Application7_4
更新后的a.txt的内容:
青山原不老,为雪白头。
绿水本无忧,因风皱面。
```

图 7-6　更新文件

3. 训练小结与拓展

writer 字符流的 write()方法和 OutputStream 字节流的 write 方法不同,字符流的 write()方法将数据首先写入缓冲区,每当缓冲区溢出时,缓冲区的内容将被自动写入目的地,如果关闭流,缓冲区的内容会立刻被写入目的地。流调用 flush() 方法可以立刻冲洗当前缓冲区,即将当前缓冲区的内容写入目的地。因此,当使用字符输出流完成数据写入之后,一定要关闭输出流。

4. 代码模板的参考答案

【代码 1】　new FileWriter(targetFile,true);
【代码 2】　new FileReader(sourceFile);

7.4.3 上机实践

上机调试程序,能解释【代码】的输出结果。

E.java 源文件的内容如下:

```
import java.io.*;
public class E {
    public static void main(String args[]){
        int n=-1;
        File f = new File("hello.txt");
        char[] a ="你好 hello".toCharArray();
        try{   FileWriter out=new FileWriter(f);
            out.write(a);
            out.close();
            FileReader in=new  FileReader(f);
            char [] tom=new char[3];
            int m = in.read(tom);
            String s=new String(tom,0,m);
            System.out.printf("%d:%s\n",m,s);    //【代码 1】
            m = in.read(tom);
            s=new String(tom,0,m);
            System.out.printf("%d:%s\n",m,s);    //【代码 2】
            m = in.read(tom);
            s=new String(tom,0,m);
            System.out.printf("%d:%s\n",m,s);    //【代码 3】
            m = in.read(tom);
            System.out.printf("%d\n",m);          //【代码 4】
        }
        catch(IOException e) {}
    }
}
```

7.5 缓冲流

7.5.1 基础知识

如果按行读取文件的内容,那么在不清楚一行有多少个字符的情况下,FileReader 流的 read 方法很难完成这样的任务。

1. BufferedReader 流

BufferedReader 流称为缓冲输入流,相对于 FileReader 流,缓冲输入流增强了读文件的能力。通过向 BufferedReader 传递一个 Reader 子类的对象(如 FileReader 的实例),来创建一个 BufferedReader 对象,即 BufferedReader 流的源是 FileReader 流,不是文件。例如:

```
FileReader inOne = new FileReader("Student.txt")
BufferedReader inTwo = BufferedReader(inOne);
```

上述代码可以通俗地理解成 inTwo 流和 inOne 流连接在了一起,那么 inTwo 流也就可以读取 inOne 流指向的文件了,如 inTwo 流就具有 readLine()方法(按行读取文件)。例如:

```
String strLine = inTwo.readLine();
```

2. BufferedWriter 流

BufferedWriter 流称为缓冲输出流,相对于 FileWriter 流,缓冲输出流增强了写文件的能力。可以将 BufferedWriter 流和 FileWriter 流连接在一起,然后使用 BufferedWriter 流将数据写到目的地(即 BufferedWriter 流的目的地是 FileWriter 流)。例如:

```
FileWriter tofile = new FileWriter("hello.txt");
BufferedWriter out = BufferedWriter(tofile);
```

然后 out 使用 BufferedReader 类的方法:

```
write(String s,int off,int len)
```

把字符串 s 写到 hello.txt 中,参数 off 是 s 开始处的偏移量,len 是写入的字符数量。

另外,BufferedWriter 流有一个独特的向文件写入一个回行符的方法:

```
newLine();
```

7.5.2 基础训练

基础训练的能力目标是使用缓冲输入、输出流读写文件。

1. 基础训练的主要内容

由英语句子构成的文件 english.txt(每句占一行)如下。
english.txt

```
The arrow missed the target.
They rejected the union demand.
Where does this road go to?
```

按行读取 english.txt,并在该行的后面加上该英语句子中含有的单词数目,然后再将该行写入一个名字为 englishCount.txt 的文件中。

2. 基础训练使用的代码模板

将下列 Application7_5.java 中的【代码】替换为程序代码。程序运行效果如图 7-7 所示。
Application7_5.java 源文件的内容如下:

```
import java.io.*;
import java.util.*;
public class Application7_5 {
    public static void main(String args[]) {
        File fRead = new File("english.txt");
        File fWrite = new File("englishCount.txt");
        try{  Writer out = new FileWriter(fWrite);
```

```
            BufferedWriter bufferWrite =【代码 1】 //创建指向 out 的 bufferWrite
            Reader in = new FileReader(fRead);
            BufferedReader bufferRead =【代码 2】 //创建指向 in 的 bufferRead
            String str = null;
            while((str=bufferRead.readLine())!=null) {
               StringTokenizer fenxi = new StringTokenizer(str);
               int count=fenxi.countTokens();
               str = str+" 单词数 "+count;
               bufferWrite.write(str);
               bufferWrite.newLine();
            }
            bufferWrite.close();
            out.close();
            in = new FileReader(fWrite);
            bufferRead =new BufferedReader(in);
            String s=null;
            System.out.println(fWrite.getName()+"内容:");
            while((s=bufferRead.readLine())!=null) {
              System.out.println(s);
            }
            bufferRead.close();
            in.close();
        }
        catch(IOException e) {
            System.out.println(e.toString());
        }
    }
}
```

```
C:\ch7>java Application7_5
englishCount.txt内容:
The arrow missed the target. 单词数 5
They rejected the union demand. 单词数 5
Where does this road go to? 单词数 6
```

图 7-7 使用缓冲流

3. 训练小结与拓展

可以把 BufferedReader 和 BufferedWriter 称为上层流，把它们指向的字符流称为底层流。底层字符输入流首先将数据读入缓存，BufferedReader 流再从缓存读取数据；BufferedWriter 流将数据写入缓存，底层字符输出流会不断地将缓存中的数据写入目的地。当 BufferedWriter 流调用 flush() 刷新缓存或调用 close() 方法关闭时，即使缓存没有溢满，底层流也会立刻将缓存的内容写入目的地。关闭输出流时要首先关闭缓冲输出流，然后关闭缓冲输出流指向的流，即先关闭上层流再关闭底层流。在编写代码时只需关闭上层流，那么上层流的底层流将自动关闭。

4. 代码模板的参考答案

【代码 1】　`new BufferedWriter(out);`
【代码 2】　`new BufferedReader(in);`

7.5.3 上机实践

标准化试题文件的格式要求如下：

- 每道题目提供 A、B、C、D 四个选择(单项选择)。
- 两道题目之间是用减号(-)尾加前一题目的答案分隔(如------D------)。

例如,下列 test.txt 是一套标准化考试的试题文件。

test.txt

```
1.北京奥运会是什么时间开幕的?
   A.2008-08-08  B. 2008-08-01
   C.2008-10-01  D. 2008-07-08
------A------
2.下列哪个国家不属于亚洲?
   A.沙特   B.印度   C.巴西   D.越南
------C------
3.2010年世界杯是在哪个国家举行的?
   A.美国   B.英国   C.南非   D.巴西
------C------
4.下列哪种动物属于猫科动物?
   A.鬣狗   B.犀牛   C.大象   D.狮子
------D------
```

下面的代码每次读取试题文件中的一道题目,并等待用户回答,用户做完全部题目后,程序给出用户的得分。

请按上述标准化试题格式预备好一套英语考试的试题,其文件名是 test.txt,并调试下列代码,并注意程序是怎样使用输入流读取试题文件的。

E.java 源文件的内容如下:

```java
import java.io.*;
public class E {
    public static void main(String args[]) {
        StandardExam exam = new StandardExam();
        File f = new File("test.txt");
        exam.setTestFile(f);
        exam.startExamine();
    }
}
```

StandardExam.java 源文件的内容如下:

```java
import java.io.*;
import java.util.*;
public class StandardExam {
    File testFile;
    public void setTestFile(File f) {
        testFile = f;
    }
    public void startExamine() {
        int score=0;
        Scanner scanner = new Scanner(System.in);
        try {
            FileReader inOne = new FileReader(testFile);
            BufferedReader inTwo = new BufferedReader(inOne);
```

```
                String s = null;
                while((s = inTwo.readLine())!=null){
                   if(!s.startsWith("-"))
                      System.out.println(s);
                   else {
                      s = s.replaceAll("-","");
                      String correctAnswer = s;
                      System.out.printf("\n输入选择的答案:");
                      String answer=scanner.nextLine();
                      if(answer.compareToIgnoreCase(correctAnswer)==0)
                          score++;
                   }
                }
                inTwo.close();
          }
          catch(IOException exp){}
          System.out.printf("最后的得分:%d\n",score);
     }
}
```

7.6 随机流

7.6.1 基础知识

1. RandomAccessFile 类

RandomAccessFile 类创建的流称作随机流,RandomAccessFile 流的指向既可以作为源,也可以作为目的地。简单地说,使用 RandomAccessFile 流不仅能读文件,也可以写文件。以下是 RandomAccessFile 类的两个构造方法。

(1) RandomAccessFile(String name,String mode) 参数 name 用来确定一个文件名,给出创建的流的源,也是流目的地。参数 mode 取 r(只读)或 rw(可读写),决定创建的流对文件的访问权利。

(2) RandomAccessFile(File file,String mode) 参数 file 是一个 File 对象,给出创建的流的源,也是流目的地。参数 mode 取 r(只读)或 rw(可读写),决定创建的流对文件的访问权利。

2. 常用方法

(1) seek(long a) 定位 RandomAccessFile 流的读写位置,其中参数 a 确定读写位置距离文件开头的字节个数。

(2) getFilePointer() 获取流的当前读写位置。

(3) readLine() 按行读取文件。在读取含有非 ASCII 字符的文件时(如含有汉字的文件)会出现"乱码"现象,因此,需要把 readLine()读取的字符串用 iso-8859-1 编码重新编码存放到 byte 数组中,再用当前机器的默认编码将该数组转化为字符串,操作如下:

```
String str = in.readLine();
byte b[] = str.getBytes("iso-8859-1");
String content = new String(b);
```

7.6.2 基础训练

基础训练的能力目标是使用 RandomAccessFile 流读取文件。

1. 基础训练的主要内容

用 RandomAccessFile 流按行读取 poem.txt 文件，文件的内容如下。

```
日照香炉生紫烟，遥看瀑布挂前川。
飞流直下三千尺，疑是银河落九天。
```

2. 基础训练使用的代码模板

将下列 Application7_6.java 中的【代码】替换为程序代码。程序运行效果如图 7-8 所示。
Aplication7_6.java 源文件的内容如下：

```java
import java.io.*;
public class Application7_6 {
   public static void main(String args[]) {
      RandomAccessFile in = null,out=null;
      try{  in = new RandomAccessFile("poem.txt","r");
            long length = in.length();           //获取文件的长度
            long position = 0;
            【代码1】                              //将读取位置定位到position
            int i=0;
            while(position<length) {
              String str =【代码2】               //读取一行
              byte b[] = str.getBytes("iso-8859-1");
              str = new String(b);
              position = in.getFilePointer();
              System.out.println(str);
            }

      }
      catch(IOException e){}
   }
}
```

```
C:\ch7>java Application7_6
日照香炉生紫烟，遥看瀑布挂前川。
飞流直下三千尺，疑是银河落九天。
```

图 7-8 使用随机流读文件

3. 训练小结与拓展

与前面的输入、输出流不同的是，RandomAccessFile 类既不是 InputStream 类的子类，也不是 OutputStram 类的子类。当准备对一个文件进行读写操作时，可以创建一个指向该文件的随机流，可以从这个随机流读取文件的数据，也可以通过这个随机流写数据到文件。另外，随机流指向文件时，不刷新文件。

4. 代码模板的参考答案

【代码1】 in.seek(position);
【代码2】 in.readLine();

7.6.3 上机实践

表 7-1 是 RandomAccessFile 类的常用方法。

表 7-1　RandomAccessFile 类的常用方法

方　　法	描　　述
getFilePointer()	获取当前读写的位置
length()	获取文件的长度
read()	从文件中读取一个字节的数据
readBoolean()	从文件中读取一个布尔值,0 代表 false;其他值代表 true
readByte()	从文件中读取一个字节
readChar()	从文件中读取一个字符(2 个字节)
readDouble()	从文件中读取一个双精度浮点值(8 个字节)
readFloat()	从文件中读取一个单精度浮点值(4 个字节)
readInt()	从文件中读取一个 int 值(4 个字节)
readLine()	从文件中读取一个文本行
readlong()	从文件中读取一个长型值(8 个字节)
readShort()	从文件中读取一个短型值(2 个字节)
readUTF()	从文件中读取一个 UTF 字符串
seek(long position)	定位读写位置
skipBytes(int n)	在文件中跳过给定数量的字节
write(byte b[])	写 b.length 个字节到文件
writeByte(int v)	向文件写入一个字节
writeChar(char c)	向文件写入一个字符
writeChars(String s)	向文件写入一个作为字符数据的字符串
writeDouble(double v)	向文件写入一个双精度浮点值
writeFloat(float v)	向文件写入一个单精度浮点值
writeInt(int v)	向文件写入一个 int 值
writeLong(long v)	向文件写入一个长型 int 值
writeShort(int v)	向文件写入一个短型 int 值
writeUTF(String s)	写入一个 UTF 字符串

下列代码将几个整数写入文件,然后按写入的顺序倒序读出所写入的整数。上机调试下列代码,熟悉 RandomAccessFile 流的常用方法。

E.java 源文件的内容如下:

```
import java.io.*;
public class E {
    public static void main(String args[]) {
        RandomAccessFile inAndOut = null;
        int data[] = {6,7,8,9,10};
        try{
            inAndOut = new RandomAccessFile("tom.dat","rw");
            for(int i=0;i<data.length;i++) {
                inAndOut.writeInt(data[i]);                    //int 型数据占 4 个字节
            }
```

```
            for(long i=data.length-1;i>=0;i--) {
                inAndOut.seek(i * 4);                    //文件的第 16 至 20 个字节是最后一个整数,
                System.out.printf("%5d",inAndOut.readInt());  //读取一个整数
            }
            inAndOut.close();
        }
        catch(IOException e){}
    }
}
```

7.7 数据流

7.7.1 基础知识

DataInputStream 和 DataOutputStream 类创建的对象称为数据输入流和数据输出流。这是很有用的两个流,它们允许程序按照与机器无关的风格读取 Java 原始的数据。也就是说,当读取一个数值时,不必再关心这个数值应当是多少个字节。

以下是 DataInputStream 和 DataOutputStream 的构造方法。

(1) DataInputStream(InputStream in)创建的数据输入流指向一个由参数 in 指定的底层输入流。

(2) DataOutputStream(OutnputStream out)创建的数据输出流指向一个由参数 out 指定的底层输出流。

表 7-2 是 DataInputStream 和 DataOutputStream 类的部分方法。

表 7-2 DataInputStream 和 DataOutputStream 类的部分方法

方 法	描 述
close()	关闭流
readBoolean()	读取一个布尔值
readByte()	读取一个字节
readChar()	读取一个字符
readDouble()	读取一个双精度浮点值
readFloat()	读取一个单精度浮点值
readInt()	读取一个 int 值
readlong()	读取一个长型值
readShort()	读取一个短型值
readUnsignedByte()	读取一个无符号字节
readUnsignedShort()	读取一个无符号短型值
readUTF()	读取一个 UTF 字符串
skipBytes(int n)	跳过给定数量的字节
writeBoolean(boolean v)	写入一个布尔值
writeBytes(String s)	写入字节串
writeChars(String s)	写入字符串
writeDouble(double v)	写入一个双精度浮点值
writeFloat(float v)	写入一个单精度浮点值

方　　法	描　　述
writeInt(int v)	写入一个一个 int 值
writeLong(long v)	写入一个一个长型值
writeShort(int v)	写入一个一个短型值
writeUTF(String s)	写入一个 UTF 字符串

7.7.2 基础训练

基础训练的能力目标是使用数据流读、写文件。

1. 基础训练的主要内容

用数据流将几个 Java 类型的数据写到一个文件中,然后再用数据流读出这个文件中的 Java 数据。

2. 基础训练使用的代码模板

将下列 Application7_7.java 中的【代码】替换为程序代码。程序运行效果如图 7-9 所示。
Application7_7.java 源文件的内容如下:

```java
import java.io.*;
public class Application7_7 {
    public static void main(String args[]) {
        File file = new File("apple.txt");
        try{
            FileOutputStream fos = new FileOutputStream(file);
            DataOutputStream outData =【代码 1】            //创建数据流输出流 outData,
                                                           //该数据流指向 fos
            outData.writeInt(100);
            outData.writeLong(123456);
            outData.writeFloat(3.1415926f);
            outData.writeDouble(987654321.1234);
            outData.writeBoolean(true);
            outData.writeChars("How are you doing ");
        }
        catch(IOException e){}
        try{ FileInputStream fis = new FileInputStream(file);
            DataInputStream inData =【代码 2】              //创建数据流输入流 inData,
                                                           //该数据流指向 fis
            System.out.println(inData.readInt());          //读取 int 数据
            System.out.println(inData.readLong());         //读取 long 数据
            System.out.println(+inData.readFloat());       //读取 float 数据
            System.out.println(inData.readDouble());       //读取 double 数据
            System.out.println(inData.readBoolean());      //读取 boolean 数据
            char c = '\0';
            while((c=inData.readChar())!='\0') {           //'\0'表示空字符。
                System.out.print(c);
            }
        }
        catch(IOException e){}
    }
}
```

```
C:\ch7>java Application7_7
100
123456
3.1415925
9.876543211234E8
true
How are you doing
```

图 7-9　使用数据流读写文件

3. 训练小结与拓展

数据流输入流不能直接指向文件，必须指向一个 InputStream 子类创建的流，这个流称为数据输入流的底层流，底层流负责指向文件。同样，数据流输出流不能直接指向文件，必须指向一个 OutputStream 子类创建的流，这个流称为数据输出流的底层流，底层流负责指向文件。

4. 代码模板的参考答案

【代码 1】　`new DataOutputStream(fos);`

【代码 2】　`new DataInputStream(fis);`

7.7.3　上机实践

本实践使用数据流加密解密文件。使用一个 String 对象 password 的字符序列作为密码对另一个 String 对象 sourceString 的字符序列进行加密，操作过程如下。

将密码 password 的字符序列存放到一个字符数组：

```
char [] p = password.toCharArray();
```

假设数组 p 的长度为 n，那么就将待加密的 sourceString 的字符序列按顺序以 n 个字符为一组（最后一组中的字符个数可小于 n），对每一组中的字符用数组 p 的对应字符做加法运算。比如，某组中的 n 个字符是：$a_0, a_1, \cdots, a_{n-1}$，那么以下得到对该组字符的加密的结果 $c_0, c_1, \cdots, c_{n-1}$：

$$c_0 = (\text{char})(a_0 + p[0]), \quad c_1 = (\text{char})(a_1 + p[1])\cdots, \quad c_{n-1} = (\text{char})(a_{n-1} + p[n-1])$$

最后，将字符数组 c 转化为 String 对象得到 sourceString 的字符序列密文。

上述加密算法的解密算法是对密文做减法运算。

请上机调试下列代码，并注意程序的运行效果。

E.java 源文件的内容如下：

```java
import java.io.*;
public class E {
    public static void main(String args[]) {
        String command = "渡江总攻时间是 4 月 22 日晚 10 点";
        EncryptAndDecrypt person = new EncryptAndDecrypt();
        String password = "Tiger";
        String secret = person.encrypt(command,password);    //加密
        File file = new File("secret.txt");
        try{ FileOutputStream fos = new FileOutputStream(file);
            DataOutputStream outData = new DataOutputStream(fos);
            outData.writeUTF(secret);
            System.out.println("加密命令:"+secret);
        }
        catch(IOException e){}
        try{ FileInputStream fis = new FileInputStream(file);
            DataInputStream inData = new DataInputStream(fis);
            String str = inData.readUTF();
```

```
            String mingwen = person.decrypt(str,password);      //解密
            System.out.println("解密命令:"+mingwen);
        }
        catch(IOException e){}
    }
}
```

EncryptAndDecrypt.java 源文件的内容如下:

```
public class EncryptAndDecrypt {
    String encrypt(String sourceString,String password) {    //加密算法
        char [] p=password.toCharArray();
        int n = p.length;
        char [] c = sourceString.toCharArray();
        int m = c.length;
        for(int k=0;k<m;k++){
            int mima = c[k]+p[k%n];                          //加密
            c[k] = (char)mima;
        }
        return new String(c);                                //返回密文
    }
    String decrypt(String sourceString,String password) {   //解密算法
        char [] p=password.toCharArray();
        int n = p.length;
        char [] c = sourceString.toCharArray();
        int m = c.length;
        for(int k=0;k<m;k++){
            int mima = c[k]-p[k%n];                          //解密
            c[k] = (char)mima;
        }
        return new String(c);                                //返回明文
    }
}
```

7.8 解析文件

7.8.1 核心知识

1. 使用默认分隔标记解析文件

创建 Scanner 对象(Scanner 类在 java.util 包,见第 2.6 节),并指向要解析的文件。例如:

```
File file = new File("hello.java");
Scanner sc = new Scanner(file);
```

那么 sc 将空格作为分隔标记、调用 next()方法依次返回 file 中的单词,如果 file 最后一个单词已被 next()方法返回,sc 调用 hasNext()将返回 false,否则返回 true。

2. 使用正则表达式作为分隔标记解析文件

创建 Scanner 对象,指向要解析的文件,并使用 useDelimiter()方法指定正则表达式作为分隔标记。例如:

```
File file = new File("hello.java");
Scanner sc = new Scanner(file);
sc.useDelimiter(正则表达式);
```

那么 sc 将正则表达式作为分隔标记,调用 next()方法依次返回 file 中的单词,如果 file 最后一个单词已被 next()方法返回,sc 调用 hasNext()将返回 false,否则返回 true。

7.8.2 基础训练

基础训练的能力目标是使用 Scanner 流解析文件中的数据。

1. 基础训练的主要内容

由英语句子构成的以下文件 word.txt。

```
We are students.The student likes basketball very much.
The basketball game is very vigorous.
```

统计出该文件中的不相同的单词数目,并输出这些单词。

2. 基础训练使用的代码模板

将下列 Application7_8.java 中的【代码】替换为程序代码。程序运行效果如图 7-10 所示。
Application7_8.java 源文件的内容如下:

```
import java.io.*;
import java.util.Scanner;
public class Application7_8{
    public static void main(String args[]) {
        File file = new File("word.txt");
        //由空格、数字和符号(!"#$%&'()*+,-./:;<=>?@[\]^_`{|}~)组成的正则表达式:
        String regex = "[\\s\\d\\p{Punct}]+";
        Scanner sc=null;
        try {
            【代码 1】                          //创建 sc 流,并指向 file
            sc.useDelimiter(regex);
        }
        catch(Exception exp){
            System.out.println(exp);
        }
        String save="";
        int count=0;
        while(sc.hasNext()){
            String word =【代码 2】              //sc 返回单词
            if(!save.contains(word)) {
                count++;
                save=save+"#"+word;
                System.out.printf("%s ",word);
            }
        }
        System.out.printf("\n 互不相同的单词数目:%d",count);
    }
}
```

```
C:\ch7>java Application7_8
We are students The likes basketball very much game is vigorous
互不相同的单词数目:11
```

图 7-10 解析文件

3. 训练小结与拓展

对于数字型的单词,如 108,167.92 等可以用 nextInt()或 nextDouble()方法来代替 next()方法,即 Scanner 对象 sc 可以调用 nextInt()或 nextDouble()方法将数字型单词转化为 int 或 double 数据返回,但需要特别注意的是,如果单词不是数字型单词,调用 nextInt()或 nextDouble()方法将发生 InputMismatchException 异常,在处理异常时可以调用 next()方法返回该非数字化单词。

4. 代码模板的参考答案

【代码 1】 sc = new Scanner(file);
【代码 2】 sc.next();

7.8.3 上机实践

Scanner 流也可以指向一个 String 对象。例如,对于 String 对象 NBA:

```
String NBA = "I Love This Game";
```

为了解析出 NBA 的字符序列中的单词,可以构造以下一个 Scanner 对象:

```
Scanner scanner = new Scanner(NBA);
```

如果用非数字字符串作分隔标记,那么所有的数字就是单词。下面的代码 E.java 使用正则表达式(匹配所有非数字字符串):String regex="[^0123456789.]+" 作为分隔标记解析"牛奶:8.5元,香蕉3.6元,酱油:2.8元"中的金额,并计算出总金额。上机调试下列代码,掌握 Scanner 流是怎样解析数字单词的。

E.java 源文件的内容如下:

```java
import java.util.*;
public class E {
    public static void main(String args[]) {
        String cost = "牛奶:8.5元,香蕉3.6元,酱油:2.8元";
        Scanner sc = null;
        double sum=0;
        sc = new Scanner(cost);
        sc.useDelimiter("[^0123456789.]+");
        while(sc.hasNext()){
            try{   double price = sc.nextDouble();
                sum = sum+price;
            }
            catch(InputMismatchException exp){
                String t = sc.next();
            }
        }
        System.out.printf("%s\n 总价:%9.2f 元\n",cost,sum);
    }
}
```

7.9 小结

(1) InputStream 流称为字节输入流,字节输入流按字节读取数据,只要不关闭流,每次调用读取方法时就顺序地读取"源"中的其余的内容,直到"源"中的末尾或流被关闭。

(2) Reader 流称为字符输入流,字符输入流按字符读取源中的数据,只要不关闭流,每次调用读取方法时就顺序地读取"源"中的其余的内容,直到"源"中的末尾或流被关闭。

(3) OutputStream 流称为字节输出流。字节输出流按字节将数据写入目的地,只要不关闭流,每次调用写入方法就顺序地向目的地写入内容,直到流被关闭。

(4) Writer 流称为字符输出流。字符输出流按字符将数据写入目的地,只要不关闭流,每次调用写入方法就顺序地向目的地写入内容,直到流被关闭。

7.10 课外读物

扫描二维码即可观看学习。

习题 7

1. 问答题

(1) 如果准备按字节读取一个文件的内容,应当使用 FileInputStream 流还是 FileReader 流?

(2) FileInputStream 流的 read 方法和 FileReader 流的 read 方法有何不同?

(3) BufferedReader 流能直接指向一个文件吗?

2. 选择题

(1) 下列叙述正确的是(　　)。

    A. 创建 File 对象可能发生异常

    B. BufferedRead 流可以指向 FileInputStream 流

    C. BufferedWrite 流可以指向 FileWrite 流

    D. RandomAccessFile 流一旦指向文件,就会刷新该文件

(2) 为了向文件 hello.txt 尾加数据,下列正确创建指向 hello.txt 的流的是(　　)。

    A. `try {  OutputStream out = new FileOutputStream ("hello.txt");`
       `}`
       `catch(IOException e){}`

    B. `try {  OutputStream out = new FileOutputStream ("hello.txt",true);`
       `}`
       `catch(IOException e){}`

    C. `try {  OutputStream out = new FileOutputStream ("hello.txt",false);`
       `}`
       `catch(IOException e){}`

    D. `try {  OutputStream out = new OutputStream ("hello.txt",true);`
       `}`
       `catch(IOException e){}`

3. 阅读程序

(1) 文件 E.java 的长度是 51 个字节，请说出 E 类中标注的【代码 1】和【代码 2】的输出结果。

```java
import java.io.*;
public class E {
    public static void main(String args[]) {
        File f = new File("E.java");
        try{   RandomAccessFile in = new RandomAccessFile(f,"rw");
            System.out.println(f.length());        //【代码 1】
            FileOutputStream out = new FileOutputStream(f);
            System.out.println(f.length());        //【代码 2】
        }
        catch(IOException e) {
            System.out.println("File read Error"+e);
        }
    }
}
```

(2) 请说出 E 类中标注的【代码 1】~【代码 4】的输出结果。

```java
import java.io.*;
public class E {
    public static void main(String args[]) {
        int n=-1;
        File f =new File("hello.txt");
        byte [] a="abcd".getBytes();
        try{ FileOutputStream out=new FileOutputStream(f);
            out.write(a);
            out.close();
            FileInputStream in=new FileInputStream(f);
            byte [] tom=new byte[3];
            int m = in.read(tom,0,3);
            System.out.println(m);                 //【代码 1】
            String s=new String(tom,0,3);
            System.out.println(s);                 //【代码 2】
            m = in.read(tom,0,3);
            System.out.println(m);                 //【代码 3】
            s=new String(tom,0,3);
            System.out.println(s);                 //【代码 4】
        }
        catch(IOException e) {}
    }
}
```

(3) 了解打印流。我们已经学习了数据流，其特点是用 Java 的数据类型读写文件，但在使用数据流写成的文件用其他文件阅读器无法进行阅读（看上去是乱码）。PrintStream 类提供了一个过滤输出流，该输出流能以文本格式显示 Java 的数据类型。上机执行下列程序。

```java
import java.io.*;
public class E {
    public static void main(String args[]) {
```

```
        try{   File file=new File("p.txt");
            FileOutputStream out=new FileOutputStream(file);
            PrintStream ps=new PrintStream(out);
            ps.print(12345.6789);
            ps.println("how are you");
            ps.println(true);
            ps.close();
        }
        catch(IOException e){}
    }
}
```

4. 编程题

(1) 使用 RandomAccessFile 流将一个文本文件倒置读出。

(2) 使用 Java 的输入、输出流将一个文本文件的内容按行读出,每读出一行就按顺序添加行号,并写入另一个文件中。

(3) 参考第 7.8 节的代码模板,解析一个文件中的价格数据,并计算平均价格,该文件的内容如下。

商品列表:
电视机,2567元/台
洗衣机,3562元/台
冰箱,6573元/台

第 8 章　JDBC 数据库操作

主要内容

- 连接 Access 数据库
- 查询操作
- 更新、插入与删除操作
- 预处理语句
- 标准化考试

目前，许多应用程序都在使用数据库进行数据的存储与查询，其原因是数据库在数据查询、修改、保存、安全等方面有着其他数据处理手段无法替代的地位。本章将学习怎样使用 Java 提供的 JDBC 技术操作数据库，不涉及数据库设计原理。学习使用 Java 中的 JDBC(Java DataBase Connectivity)操作数据库，须选用一个数据库管理系统，以便有效地学习 JDBC 技术，而且学习 JDBC 技术不依赖所选择的数据库。我们选用的是 Microsoft Access 数据库管理系统，而且本章并非讲解数据库原理，而是讲解如何在 Java 中使用 JDBC 提供的 API 和数据库进行交互信息，特点是，只要掌握与某种数据库管理系统所管理的数据库交互信息，就会很容易地掌握和其他数据库管理系统所管理的数据库交互信息。

8.1　连接 Access 数据库

8.1.1　基础知识

1. 创建一个数据库

用 Access 数据库管理系统建立一个名字是 students.accdb 的数据库，并在数据库中建立名字是 mess 的表。数据库保存在 C:\ch8 目录中(基于 Windows 7 讲解)。

单击"开始"→"所有程序"→"Microsoft Office"→"Microsoft Access"(或"开始"→"所有程序"→"Microsoft Access")，在新建数据库界面选择"空 Access 数据库"。为了在数据库中创建名字为 mess 的表，在出现的创建数据库界面左侧的 "表 1"上右击，然后在弹出的快捷菜单中选择"设计视图"，将表名命名为 mess。接着在弹出的建表界面建立 mess 表，并将 mess 表的 number 字段设为主键(在字段上右击来设置字段是否是主建)，如图 8-1 所示。

双击已创建的 mess 表为该表添加记录，如图 8-2 所示。

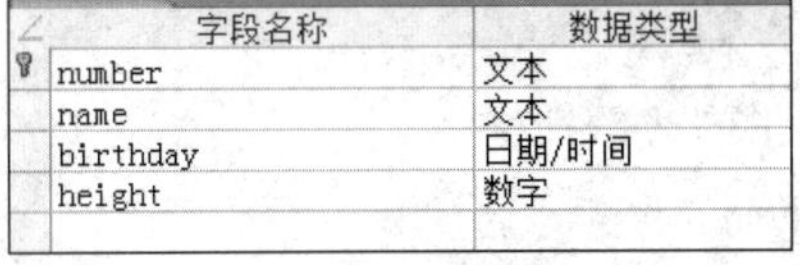

mess

字段名称	数据类型
number	文本
name	文本
birthday	日期/时间
height	数字

图 8-1　设置表的字段

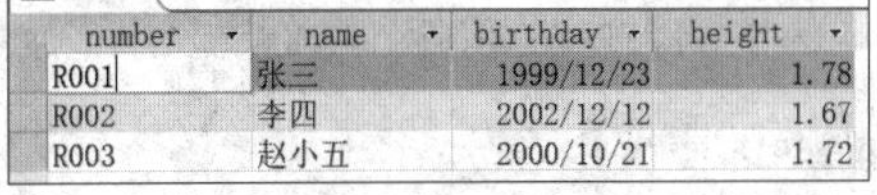

mess

number	name	birthday	height
R001	张三	1999/12/23	1.78
R002	李四	2002/12/12	1.67
R003	赵小五	2000/10/21	1.72

图 8-2　向表中添加记录

将数据库命名为 students.accdb，并保存在 C:\ch8 目录中。

2. 下载 JDBC-Access 数据库连接器

应用程序为了能访问数据库，必须保证应用程序所驻留的计算机上安装有相应的数据库连接器(数据库驱动)。Java 应用程序加载相应的数据库连接器之后，就可以使用 JDBC 和数据库建立连接、操作数据库，如图 8-3 所示。

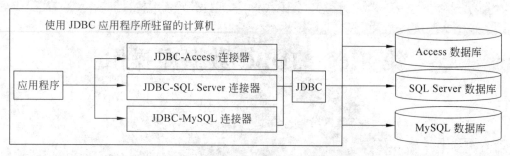

图 8-3 使用 JDBC 操作数据库

登录：

http://www.hxtt.com/access.zip

下载 JDBC-Access 连接器。解压下载的 access.zip，在解压目录下\lib 子目录中的 Access_JDBC30.jar 就是 JDBC-Access 连接器，将该文件复制到 C:\ch8 中。笔者将 Access_JDBC30.jar 文件放在了教学资源的源代码的 ch8 文件夹中。

3. 加载 JDBC-Access 数据库连接器

加载 Access 数据库连接器程序的代码是：

```
Class.forName("com.hxtt.sql.access.AccessDriver");
```

其中的 com.hxtt.sql.access 包是 Access_JDBC30.jar 提供的，该包中的 AccessDriver 类封装着数据库驱动（该类不是 Java 运行环境类库中的类）。

4. 连接已有的数据库

students.accdb 数据库在 java 应用程序的当前目录下（如 C:\ch8），连接 students.accdb 数据库的代码如下（其中的./students.accdb 表示当前目录下的 students.accdb 数据库）。

```
String databasePath = "./students.accdb";
String loginName ="";
String password ="";
con =
DriverManager.getConnection("jdbc:Access://"+databasePath,
                loginName, password);
```

8.1.2 基础训练

基础训练的能力目标是使用 JDBC-Access 数据库连接器连接数据库。

1. 基础训练的主要内容

将数据库 students.accdb 和 JDBC-Access 连接器 Access_JDBC30.jar 保存到 C:\ch8 中。编译代码模板给出的源文件，使用-cp 参数运行应用程序，要保证分号和主类名 Application8_1 之间必须留有至少一个空格，如下所示意。

```
C:\ch8>java -cp Access_JDBC30.jar; Application8_1
```

2. 基础训练使用的代码模板

代码模板运行效果如图 8-4 所示。

Appilcation8_1.java 源文件的内容如下：

```java
import java.sql.*;
public class Application8_1 {
    public static void main(String args[]) {
        Connection con=null;
        Statement sql;
        ResultSet rs;
        try{                                                    //加载 JDBC-Access 连接器:
            Class.forName("com.hxtt.sql.access.AccessDriver");
        }
        catch(Exception e){ }
        String databasePath = "./students.accdb";
        String loginName ="";
        String password ="";
        try{
            con =
            DriverManager.getConnection("jdbc:Access://"+databasePath,
                            loginName, password);   //连接
        }
        catch(SQLException e){
            System.out.println(e);
        }
        try {
            sql=con.createStatement();
            rs=sql.executeQuery("SELECT * FROM mess");          //查询 mess 表
            while(rs.next()) {
                String number=rs.getString(1);
                String name=rs.getString(2);
                Date date=rs.getDate(3);
                float height=rs.getFloat(4);
                System.out.printf("%s\t",number);
                System.out.printf("%s\t",name);
                System.out.printf("%s\t",date);
                System.out.printf("%.2f\n",height);
            }
            con.close();
        }
        catch(SQLException e) {
            System.out.println(e);
        }
    }
}
```

```
C:\ch8>java -cp Access_JDBC30.jar; Application8_1
R001    张三      1999-12-23      1.78
R002    李四      2002-12-12      1.67
R003    赵小五    2000-10-21      1.72
```

图 8-4　连接数据库

3. 训练小结与拓展

MySQL 数据库管理系统,简称 MySQL,是世界上最流行的开源数据库管理系统,其社区版(MySQL Community Edition)是最流行的免费下载的开源数据库管理系统。MySQL 最初由瑞典 MySQL AB 公司

开发，目前由 Oracle 公司负责源代码的维护和升级，Oracle 将 MySQL 分为社区版和商业版，并保留 MySQL 开放源码这一特点。在 Java 程序中使用 JDBC 提供的 API 和数据库进行信息交互，其特点是，只要掌握与某种数据库管理系统所管理的数据库交互信息，就会很容易地掌握和其他数据库管理系统所管理的数据库交互信息。例如，加载 JDBC-MySQL 连接器，代码如下。

```
try{ Class.forName("com.mysql.cj.jdbc.Driver");
}
catch(Exception e){}
```

MySQL 数据库驱动被封装在 Driver 类中，该类的包名是 com.mysql.cj.jdbc，该类不是 Java 运行环境类库中的类(而是在数据库连接器中，如 mysql-connector-java-8.0.21.jar 中)。

4. 代码模板的参考答案

没有需要完成的【代码】。

8.1.3 上机实践

参照基础训练，建立名字是 shop 的 Access 数据库。在数据库中创建名字是 goods 的表。该表的字段名称(列名)和属性如下：

```
number (主键,文本) name(文本) price(数字) madeTime(日期/时间)
```

参照基础训练，用 Java 程序访问数据库。

8.2 查询操作

8.2.1 基础知识

JDBC 提供的 API 可以将标准的 SQL 语句发送给数据库，实现和数据库的交互。

1. 简单的结果集

和数据库建立连接 con。例如：

```
try{
    Connection con =
    DriverManager.getConnection("jdbc:Access://"+databasePath,
                                loginName, password);   //连接
}
catch(SQLException e){ }
```

连接对象 con 调用方法 createStatment()可以得到一个 Statement 对象 sql(习惯称 sql 为 SQL 语句对象)。例如：

```
try{ Statement sql=con.createStatement();
}
catch(SQLException e){}
```

Statement 对象 sql 调用相应的方法把 SQL 语句发送给数据库，并将数据库执行 SQL 语句产生的结果存放在一个 ResultSet 类声明的对象中。例如：

```
ResultSet rs = sql.executeQuery("SELECT * FROM mess");
```

内存的结果集对象 rs 的列数是 4 列，刚好与 mess 的列数相同，第 1 列至第 4 列分别是 number、name、 birthdate 和 height 列；而对于

```
ResultSet rs = sql.executeQuery("SELECT name,height FROM mess");
```

内存的结果集对象 rs 列数只有两列，第一列是 name 列、第 2 列是 height 列。

ResultSet 对象一次只能看到一个数据行，使用 next() 方法移到下一数据行，获得一行数据后，ResultSet 对象可以使用 getXxx() 方法获得字段值（列值），将位置索引（第一列使用 1，第二列使用 2 等）或列名传递给 getXxx() 方法的参数即可。表 8-1 给了出了 ResultSet 对象的若干方法。

表 8-1 ResultSet 对象的若干方法

返 回 类 型	方 法 名 称
boolean	next()
byte	getByte(int columnIndex)
Date	getDate(int columnIndex)
double	getDouble(int columnIndex)
float	getFloat(int columnIndex)
int	getInt(int columnIndex)
long	getLong(int columnIndex)
String	getString(int columnIndex)
byte	getByte(String columnName)
Date	getDate(String columnName)
double	getDouble(String columnName)
float	getFloat(String columnName)
int	getInt(String columnName)
long	getLong(String columnName)
String	getString(String columnName)

2. 可滚动的结果集

ResultSet 类的 next() 方法顺序地查询数据，但有时候需要在结果集中前后移动、显示结果集中某条记录或随机显示若干条记录等。这时，必须要返回一个可滚动的结果集。为了得到一个可滚动的结果集，需使用下述方法获得一个 Statement 对象：

```
Statement sql = con.createStatement(int type ,int concurrency);
```

然后，根据参数的 type、concurrency 的取值情况，stmt 返回相应类型的结果集：

```
ResultSet re = sql.executeQuery(SQL 语句);
```

type 的取值决定滚动方式，取值如下。

① ResultSet.TYPE_FORWORD_ONLY：结果集的游标只能向下滚动。

② ResultSet.TYPE_SCROLL_INSENSITIVE：结果集的游标可以上下移动，当数据库变化时，当前结果集不变。

③ ResultSet.TYPE_SCROLL_SENSITIVE：返回可滚动的结果集，当数据库变化时，当前结果集同步

改变。

Concurrency 取值决定是否可以用结果集更新数据库,Concurrency 取值如下。

① ResultSet.CONCUR_READ_ONLY:不能用结果集更新数据库中的表。

② ResultSet.CONCUR_UPDATABLE:能用结果集更新数据库中的表。

滚动查询经常用到 ResultSet 的下述方法。

① public boolean previous():将游标向上移动,该方法返回 boolean 型数据,当移到结果集第一行之前时返回 false。

② public void beforeFirst:将游标移动到结果集的初始位置,即在第一行之前。

③ public void afterLast():将游标移到结果集最后一行之后。

④ public void first():将游标移到结果集的第一行。

⑤ public void last():将游标移到结果集的最后一行。

⑥ public boolean isAfterLast():判断游标是否在最后一行之后。

⑦ public boolean isBeforeFirst():判断游标是否在第一行之前

⑧ public boolean ifFirst():判断游标是否指向结果集的第一行。

⑨ public boolean isLast():判断游标是否指向结果集的最后一行。

⑩ public int getRow():得到当前游标所指行的行号,行号从 1 开始,如果结果集没有行,返回 0。

⑪ public boolean absolute(int row):将游标移到参数 row 指定的行号。

注:如果 row 取负值,就是倒数的行数,absolute(-1)表示移到最后一行,absolute(-2)表示移到倒数第 2 行。当移动到第一行前面或最后一行的后面时,该方法返回 false。

8.2.2 基础训练

基础训练的能力目标是查询表中的记录。

1. 基础训练的主要内容

获取数据库表中记录的数目,倒序输出数据库表中的记录。

2. 基础训练使用的代码模板

将数据库 students.accdb 和 JDBC-Access 连接器 Access_JDBC30.jar 复制到应用程序相同的目录中(如 C:\ch8)。将下列 Application8_2.java 中的【代码】替换为程序代码。使用-cp 参数运行应用程序,要保证分号和主类名 Application8_2 之间必须留有至少一个空格,如下所示。

```
C:\ch8>java -cp Access_JDBC30.jar; Application8_2
```

程序运行效果如图 8-5 所示。

```
C:\ch8>java -cp Access_JDBC30.jar; Application8_2
表共有3条记录
倒序输出表中的记录:
R003    赵小五    1.72    2000-10-21
R002    李四      1.67    2002-12-12
R001    张三      1.78    1999-12-23
```

图 8-5 倒序输出表中记录

Application8_2.java 源文件的内容如下:

```java
import java.sql.*;
public class Application8_2 {
    public static void main(String args[]) {
        Connection con=null;
```

```
        Statement sql;
        ResultSet rs;
        try{                                              //加载 JDBC-Access 连接器:
                Class.forName("com.hxtt.sql.access.AccessDriver");
        }
        catch(Exception e){ }
        String databasePath = "./students.accdb";
        String loginName ="";
        String password ="";
        try{
           con =
           DriverManager.getConnection("jdbc:Access://"+databasePath,
                              loginName, password);    //连接
        }
        catch(SQLException e){
            System.out.println(e);
        }
        try {
            sql=con.createStatement(ResultSet.TYPE_SCROLL_SENSITIVE,
                              ResultSet.CONCUR_READ_ONLY);
            rs =【代码 1】                              //sql 查询 chengji 表中的全部记录
            【代码 2】                                   //rs 将查询游标移动到 rs 的最后一行
            int rows = rs.getRow();
            System.out.println("表共有"+rows+"条记录");
            System.out.println("倒序输出表中的记录:");
            while(rs.absolute(rows)) {
                String number = rs.getString(1);        //记录中第一个字段(列)的值
                String name = rs.getString(2);
                Date birth = rs.getDate(3);
                float height = rs.getFloat(4);          //记录中 height 字段(列)的值
                System.out.printf("%-9s",number);
                System.out.printf("%-7s",name);
                System.out.printf("%-7.2f",height);
                System.out.printf("%s\n",birth);
                if(rows ==1)
                   break;
                rows--;
            }
            con.close();
        }
        catch(SQLException e) {
            System.out.println(e);
        }
    }
}
```

3. 训练小结与拓展

无论字段是何种属性,总可以使用 getString(int columnIndex)或 getString(String columnName)方法返回字段值的串表示。JDBC 使用 ResultSet 对象处理 SQL 语句从数据库表中查询的记录,需要特别注意的是,ResultSet 对象和数据库连接对象(Connnection 对象)实现了紧密的绑定,一旦连接对象被关闭,

ResultSet 对象中的数据立刻消失。这就意味着,应用程序在使用 ResultSet 对象中的数据时,就必须始终保持和数据库的连接,直到应用程序将 ResultSet 对象中的数据查看完毕。

Select 查询语句可以附带 where 子语句,给出查询条件,一般格式如下:

```
select 字段 from 表名 where 条件
```

(1) 字段值和固定值比较。例如:

```
select name,height from mess where name='李四'
```

(2) 字段值在某个区间范围。例如:

```
select * from mess where height>1.60 and height<=1.8
select * from mess where height >1.7 and name !='张山'
```

(3) 使用某些特殊的日期函数,如 year、month、day:

```
select * from mess where year(birthday)<1980 and month(birthday)<=10
select * from mess where year(birthday) between 1983 and 1986
```

(4) 使用某些特殊的时间函数,如 hour、minute、second:

```
select * from time_list where second(shijian)=56;
select * from time_list where minute(shijian)>15;
```

(5) 用操作符 like 进行模式匹配,使用%代替 0 个或多个字符,用一个下画线_代替一个字符。例如,查询 name 有"林"字的记录:

```
select * from mess where name like '%林%'
```

用 order by 子语句对记录进行排序。例如:

```
select * from mess order by height
select * from mess where name like '%林%' order by name
```

4. 代码模板的参考答案

【代码1】 `sql.executeQuery("select * from mess ");`
【代码2】 `rs.last();`

8.2.3 上机实践

请调试下列代码,熟悉带条件的 select SQL 语句。
E.java 源文件的内容如下:

```java
import java.sql.*;
public class E {
    public static void main(String args[]) {
        Connection con=null;
        Statement sql;
        ResultSet rs;
        try{                                                        //加载 JDBC-Access 连接器:
            Class.forName("com.hxtt.sql.access.AccessDriver");
        }
```

```
        catch(Exception e){ }
        String databasePath = "./students.accdb";
        String loginName ="";
        String password ="";
        try{
           con =
           DriverManager.getConnection("jdbc:Access://"+databasePath,
                              loginName, password);              //连接
        }
        catch(SQLException e){
            System.out.println(e);
        }
        try {
           sql=con.createStatement();
           String c1=" year(birthday)<=2000 and month(birthday)>7";   //条件1
           String c2=" name Like '张_%'";                              //条件2
           String c3=" height >1.68";                                  //条件3
           String sqlStr =
           "select * from mess where "+
           c1+" and "+c2+" and "+c3+"order by birthday";
           rs=sql.executeQuery(sqlStr);                                //查询
           while(rs.next()) {
              String number=rs.getString(1);
              String name=rs.getString(2);
              Date date=rs.getDate(3);
              float height=rs.getFloat(4);
              System.out.printf("%s\t",number);
              System.out.printf("%s\t",name);
              System.out.printf("%s\t",date);
              System.out.printf("%.2f\n",height);
           }
           con.close();
        }
        catch(SQLException e) {
           System.out.println(e);
        }
    }
}
```

8.3 更新、插入与删除操作

8.3.1 基础知识

Statement 对象调用方法：

```
public int executeUpdate(String sqlStatement);
```

通过参数 SQLStatement 指定的方式实现对数据库表中记录的更新、添加和删除操作。

1. 更新

```
update 表 set 字段 = 新值 where <条件子句>
```

下述 SQL 语句将 mess 表中 name 值为"张三"的记录的 height 字段的值更新为 1.77：

```
update mess set height =1.77 where name='张三';
```

2. 添加

```
insert into 表(字段列表) values (对应的具体的记录)
```

或：

```
insert into 表 values (对应的具体的记录)
```

下述 SQL 语句将向 mess 表中添加两条新的记录(可以批次插入多条记录，记录之间用逗号分隔)：

```
insert into mess values
('R1008','将林','2010-12-20',1.66),('R1008','秦仁','2010-12-20',1.66);
```

3. 删除

```
delete from  表名 where <条件子句>
```

下述 SQL 语句将删除 mees 表中的 number 字段值为'R1002'的记录：

```
delete   from mess where number = 'R1002';
```

注：当返回结果集后，没有立即输出结果集的记录，而接着执行了更新语句，那么结果集就不能输出记录了。要想输出记录就必须重新返回结果集。

8.3.2 基础训练

基础训练的能力目标是更新表中的记录、向表中插入记录，删除表中的记录。

1. 基础训练的主要内容

编写一个 Modify 类，该类对象可以更新、插入或删除记录。主类中用 Modify 类创建对象，将相应的 SQL 语句传递给 Modify 类创建的对象。

2. 基础训练使用的代码模板

请将数据库 students.accdb 和 JDBC-Access 连接器 Access_JDBC30.jar 复制到应用程序相同的目录中(如 C:\ch8)。将下列 Application8_3.java 中的【代码】替换为程序代码。使用-cp 参数运行应用程序，要保证分号和主类名 Application8_3 之间必须留有至少一个空格，如下所示。

```
C:\ch8>java -cp Access_JDBC30.jar; Application8_3
```

程序运行效果如图 8-6 所示。
Application8_3.java 源文件的内容如下：

```java
import java.sql.*;
import java.sql.*;
public class Application8_3 {
    public static void main(String args[]) {
        Modify m=new Modify();
        m.setDatabaseName("students.accdb");
```

```
       //将mess中name值是"张三"的height的值更新为1.82的SQL语句：
       String SQL =【代码 1】
       m.setSQL(SQL);
       String backMess=m.modifyRecord();
       System.out.println(backMess);
       //向mess中插入记录('R0019','潭小林','2001-10-19',1.76)的SQL语句：
       SQL =【代码 2】
       m.setSQL(SQL);
       backMess=m.modifyRecord();
       System.out.println(backMess);
   }
}
```

Modify.java 源文件的内容如下：

```
import java.sql.*;
public class Modify{
    String databaseName="";
    String SQL,message="";
    public Modify() {
       try{   Class.forName("sun.jdbc.odbc.JdbcOdbcDriver");
       }
       catch(Exception e){ }
    }
    public void setSQL(String SQL) {
       this.SQL=SQL;
    }
    public void setDatabaseName(String s) {
       databaseName=s.trim();
    }
    public String modifyRecord() {
       Connection con=null;
       Statement sql=null;
       try {   String str=
              "jdbc:odbc:driver={Microsoft Access Driver (*.mdb)};DBQ="
              +databaseName;
              con = DriverManager.getConnection(str);
              String id="";
              String password="";
              con=DriverManager.getConnection(str,id,password);
              sql=con.createStatement();
              sql.execute(SQL);
              message="操作成功";
              con.close();
       }
       catch(SQLException e){
              message=e.toString();
       }
       return message;
    }
}
```

```
C:\ch8>java -cp Access_JDBC30.jar; Application8_3
操作成功
操作成功
```

图 8-6　更新、插入记录

3. 训练小结与拓展

可以使用一个 Statement 对象进行更新操作，但需要注意的是，当查询语句返回结果集后，没有立即输出结果集的记录，而接着执行了更新语句，那么结果集就不能输出记录了。要想输出记录就必须重新返回结果集。

4. 代码模板的参考答案

【代码 1】　`"UPDATE mess SET height =1.82 WHERE name='张三'";`

【代码 2】　`SQL = "INSERT INTO mess VALUES ('R0019','潭小林', '2001-10-19',1.76)";`

8.3.3　上机实践

在上述任务中的主类 Application8_3.java 的 main 方法中，增加适当的语句，删除 mess 表中 height 的值小于 1.7 的记录。

8.4　预处理语句

8.4.1　核心知识

Java 提供了更高效率的数据库操作机制，就是 PreparedStatement 对象，该对象被习惯地称作预处理语句对象。

1. 预处理语句的优点

当向数据库发送一个 SQL 语句，如 select * from mess，数据库中的 SQL 解释器负责将 SQL 语句生成地层的内部命令，然后执行该命令、完成有关的数据操作。如果应用程序能针对连接的数据库，事先就将 SQL 语句解释为数据库底层的内部命令，然后直接让数据库去执行这个命令，就能提高访问数据库的速度。Connection 连接对象 con 调用：

```
PreparedStatement sql = con.prepareStatement(String SQL);
```

方法对参数 SQL 指定的 SQL 语句进行预编译处理，生成该数据库底层的内部命令，并将该命令封装在 PreparedStatement 对象 SQL 中。例如：

```
String SQL ="SELECT * FROM mess ";
PreparedStatement sql = con.prepareStatement(SQL);
```

那么该对象 sql 调用下列方法都可以让被数据库直接执行底层内部命令：

(1) ResultSet executeQuery()。

(2) boolean execute()。

(3) int executeUpdate()。

例如：

```
ResultSet  rs = sql.executeQuery();
```

只要编译好了 PreparedStatement 对象，那么该对象可以随时地执行上述方法，显然提高了访问数据库的速度。

2. 使用通配符

在对 SQL 进行预处理时可以使用通配符"?"代表字段的值,在预处理语句执行之前再设置通配符"?"所代表的值是多少。例如:

```
sql = con.prepareStatement("SELECT * FROM mess WHERE height < ?");
```

那么在 SQL 对象执行之前,必须调用相应的方法设置通配符"?"代表的具体值。例如:

```
sql.setFloat(1,1.88F);
```

指定上述预处理 SQL 语句中通配符"?"代表的值是 1.88。通配符"?"按着它们在预处理 SQL 语句中从左到右依次出现的顺序分别被称作第 1 个、第 2 个……第 n 个通配符。下列方法:

```
void setFloat(int parameterIndex,double x)
```

可用来设置通配符代表的值,其中参数 parameterIndex 用来表示 SQL 语句中从左到右的第 parameterIndex 个统配符号,x 是设置的该通配符所代表的具体值。

尽管

```
sql = con.prepareStatement("SELECT * FROM mess WHERE height < ?");
sql.setInt(1,1.88);
```

的功能等同于

```
sql = con.prepareStatement("SELECT * FROM mess WHERE height < 1.88 ");
```

但是,使用通配符可以使得应用程序更容易动态地改变 SQL 语句中关于字段值的条件。

8.4.2 基础训练

基础训练的能力目标是使用预处理语句查询记录、修改记录。

1. 基础训练的主要内容

使用预处理语句查询 mess 表中 height 值大于 1.65 且出生年份是 2000 年之后的全部记录。使用预处理语句向 mess 表插入 1 条记录。

2. 基础训练使用的代码模板

请将数据库 students.accdb 和 JDBC-Access 连接器 Access_JDBC30.jar 复制到与应用程序相同的目录中(如 C:\ch8)。将下列 Application8_4.java 中的【代码】替换为程序代码。使用-cp 参数运行应用程序,要保证分号和主类名 Application8_4 之间必须留有至少一个空格,例如:

```
C:\ch8>java -cp Access_JDBC30.jar; Application8_4
```

程序运行效果如图 8-7 所示。
Application8_4.java 源文件的内容如下:

```java
import java.sql.*;
public class Application8_4 {
    public static void main(String args[]) {
        Connection con;
        PreparedStatement sql;                       //声明一个预处理对象
        ResultSet rs;
```

```java
String databasePath = "./students.accdb";
String loginName ="";
String password ="";
try{                                                    //加载 JDBC-Access 连接器：
        Class.forName("com.hxtt.sql.access.AccessDriver");
}
catch(Exception e){ }
try { con =
        DriverManager.getConnection("jdbc:Access://"+databasePath,
                        loginName, password);  //连接
    String SQL =
    "select * from mess where height >? and year(birthday)>? ";
    sql = con.prepareStatement(SQL);
【代码1】   //将预处理语句 sql 中第 1 个通配符"?"的值设置为 1.65
【代码2】   //将预处理语句 sql 中第 2 个通配符"?"的值设置为 2000
    rs = sql.executeQuery();
    while(rs.next()) {
        String number = rs.getString(1);
        String name = rs.getString(2);
        Date date = rs.getDate(3);
        String height=rs.getString(4);
        System.out.printf("%3s",number);
        System.out.printf("%7s",name);
        System.out.printf("%15s",date);
        System.out.printf("%10s\n",height);
    }
    SQL ="INSERT INTO mess VALUES (?,?,?,?)";
    sql = con.prepareStatement(SQL);
    sql.setString(1,"T001");
    sql.setString(2,"江长远");
    sql.setString(3, "2002-5-10");
    sql.setFloat(4,1.75f);
    sql.executeUpdate();
    SQL ="SELECT * FROM mess ";
    sql = con.prepareStatement(SQL);
    rs = sql.executeQuery();
    System.out.println("* * * * * * * * * * * * * * * * * * * * * *");
    while(rs.next()) {
        String number = rs.getString(1);
        String name = rs.getString(2);
        Date date = rs.getDate(3);
        String height=rs.getString(4);
        System.out.printf("%3s",number);
        System.out.printf("%7s",name);
        System.out.printf("%15s",date);
        System.out.printf("%10s\n",height);
    }
    con.close();
}
catch(SQLException e) {
```

```
            System.out.println(e);
        }
    }
}
```

```
C:\ch8>java -cp Access_JDBC30.jar; Application8_4
R0019      谭小林       2001-10-19      1.76
R0018      万小佳       2003-10-19      1.79
T001       江长远       2002-05-10      1.75
*********************
R001       张三         1999-12-23      1.82
R003       赵小五       2000-10-21      1.72
R0019      谭小林       2001-10-19      1.76
R0018      万小佳       2003-10-19      1.79
T001       江长远       2002-05-10      1.75
T006       李长远       2003-07-10      1.75
```

图 8-7 使用预处理语句

3. 训练小结与拓展

预处理语句设置通配符"?"的值的常用方法有：

```
void setDate(int parameterIndex,Date x)    void setDouble(int parameterIndex,double x)
void setFloat(int parameterIndex,float x)  void setInt(int parameterIndex,int x)
void setLong(int parameterIndex,long x)    void setString(int parameterIndex,String x)
```

4. 代码模板的参考答案

【代码 1】 `sql.setFloat(1,1.65F);`

【代码 2】 `sql.setInt(2,2000);`

8.4.3 上机实践

使用预处理语句将 mess 表中 name 值是"赵小五"的 height 的值更新为 1.77。

8.5 标准化考试

8.5.1 基础知识

可以用数据库中的表来存放标准化试题，表的一条记录存放一道题目的有关内容。比如，第一个字段是试题的内容，第 2～5 个字段分别存放供用户选择的答案，最后一个字段是标准答案。

用 Access 数据库管理系统，建立名字是 test.accedb 的数据库，在该数据库创建名字是 question 的表，使用 ID 字段作为表的主键（ID 字段是默认的字段，且是主建），其他字段有，itmu、itemA、itemB、itemC、itemD 和 itemAnswer，如图 8-8 所示。

question	
字段名称	数据类型
ID	自动编号
itmu	文本
itemA	文本
itemB	文本
itemC	文本
itemD	文本
itemAnswer	文本

图 8-8 question 表的结构

双击已创建的 quesion 表，为该表添加试题记录，如图 8-9 所示。

ID	itmu	itemA	itemB	itemC	itemD	itemAnswer
1	下列哪个叙述是正确的?	A. Java应用程序	B. Java应用程序由	C. Java源文	D. Java源文	B
2	下列哪个叙述是正确的?	A. 成员变量的名	B. 方法的参数的名字	C. 成员变量	D. 局部变量	D
3	对于下列Dog类,哪个叙述是错	A. Dog(int m)与	B. int Dog(int m)	C. Dog类只有	D. Dog类有3	D
4	下列哪个叙述是正确的?	A. final 类可以有	B. abstract类中只可	C. abstract类	D. 不可以同时	D

图 8-9 向表中添加记录

8.5.2 基础训练

基础训练的能力目标是使用数据库存放试题,并编写基于数据库的标准化考试程序。

1. 基础训练的主要内容

Java 程序连接 test.accdb 数据库,根据 question 表,将试题和有关选项显示给用户,根据用户的选择,给出用户每题的得分和最后总分。

2. 基础训练使用的代码模板

请将数据库 test.accdb 和 JDBC-Access 连接器 Access_JDBC30.jar 复制到应用程序相同的目录中(如 C:\ch8)。编译 Application8_5.java 和 ReadExaminationPaper.java。使用-cp 参数运行应用程序,要保证分号和主类名 Application8_5 之间必须留有至少一个空格

调试下列代码,并注意运行效果。程序运行效果如图 8-10 所示。

Application8_5.java

```java
import java.util.Scanner;
public class Application8_5 {
    public static void main(String args[]) {
        Scanner scanner = null;
        ReadExaminationPaper reader = null;        //负责读入试题
        String answer = null;
        reader = new ReadExaminationPaper();
        int amount=reader.getAmount();             //获取试题数目
        double totalScore = 0;
        if(amount==0) {
            System.out.printf("没有试题,无法考试");
            System.exit(0);                        //退出程序
        }
        System.out.printf("试卷共有%d道题目\n",amount);
        System.out.printf("开始考试: ");
        int number = 1;
        while(number<=amount) {
            String content[] = reader.getExamQuestion(number);
            for(int i=0;i<content.length-1;i++){
                System.out.println(content[i]);    //输出试题和选择
            }
            System.out.printf("输入选择的答案:");
            scanner = new Scanner(System.in);
            answer=scanner.nextLine();
            if(answer.compareToIgnoreCase(content[6])==0) {
                double quesionScore = 2;
                totalScore +=quesionScore;
                System.out.println("本题得分:"+quesionScore);
                System.out.println("累计分数:"+totalScore);
            }
            number++;
        }
        System.out.println("考试结束,总分:"+totalScore);
    }
}
```

ReadExaminationPaper.java 源文件的内容如下:

```java
import java.sql.*;
public class ReadExaminationPaper {
    String databasePath;
    String loginName;
    String password;
    public ReadExaminationPaper(){
        try{                                                    //加载JDBC-Access连接器:
            Class.forName("com.hxtt.sql.access.AccessDriver");
        }
        catch(Exception e){ }
        databasePath = "./test.accdb";
        loginName ="";
        password ="";
    }
    public int getAmount(){
        Connection con;
        Statement sql;
        ResultSet rs;
        try { con =
            DriverManager.getConnection("jdbc:Access://"+databasePath,
                                loginName, password);
            sql=con.createStatement(ResultSet.TYPE_SCROLL_SENSITIVE,
                                ResultSet.CONCUR_READ_ONLY);
            rs=sql.executeQuery("SELECT * FROM question");
            rs.last();
            int rows = rs.getRow();
            return rows;
        }
        catch(SQLException exp){
            System.out.println(""+exp);
            return 0;
        }
    }
    public String[] getExamQuestion(int number) {
        Connection con;
        Statement sql;
        ResultSet rs;
        String [] examinationPaper = new String[7];
        try {
            con=DriverManager.getConnection("jdbc:Access://"+databasePath,
                                loginName, password);
            sql=con.createStatement(ResultSet.TYPE_SCROLL_SENSITIVE,
                                ResultSet.CONCUR_READ_ONLY);
            rs=sql.executeQuery("SELECT * FROM question");
            rs.absolute(number);
            examinationPaper[0] = rs.getString(1);      //题号
            examinationPaper[1] = rs.getString(2);      //题目
            examinationPaper[2] = rs.getString(3);      //选择A
            examinationPaper[3] = rs.getString(4);      //选择B
```

```
            examinationPaper[4] = rs.getString(5);       //选择 C
            examinationPaper[5] = rs.getString(6);       //选择 D
            examinationPaper[6] = rs.getString(7);       //答案
            con.close();
        }
        catch(SQLException e) {
            System.out.println("无法获得试题"+e);
        }
        return examinationPaper;
    }
}
```

```
C:\ch8>java -cp Access_JDBC30.jar; Application8_5
试卷共有4道题目
开始考试: 1
下列哪个叙述是正确的?
A. Java应用程序由若干个类所构成，这些类必须在一个源文件中。
B. Java应用程序由若干个类所构成，这些类可以在一个源文件中，也可以分布在若干个
源文件中，其中必须有一个源文件含有主类。
C. Java源文件必须含有主类。
D. Java源文件如果含有主类，主类必须是public类。
输入选择的答案:b
本题得分: 2.0
累计分数:2.0
```

图 8-10 标准化考试

3. 训练小结与拓展

ResultSet 类的 boolean absolute(int row)方法可以将游标移到参数 row 指定的行。

4. 代码模板的参考答案

无参考代码答案。

8.5.3 上机实践

修改 question 表,增加一个名字是 itemScore 的字段,其属性是数字。一道题目(记录)的 itemScore 的字段的值是本小题的分值。修改 Java 程序,让程序根据 itemScore 的字段的值计算用户的得分。

8.6 小结

(1) 当查询结果集 ResultSet 中的数据时,不可以关闭和数据库的连接。
(2) 使用 PreparedStatement 对象可以提高操作数据库的效率。

8.7 课外读物

扫描二维码即可观看学习。

习题 8

1. 预处理语句的好处是什么?
2. 参看第 8.1 节基础训练模板代码,按 height 的值的大小顺序输出 mess 表的记录。

第9章 Java Swing 图形用户界面

主要内容

- 窗口
- 菜单条、菜单与菜单项
- 常用组件
- 容器与布局
- ActionEvent 事件
- ItemEvent 事件
- FocusEvent 事件
- MouseEvent 事件
- KeyEvent 事件
- Lambda 表达式做监视器
- 对话框

Java Swing 是一个框架,提供了强大的用于开发桌面程序的 API,这些 API 在 javax.swing 包中,本章选择了具有代表性的 Swing 组件给予介绍。Java Swing 仍然是 Java 语言的一部分重要的应用基础,而其中的事件处理机制更是非常重要的设计思想,是必须要精准理解和掌握的。学习 Java Swing 对进一步学习 Android 程序设计也是非常有帮助的。另外,学习 Java Swing,使得学习者在视觉上可以看见对象的外观,这对于理解对象中的基本概念也是很有帮助的。

9.1 Java Swing 概述

9.1.1 基础知识

1. GUI

图形用户界面(Graphics User Interface,GUI)程序可以让用户和程序之间方便地进行交互。例如,读者见到的许多 GUI 程序经常提供诸如文本框、下拉列表、按钮等组件,这些组件可以让用户和程序之间方便地进行交互。Java 早期(JDK1.1)进行 GUI 设计时,主要使用 java.awt 包提供的类,如 Button、TextField、List 等。JDK1.2 之后增加了 javax.swing 包,该包提供了功能更为强大的用来设计 GUI 程序的类。例如,JButton、JTextField、JComBox 等。

2. 容器和组件

学习 GUI 编程时,必须很好地理解掌握两个概念:容器类(Container)和组件类(Component)。以下是 GUI 编程经常提到的基本知识点。

① Java 把 Component 类的子类或间接子类创建的对象称为一个组件。
② Java 把 Container 的子类或间接子类创建的对象称为一个容器。
③ 可以向容器添加组件。Container 类提供了一个 public 方法:add(Component c),一个容器可以调用这个方法将组件 c 添加到该容器中。
④ 容器调用 removeAll() 方法可以移掉容器中的全部组件;调用 remove(Component c) 方法可以移掉容器中参数 c 指定的组件。
⑤ 注意到容器本身也是一个组件,因此可以把一个容器添加到另一个容器中实现容器的嵌套。
⑥ 每当容器添加新的组件或移掉已有组件时,应当让容器调用 validate() 方法,以保证容器中的组件能

正确显示出来。

java.awt 和 javax.swing 包中一部分类的层次关系,Component 类的部分子类,如图 9-1 所示。

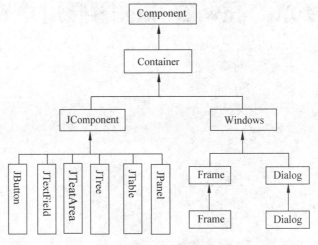

图 9-1 Component 类的部分子类

9.1.2 基础训练

基础训练的能力目标是掌握组件和容器的关系,能将组件添加到容器中。

1. 基础训练的主要内容

使用 JFrame 创建一个窗口 window,然后在 window 中添加一个 JButton 组件、JTextField 组件和一个 JTextArea 组件,并让 window 调用 validate()方法。

2. 基础训练使用的代码模板

将下列 Application9_1.java 中的【代码】替换为程序代码。程序运行效果如图 9-2 所示。

Application9_1.java 源文件的内容如下:

```java
import javax.swing.*;
import java.awt.*;
public class Application91_1 {
    public static void main(String args[]) {
        JFrame window = new JFrame("窗口");
        window.setBounds(10,10,300,200);          //设置窗口在显示器屏幕上的位置及大小
        window.setLayout(new FlowLayout());       //设置窗口为流水式布局(按顺序添加组件)
        JButton button1=new JButton("按钮");
        JButton button2=new JButton("确定");
        JTextField inputName=new JTextField(10);
        JTextArea area = new JTextArea(5,10);
        【代码 1】                                 //window 添加组件 button1
        【代码 2】                                 //window 添加组件 inputName
        【代码 3】                                 //window 添加组件 button2
        window.add(new JScrollPane(area));
        window.validate();
        window.setDefaultCloseOperation
        (JFrame.DISPOSE_ON_CLOSE);                //释放当前窗口
        window.setVisible(true);                  //让窗口在显示器屏幕上(桌面上)可见
    }
}
```

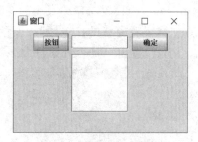

图 9-2　组件与容器

3. 训练小结与拓展

用户在视觉上终于可以看见对象了,所以对于理解对象的一些基本概念也是很有帮助的,如当用 JFrame 创建一个(窗口)对象 win 后:

```
JFrame win = new JFrame();
```

win 就有了自己的一些属性—变量,它们各自都有自己的默认值,win 也可以调用 JFrame 提供的方法操作自己的属性—变量(这个知识是对象的最基础的知识点)。例如:

```
win.setVisible(true);
```

就把自己的是否在桌面上可见的属性值设置成了 true(默认是 false)。

本章在讲解 GUI 编程时,避免罗列大量方法,所以在学习本章时,读者要善于查阅 Java 提供的类库帮助文档,如下载 Java 类库帮助文档:jdk-11-doc.zip。

4. 代码模板的参考答案

【代码 1】　`window.add(button1);`
【代码 2】　`window.add(inputName);`
【代码 3】　`window.add(button2);`

9.1.3　上机实践

使用 JFrame 创建两个窗口 windowOne 和 windowTwo。分别在 windowOne 和 windowTwo 中各自添加一个 JButton 组件和 JTextField 组件。

9.2　窗口

9.2.1　基础知识

1. 底层容器 JFrame

JFrame 创建的容器称为窗口(窗体),是 GUI 的应用程序提供的一个能和操作系统直接交互的容器,该容器可以被直接显示、绘制在操作系统所控制的平台上(该平台被习惯称为桌面),如显示器上。JDialog 类的实例也是一个底层容器,通常所称的对话框,见图 9-1 的右半部分。其他组件必须被添加到底层容器中,以便借助底层容器和操作系统进行信息交互。简单地讲,如果应用程序需要一个按钮,并希望用户和按钮交互,即用户单击按钮使程序做出某种相应的操作,那么这个按钮必须出现在底层容器中,否则用户无法看得见按钮,更无法让用户和按钮交互。

2. JFrame 常用方法

① JFrame() 创建一个无标题的窗口。
② JFrame(String s) 创建标题为 s 的窗口。

③ public void setSize(int width,int height)设置窗口的大小。
④ public void setLocation(int x,int y)设置窗口的位置,默认位置是(0,0)。
⑤ public void setResizable(boolean b)设置窗口是否可调整大小,默认可调整大小。
⑥ publicvoid setExtendedState(int state) 设置窗口的扩展状态,其中参数 state 取 JFrame 类中的下列类常量:

MAXIMIZED_HORIZ(水平方向最大化);
MAXIMIZED_VERT(垂直方向最大化);
MAXIMIZED_BOTH(水平、垂直方向都最大化)。

public void setDefaultCloseOperation(int operation)该方法用来设置单击窗体右上角的关闭图标后,程序会做出怎样的处理。其中的参数 operation 取 JFrame 类中的下列 int 型 static 常量,程序根据参数 operation 取值做出不同的处理:

DO_NOTHING_ON_CLOSE(什么也不做);
HIDE_ON_CLOSE(隐藏当前窗口);
DISPOSE_ON_CLOSE(隐藏当前窗口,并释放窗体占有的其他资源);
EXIT_ON_CLOSE(结束窗口所在的应用程序)。

9.2.2 基础训练

基础训练的能力目标是用 JFrame 类或子类创建窗口。

1. 基础训练的主要内容

① 首先使用 JFrame 创建一个窗口,并将一个按钮添加到该窗口中,该窗口被关闭时将结束窗口所在的应用程序。

② 再编写一个 JFrame 的子类,该子类有类型为 JButton 的成员变量,即该子类创建的窗口中有一个按钮。该窗口被关闭时将释放它占有的资源(但不结束窗口所在的应用程序)。

2. 基础训练使用的代码模板

将下列 JFrameButton.java 和 Application9_2.java 中的【代码】替换为程序代码,并注意观察当单击"第一个窗口"和"第二个窗口"右上角的关闭图标后,程序运行效果的不同。程序运行效果如图 9-3 所示。

JFrameButton.java 源文件的内容如下:

```java
import javax.swing.*;
import java.awt.*;
public class JFrameButton extends JFrame {
    JButton button;
    JFrameButton(String s) {
        setTitle(s);
        setLayout(new FlowLayout());
        button=new JButton("这是"+s+"中的按钮");
        【代码 1】   //将按钮添加到当前窗口中
        validate();
        setVisible(true);
        setDefaultCloseOperation(JFrame.DISPOSE_ON_CLOSE);
    }
}
```

Application9_2.java 源文件的内容如下:

```java
import javax.swing.*;
import java.awt.*;
```

```
public class Application9_2 {
    public static void main(String args[]) {
        JFrame window1 = new JFrame();
        window1.setTitle("第一个窗口");
        window1.setLayout(new FlowLayout());
        JButton button=new JButton("这是第一个窗口中的按钮");
        【代码 2】     //将 button 添加到窗口 window1 中
        window1.validate();
        window1.setVisible(true);
        window1.setDefaultCloseOperation(JFrame.EXIT_ON_CLOSE);
        JFrameButton window2 = new JFrameButton("第二个窗口");
        window1.setBounds(10,10,600,400);
        window2.setBounds(610,10,600,400);
    }
}
```

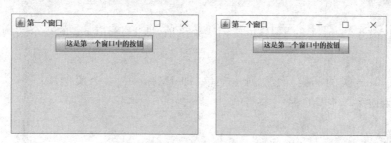

图 9-3　程序中的两个窗口

3. 训练小结与拓展

在编写 JFrame 子类时，子类不仅继承了 JFrame 的方法和成员变量，而且子类根据需要可以增加新的成员变量。比如，如果希望创建的窗口中自带一个按钮，那么就可以将 JButton 类的对象作为 JFrame 子类的一个成员变量。

需要注意的是，窗口默认地被系统添加到显示器屏幕上，因此不允许将一个窗口添加到另一个容器中。另外需要注意的是，窗口在设置背景颜色的方式和其他组件不同，窗口直接调用 setBackground(Color c) 无法成功设置窗口的背景颜色，需要让窗口自带的内容面板设置背景颜色。窗口调用 getContentPane() 返回自带的内容面板的引用。例如，下列代码将窗口 window 的背景颜色设置成黄色：

```
Container con = window.getContentPane();            //窗口返回自带的内容面板
con.setBackground(Color.yellow) ;                   //内容面板，即窗口设置背景色为黄色
```

JFrame 有自己独有的方法也有很多从父类继承的方法，建议查询类库帮助文档(jdk-7-doc.zip)了解这些方法。

4. 代码模板的参考答案

【代码 1】　add(button);
【代码 2】　window1.add(button);

9.2.3　上机实践

编写一个程序，运行后有一个窗口，其背景颜色是蓝色，窗口的水平、垂直方向都最大化。
Color 类是 java.awt 包中的类，该类创建的对象称为颜色对象。用 Color 类的构造方法 public Color(int red,int green,int blue) 可以创建一个颜色对象，其中 red、green、blue 的取值在 0～255。另外，Color 类中还

有 red、blue、green、orange、cyan、yellow、pink 等静态常量,都是颜色对象。

9.3 菜单条、菜单与菜单项

9.3.1 基础知识

菜单条、菜单、菜单项是窗口常用的组件,菜单放在菜单条里,菜单项放在菜单里。

1. 菜单条

JMenubar 类(JComponent 类的子类)负责创建菜单条,即 JMenubar 类的一个实例就是一个菜单条。JFrame 类有一个将菜单条放置到窗口中的方法:

```
setJMenuBar(JMenuBar bar);
```

该方法将菜单条添加到窗口的顶端。需要注意的是,只可以使用 setJMenuBar 方法向窗口添加一个菜单条。

2. 菜单项

JMenuItem 类(JComponent 类的子类)负责创建菜单项,即 JMenuItem 的一个实例就是一个菜单项。

3. 菜单

JMenu 类(JMenuItem 类的子类)负责创建菜单,即 JMenu 的一个实例就是一个菜单。JMenu 类是 JMenuItem 的子类,因此菜单本身也是一个菜单项。

9.3.2 基础训练

基础训练的能力目标是能创建带菜单的窗口。

1. 基础训练的主要内容

编写一个 JFrame 的子类 JFrameItem,JFrameItem 类创建的窗口中有菜单条、菜单和菜单项,具体要求如下。

① JFrameItem 类有 JMenuBar 类型的成员变量 menubar。
② JFrameItem 类有 JMenu 类型的成员变量 menuFile。
③ JFrameItem 类有 JMenuItem 类型的成员变量 itemOpen 和 itemSave。

2. 基础训练使用的代码模板

将下列 JFrameMenu.java 中的【代码】替换为程序代码。程序运行效果如图 9-4 所示。

Application9_3.java 源文件的内容如下:

```
public class Application9_3 {
    public static void main(String args[]) {
        JFrameMenu win = new JFrameMenu("教育部出国留学生服务中心");
        win.setBounds(10,10,600,400);
    }
}
```

JFrameMenu.java 源文件的内容如下:

```
import javax.swing.*;
import java.awt.event.InputEvent;
import java.awt.event.KeyEvent;
import static javax.swing.JFrame.*;
public class JFrameMenu extends JFrame {          //JFrame 的子类
```

```
    JMenuBar menubar;
    JMenu menuFile;
    JMenuItem  itemOpen,itemSave;
    public JFrameMenu(){}
    public JFrameMenu(String s) {
        init(s);
        setVisible(true);
        setDefaultCloseOperation(DISPOSE_ON_CLOSE);
    }
    void init(String s){
        setTitle(s);
        menubar =【代码 1】                    //创建菜单条 menubar
        menuFile =【代码 2】                   //创建菜单 menuFile,该彩单的名字是:文件(F)
        itemOpen =【代码 3】                   //创建菜单项 menuOpen,该彩单的名字是:打开(O)
        itemSave = new JMenuItem("保存(S)");
        menuFile.add(itemOpen);
        menuFile.addSeparator();
        menuFile.add(itemSave);
        menubar.add(menuFile);
        setJMenuBar(menubar);
    }
}
```

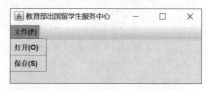

图 9-4　带菜单的窗口

3. 训练小结与拓展

`import static javax.swing.JFrame.*;`

的作用是引入 JFrame 类的静态常量,使得程序可以直接使用 JFrame 的常量,不必再用类名 JFrame 调用这些常量。

JMenu 是 JMenuItem 的子类,因此菜单本身也是一个菜单项,当把一个菜单看作菜单项添加到某个菜单中时,称这样的菜单为子菜单。

为了使菜单项有一个图标,可以用图标类 Icon 声明一个图标,然后使用其子类 ImageIcon 类创建一个图标。例如:

`Icon icon = new ImageIcon("a.gif");`

然后菜单项调用 setIcon(Icon icon)方法将图标设置为 icon。

4. 代码模板的参考答案

【代码 1】　`new JMenuBar();`
【代码 2】　`new JMenu("文件(F)");`
【代码 3】　`new JMenuItem("打开(O)");`

9.3.3 上机实践

修改任务模板中 JFrameMenu.java 中的代码,让菜单项带有图标。

9.4 常用组件

9.4.1 基础知识

本节提到的类都是 JComponent 的子类(见图 9-1)。

1. 文本框

JTextField 类创建文本框,允许用户在文本框中输入单行文本。

2. 文本区

JTexArea 类创建文本区,允许用户在文本区中输入多行文本。

3. 按钮

JButton 类用来创建按钮,允许用户单击按钮。

4. 标签

JLabel 类用来创建标签,标签为用户提供信息提示。

5. 选择框

JCheckBox 类用来创建选择框。选择框提供两种状态,一种是选中;另一种是未选中。使用多个选择框,可以为用户提供多项选择。

6. 单选按钮

JRadioButton 类用来创建单项选择框。单项选择框提供两种状态,一种是选中;另一种是未选中。使用多个单项选择框(只能有一个处于选中状态),可以为用户提供单项选择。

7. 下拉列表

JComboBox 类用来创建下拉列表,为用户提供单项选择。用户可以在下拉列表中看到第一个选项和它旁边的箭头按钮,当用户单击箭头按钮时,选项列表打开。

8. 密码框

JPasswordField 类创建密码框。允许用户在密码框中输入单行密码,密码框的默认回显字符是'*'。密码框可以使用 setEchoChar(char c)重新设置回显字符,用户输入密码时,密码框只显示回显字符。密码框调用 char[] getPassword()方法可以返回用户在密码框中输入的密码。

9.4.2 基础训练

基础训练的能力目标是在窗口中添加常用组件,掌握这些常用组件的常用构造方法。

1. 基础训练的主要内容

在窗口中添加文本框、按钮、标签、选择框、单选按钮、下拉列表、文本区。

2. 基础训练使用的代码模板

将下列 ComponentInWindow.java 中的【代码】替换为程序代码,并注意程序的运行效果如图 9-5 所示。Application9_4.java 源文件的内容如下:

```
public class Application9_4 {
    public static void main(String args[]) {
        ComponentInWindow win = new ComponentInWindow();
        win.setBounds(100,100,500,200);
```

```
        win.setTitle("常用组件");
    }
}
```

ComponentInWindow.java 源文件的内容如下:

```java
import java.awt.*;
import javax.swing.*;
public class ComponentInWindow extends JFrame {
    JTextField text;                                    //文本框
    JButton button;                                     //按钮
    JCheckBox checkBox1,checkBox2,checkBox3;            //选择框
    JRadioButton radio1,radio2;                         //单选按钮
    ButtonGroup group;
    JComboBox comBox;                                   //下拉列表
    JTextArea area;                                     //文本区
    public ComponentInWindow() {
        init();
        setVisible(true);
        setDefaultCloseOperation(JFrame.EXIT_ON_CLOSE);
    }
    void init() {
        setLayout(new FlowLayout());
        add(new JLabel("文本框:"));                      //窗口中添加标签
        text =【代码 1】                                 //创建可见字符个数是 10 的文本框
        add(text);
        add(new JLabel("按钮:"));
        button =【代码 2】                               //创建按钮,按钮上的文本是"确定"
        button.setBackground(Color.cyan);
        add(button);
        add(new JLabel("选择框:"));
        checkBox1 = new JCheckBox("音乐");               //创建选择框,右面的文本是"音乐"
        checkBox2 = new JCheckBox("文学");
        checkBox3 = new JCheckBox("游泳");
        add(checkBox1);
        add(checkBox2);
        add(checkBox3);
        add(new JLabel("单选按钮:"));
        group = new ButtonGroup();                       //单选按钮所在的组
        radio1 = new JRadioButton("理科");               //创建单选按钮,右面的文本是"理科"
        radio2 = new JRadioButton("文科");
        group.add(radio1);
        group.add(radio2);
        add(radio1);
        add(radio2);
        add(new JLabel("下拉列表:"));
        comBox =【代码 3】                               //创建下拉列表
        comBox.addItem("一季度");                        //下拉列表添加选项
        comBox.addItem("二季度");
        comBox.addItem("三季度");
        comBox.addItem("四季度");
```

```
        add(comBox);
        add(new JLabel("文本区:"));
        area = new JTextArea(6,12);              //创建6行12列的文本区
        add(new JScrollPane(area));              //添加带有滚动条的文本区
    }
}
```

图 9-5　常用组件

3. 训练小结与拓展

(1) JTextField 类的主要方法

① JTextField(int x)：如果使用这个构造方法创建文本框对象，可以在文本框中输入若干个字符，文本框的可见字符个数由参数 x 指定。

② JTextField(String s)：如果使用这个构造方法创建文本框对象，则文本框的初始字符串为 s，可以在文本框中输入若干个字符。

③ public void setText(String s)：文本框对象调用该方法可以设置文本框中的文本为参数 s 指定的文本，文本框中先前的文本将被清除。

④ public String getText()：文本框对象调用该方法可以获取文本框中的文本。

⑤ public void setEditable(boolean b)：文本框对象调用该方法可以指定文本框的可编辑性。创建的文本框默认为可编辑的。

⑥ public void setHorizontalAlignment(int alignment) 设置文本在文本框中的对齐方式，其中 alignment 的有效值是 JTextField.LEFT、JTextField.CENTER、JTextField.RIGHT。

(2) JButton 类的主要方法

① publicButton(String text)：创建名字是 text 的按钮。

② public JButton(Icon icon)：创建带有图标 icon 的按钮。

③ public void setText(String text)：按钮调用该方法可以重新设置当前按钮的名字。

④ public String getText()：按钮调用该方法可以获取当前按钮上的名字。

⑤ public void setIcon(Icon icon)：按钮调用该方法可以重新设置当前按钮上的图标。

(3) JCheckBox 类的主要方法

① public JCheckBox()：创建一个没有名字的复选框，初始状态是未选中。

② public JCheckBox(String text)：创建一个名字是 text 的复选框，初始状态是未选中。

③ public boolean isSelected()：如果复选框处于选中状态该方法返回 true，否则返回 false。

(4) JComBox 类的主要方法

① public JComboBox()：使用该构造方法创建一个没有选项下拉列表。

② public void addItem(Objectitem)：下拉列表调用该方法增加选项。

③ public int getSelectedIndex()：下拉列表调用该方法可以返回当前下拉列表中被选中的选项的索引，索引的起始值是 0。

④ public Object getSelectedItem()：下拉列表调用该方法可以返回当前下拉列表中被选中的选项。

（5）JTextArea 类的主要方法

① public void copy()：将文本区中选中的内容复制到系统的剪贴板。
② public void cut()：将文本区中选中的内容剪切到系统的剪贴板。
③ public void paste()：将系统剪贴板上的文本数据粘贴在文本区中。

4. 代码模板的参考答案

【代码 1】　new JTextField(10);
【代码 2】　new JButton("确定");
【代码 3】　new JComboBox<String>();

9.4.3　上机实践

编写程序，在一个窗口中包含有一个 JPasswordField 创建的密码框。该密码框使用 setEchoChar(char c)设置的回显字符是字符♯。

9.5　容器与布局

9.5.1　基础知识

1. 常用容器

JComponent 是 Container 的子类，因此 JComponent 子类创建的组件也都是容器，但很少将 JButton、JTextFied 等组件当容器来使用。JComponent 的子类中专门提供了一些经常用来添加组件的容器。相对于 JFrame 底层容器，本节提到的容器被习惯地称为中间容器，中间容器必须被添加到底层容器中才能发挥作用。

（1）JPanel 面板

经常使用 JPanel 创建一个面板，再向这个面板添加组件，然后把这个面板添加到其他容器中。JPanel 面板的默认布局是 FlowLayout 布局。

（2）滚动窗格 JScrollPane

滚动窗格只可以添加一个组件，可以把一个组件放到一个滚动窗格中，然后通过滚动条来观看该组件。JTextArea 不自带滚动条，因此就需要把文本区放到一个滚动窗格中。例如，JScorollPane scroll = new JScorollPane(new JTextArea())。

（3）拆分窗格 JSplitPane

顾名思义，拆分窗格就是被分成两部分的容器。拆分窗格有两种类型：水平拆分和垂直拆分。水平拆分窗格用一条拆分线把窗格分成左右两部分，左面放一个组件，右面放一个组件，拆分线可以水平移动。垂直拆分窗格用一条拆分线把窗格分成上下两部分，上面放一个组件，下面放一个组件，拆分线可以垂直移动。JSplitPane 的两个常用的构造方法：

```
JSplitPane(int a,Component b,Component c)
```

参数 a 取 JSplitPane 的静态常量 HORIZONTAL_SPLIT 或 VERTICAL_SPLIT，以决定是水平还是垂直拆分。后两个参数决定要放置的组件。

```
JSplitPane(int a, boolean b,Component c,Component d)
```

参数 a 取 JSplitPane 的静态常量 HORIZONTAL_SPLIT 或 VERTICAL_SPLIT，以决定是水平还是垂直拆分，参数 b 决定当拆分线移动时，组件是否连续变化(true 是连续)。

2. 常用布局

容器添加组件时，希望控制组件的位置。容器使用布局策略安排组件的位置。容器可以使用方法：

```
setLayout(布局对象);
```

设置自己的布局。负责创建布局对象的类主要是 java.awt 包中的 FlowLayout、BorderLayout、GridLayout 等布局类。

(1) FlowLayout 布局

FlowLayout 类的一个常用构造方法如下：

```
FlowLayout();
```

该构造方法可以创建一个居中对齐的布局对象。例如：

```
FlowLayout flow = new FlowLayout();
```

如果一个容器 con 使用 flow 布局：

```
con.setLayout(flow);
```

那么，con 可以使用 Container 类提供的 add 方法将组件顺序地添加到容器中，组件按照加入容器的先后顺序从左向右排列，一行排满之后就转到下一行继续从左至右排列，每一行中的组件都居中排列。FlowLayout 布局对象调用 setAlignment(int aligin)方法可以重新设置布局的对齐方式，其中 aligin 可以取值：

```
FlowLayout.LEFT、FlowLayout.CENTER、FlowLayout.RIGHT
```

(2) BorderLayout 布局

BorderLayout 布局是 Window 型容器的默认布局，如 JFrame、JDialog 的默认布局都是 BorderLayout 布局。BorderLayout 布局将容器空间划分为东、西、南、北、中五个区域，中间的区域最大。每加入一个组件都应该指明把这个组件加在哪个区域中，区域由 BorderLayout 中的静态常量 CENTER、NORTH、SOUTH、WEST、EAST 表示。例如，一个使用 BorderLayout 布局的容器 con，可以使用 add 方法将组件 b 添加到中心区域：

```
con.add(b,BorderLayout.CENTER);
```

(3) GridLayout 布局

GridLayout 布局可以将容器划分成由 m 行、n 列交叉形成的 m×n 个网格。使用 GridLayout 的构造方法 GridLayout(int m,int n)创建网格布局对象，其中参数 m 和 n 的值用来指定网格的行数和列数。例如：

```
GridLayout grid = new new GridLayout(10,8);
```

使用 GridLayout 布局的容器调用方法 add(Component c)将组件 c 加入容器，组件进入容器的顺序将按照第一行第一个、第一行第二个、……、第一行最后一个、第二行第一个、……、最后一行第一个、……、最后一行最后一个。

9.5.2 基础训练

基础训练的能力目标是能使用 JPanel 容器和常见的布局策略。

1. 基础训练的主要内容

① 将一个 JPanel 容器设置成 12 行 12 列的网格布局。JPanel 容器中添加 144 个标签。
② 将 JPanel 容器添加到窗口的中心。
③ 将 4 个按钮分别添加到窗口的东、西、南、北。

2. 基础训练使用的代码模板

将下列 WinGid.java 中的【代码】替换为程序代码。程序运行效果如图 9-6 所示。
Application9_5.java 源文件的内容如下：

```java
public class Application9_5 {
    public static void main(String args[]) {
        new WinGrid();
    }
}
```

WinGrid.java 源文件的内容如下：

```java
import javax.swing.*;
import java.awt.*;
public class WinGrid extends JFrame {
    GridLayout grid;
    JPanel chessboard;
    WinGrid() {
        chessboard = new JPanel();
        grid=【代码 1】                          //创建 12 行 12 列的 GridLayout 布局：grid
        【代码 2】                                //chessboard 使用 grid 布局
        Label label[][]=new Label[12][12];
        for(int i=0;i<12;i++) {
            for(int j=0;j<12;j++) {
                label[i][j]=new Label();
                if((i+j)%2==0)
                   label[i][j].setBackground(Color.black);
                else
                   label[i][j].setBackground(Color.white);
                chessboard.add(label[i][j]);
            }
        }
        【代码 3】                                //将 chessboard 添加到窗口的中心
        add(new JButton("北方"),BorderLayout.NORTH);
        add(new JButton("南方"),BorderLayout.SOUTH);
        add(new JButton("西方"),BorderLayout.WEST);
        add(new JButton("东方"),BorderLayout.EAST);
        setBounds(10,10,560,390);
        setVisible(true);
        setDefaultCloseOperation(JFrame.EXIT_ON_CLOSE);
        validate();
    }
}
```

3. 训练小结与拓展

GridLayout 布局中每个网格都是相同大小并且强制组件与网格的大小相同，使得容器中的每个组件也都是相同的大小，显得很不自然。为了克服这个缺点，可以使用容器嵌套。比如，一个容器使用 GridLayout 布局将容器分为 3 行 1 列的网格，那么可以把另一个容器添加到某个网格中，而添加的这个容器又可以设置为 GridLayout 布局、FlowLayout 布局或 BorderLayout 布局等。利用这种嵌套方法，可以设计出符合一定需要的布局。

图 9-6 常见布局

4. 代码模板的参考答案

【代码 1】　`new GridLayout(12,12);`

【代码 2】　`chessboard.setLayout(grid);`

【代码 3】　`add(chessboard,BorderLayout.CENTER);`

9.5.3　上机实践

把一个 JSplitPane 拆分窗格添加到窗口的中心，该 JSplitPane 拆分窗格的类型是水平拆分。在 JSplitPane 拆分窗格的右面放一个 JPanel 组件，左面放一个按钮组件。

9.6　ActionEvent 事件

GUI 程序通过处理事件能让用户和程序之间方便地交互。比如，让用户单击"确定"按钮确认自己输入的某些数据，让用户单击"保存""打开"菜单项来保存或打开文件等。从本节开始，将陆续学习怎样处理 Java 中的常用事件，以便能设计出有较好交互性的 GUI 程序。

9.6.1　基础知识

1. ActionEvent 事件源

文本框、按钮、菜单项、密码框和单选按钮都可以触发 ActionEvent 事件，即都可以成为 ActionEvent 事件的事件源。比如，对于注册了监视器的文本框，在文本框获得输入焦点后（不要求必须输入文本），如果用户按回车键，就会触发 ActionEvent 事件（Java 运行环境会自动用 ActionEvent 类创建一个对象，表示发生了 ActionEvent 事件）。对于注册了监视器的按钮，如果用户按单击按钮，就会触发 ActionEvent 事件。对于注册了监视器的菜单项，如果用户按选中该菜单项，就会触发 ActionEvent 事件。对于注册了监视器的单选按钮，如果用户按选择单选按钮，就会触发 ActionEvent 事件。

2. 注册 ActionListener 监视器

能触发 ActionEvent 事件的组件使用方法：

```
addActionListener(ActionListener listen)
```

将实现 ActionListener 接口的类的实例注册为事件源的监视器，也就是说，Java 提供的这个方法的参数是接口类型。

3. ActionListener 接口

ActionListener 接口在 java.awt.event 包中，该接口中只有一个方法：

```
public void actionPerformed(ActinEvent e)
```

事件源触发 ActionEvent 事件后,监视器调用监视器实现的这个接口中的方法:

```
actionPerformed(ActinEvent e)
```

对发生的事件做出处理。当监视器调用 actionPerformed(ActinEvent e)方法时,ActionEvent 类事先创建的事件对象就会传递给该方法的参数 e。

4. ActionEvent 类中的方法

ActionEvent 类有如下常用的方法。

(1) public Object getSource():该方法是从 Event 继承的方法,ActionEven 事件对象调用该方法可以获取发生 ActionEvent 事件的事件源对象的引用,即 getSource()方法将事件源上转型为 Object 对象,并返回这个上转型对象的引用。

(2) public String getActionCommand() ActionEvent:对象调用该方法可以获取发生 ActionEvent 事件时,和该事件相关的一个"命令"字符串,对于文本框,当发生 ActionEvent 事件时,默认的"命令"字符串是文本框中的文本;对于按钮,就是按钮上的名字。

注:能触发 ActionEvent 的事件源可以事先使用 setActionCommand (String s)设置触发事件后封装到事件中的一个称作"命令"的字符串,以改变封装到事件中的默认"命令"。

9.6.2 基础训练

基础训练的能力目标是能处理 ActionEvent 事件。

1. 基础训练的主要内容

窗口中的按钮和文本框作为 ActionEvent 事件源。编写一个实现 ActionListener 接口的类,该类的实例作为按钮和文本框的监视器。按钮触发 ActionEvent 事件,监视器调用 actionPerformed 方法,实现在命令行窗口输出按钮的名字;文本框触发 ActionEvent 事件,监视器调用 actionPerformed 方法,实现在命令行窗口输出文本框的文本及该文本的长度。

2. 基础训练使用的代码模板

将下列 WindowActionEvent.java 中的【代码】替换为程序代码。程序运行效果如图 9-7 所示。
Application9_6.java 源文件的内容如下:

```
public class Application9_6 {
    public static void main(String args[]) {
        java.awt.Window win=new WindowActionEvent();
        win.setBounds(10,10,600,400);
    }
}
```

WindowActionEvent.java 源文件的内容如下:

```
import java.awt.*;
import javax.swing.*;
public class WindowActionEvent extends JFrame {
    JTextField text;
    JButton button;
    TextFiledListen textListener;              // ActionListener 监视器
    ButtonListen buttonListener;               // ActionListener 监视器
    public WindowActionEvent() {
```

```
        setLayout(new FlowLayout());
        text = new JTextField(10);
        button = new JButton("确定");
        add(text);
        add(button);
        textListener = new TextFiledListen();        //创建监视器
        buttonListener = new ButtonListen();
        【代码1】                                      //text 将 textListener 注册为自己的监视器
        【代码2】                                      //button 将 buttonListener 注册为自己的监视器
        setVisible(true);
        setDefaultCloseOperation(JFrame.EXIT_ON_CLOSE);
    }
}
```

TextFiledListen.java 源文件的内容如下：

```
import java.awt.event.*;
public class TextFiledListen implements ActionListener {    //创建监视器的类
    public void actionPerformed(ActionEvent e) {
        String str = e.getActionCommand();                  //获取封装在事件中的"命令"字符串
        System.out.println(str+":"+str.length());
    }
}
```

ButtonListen.java 源文件的内容如下：

```
import java.awt.event.*;
public class ButtonListen implements ActionListener {      //创建监视器的类
    public void actionPerformed(ActionEvent e) {
        String str = e.getActionCommand();                  //获取封装在事件中的"命令"字符串
        System.out.println(str);
    }
}
```

图 9-7 处理 ActionEvent 事件

3. 训练小结与拓展

（1）授权模式。Java 的事件处理是基于授权模式，即事件源调用方法将某个对象注册为自己的监视器。
（2）接口回调。Java 用接口回调技术处理事件，事件源注册监视器的方法：

```
addXXXListener(XXXListener listener)
```

中的参数是一个 XXXListener 接口，listener 可以引用任何实现了 XXXListener 接口的类所创建的对象，当事件源发生事件时，接口 listener 立刻回调被类实现的 XXXListener 接口中的某个方法。从方法绑定角度看,Java运行系统要求监视器必须绑定某些方法来处理事件,这就需要用接口来达到此目的,即将某种事件的处理绑定到对应的接口,即绑定到接口中的方法,也就是说,当事件源触发事件发生后,监视器准确知道去调用哪个方法(自动去调用的)。

(3)事件处理的示意图。简单地说,Java要求监视器必须和一个专用于处理事件的方法实施绑定,为了达到此目的,要求创建监视器类必须实现Java规定的接口,该接口中有专用于处理事件的方法。事件处理模式如图9-8所示。

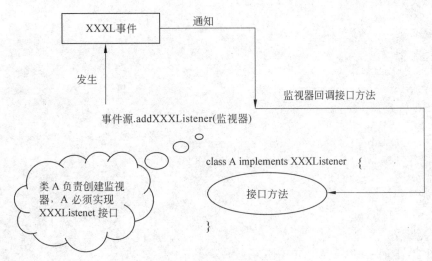

图9-8 处理事件示意

4. 代码模板的参考答案

【代码1】 `text.addActionListener(textListener);`

【代码2】 `button.addActionListener(buttonListener);`

9.6.3 上机实践

事件源所在的类和创建监视器的类往往不是一个类,如上述任务模板代码中的WindowActionEvent类(事件源button所在的类)和创建监视器的ButtonListen类就是不同的两个类。有时候,监视器在事件源触发事件后,可能需要和事件源所在的类中的某些对象打交道,这就需要把这些对象的引用传递给监视器。在下面的代码中,当菜单项copy触发ActionEvent事件时,监视器负责将文本区的文本复制到剪贴板。仔细调试下列代码,特别注意程序是怎样将文本区的引用传递给监视器的。

E.java源文件的内容如下:

```
public class E {
    public static void main(String args[]) {
        WindowItem win=new WindowItem();
        win.setBounds(10,10,200,200);;
    }
}
```

WindowItem.java源文件的内容如下:

```
import java.awt.*;
import javax.swing.*;
import java.awt.event.*;
public class WindowItem extends JFrame {
    JMenuBar menubar;
```

```
        JMenu menu;
        JSplitPane splitPane;
        JMenuItem  itemCopy,itemCut,itemPaste;
        JTextArea text;
        Listen listener;                              //listener 是菜单项的监视器
        public WindowItem() {
          menubar=new JMenuBar();
          menu=new JMenu("编辑");
          itemCopy=new JMenuItem("复制");
          itemCopy.setActionCommand("copy");
          itemCut=new JMenuItem("剪切");
          itemCut.setActionCommand("cut");
          itemPaste=new JMenuItem("粘贴");
          itemPaste.setActionCommand("paste");
          menu.add(itemCopy);
          menu.add(itemCut);
          menu.add(itemPaste);
          menubar.add(menu);
          setJMenuBar(menubar);
          text=new JTextArea();
          add(new JScrollPane(text),BorderLayout.CENTER);
          listener = new Listen();                 //创建监视器
          listener.setJTextArea(text);             //把 text 的引用传递给监视器
          itemCopy.addActionListener(listener);    //菜单项注册监视器
          itemCut.addActionListener(listener);
          itemPaste.addActionListener(listener);
          setVisible(true);
          setDefaultCloseOperation(JFrame.EXIT_ON_CLOSE);
        }
    }
```

Listen.java 源文件的内容如下：

```
import java.awt.event.*;
import javax.swing.*;
public class Listen implements ActionListener {     //负责创建监视器的类
    JTextArea text;                                 //文本区对象,用来存放事件源所在类中的文本区的引用
    void setJTextArea(JTextArea com) {
        text = com;
    }
    public void actionPerformed(ActionEvent e) {
        String str = e.getActionCommand();    //获取封装在事件中的"命令"字符串
        System.out.println(str);
        if(str.equals("copy")) {
            text.copy();
        }
        else if(str.equals("cut")) {
            text.cut();
        }
        else if(str.equals("paste")) {
```

```
            text.paste();
        }
    }
}
```

9.7 ItemEvent 事件

9.7.1 基础知识

1. ItemEvent 事件源

选择框、下拉列表都可以触发 ItemEvent 事件。选择框提供两种状态，一种是选中；另一种是未选中，对于注册了监视器的选择框，当用户的操作使得选择框从未选中状态变成选中状态或从选中状态变成未选中状态时就触发 ItemEvent 事件。同样，对于注册了监视器的下拉列表，如果用户选中下拉列表中的某个选项，并使得下拉列表中的选项发生了变化，就会触发 ItemEvent 事件。

2. 注册监视器

能触发 ItemEvent 事件的组件使用 addItemListener(ItemListener listen)将实现 ItemListener 接口的类的实例注册为事件源的监视器。

3. ItemListener 接口

ItemListener 接口在 java.awt.event 包中，该接口中只有一个方法：

```
public void itemStateChanged(ItemEvent e)
```

事件源触发 ItemEvent 事件后，监视器调用实现的接口中的 itemStateChanged(ItemEvent e)方法对发生的事件做出处理。当监视器调用 itemStateChanged(ItemEvent e)方法时，ItemEvent 类事先创建的事件对象就会传递给该方法的参数 e。

ItemEvent 事件对象除了可以使用 getSource()方法返回发生 Itemevent 事件的事件源外，也可以使用 getItemSelectable()方法返回发生 Itemevent 事件的事件源。

9.7.2 基础训练

基础训练的能力目标是能同时处理 ActionEvent 和 ItemEvent 两种事件。

1. 基础训练的主要内容

制作一个简单的计算器。用户在窗口（WindowOperation 类负责创建）中的两个文本框中输入参与运算的两个数。用户在下拉列表中选择运算符触发 ItemEvent 事件，ItemEvent 事件的监视器 operator（OperatorListener 类负责创建）获得运算符，用户单击按钮触发 ActionEvent 事件，监视器 computer（ComputerrListener 类负责创建）给出运算结果。

2. 基础训练使用的代码模板

将下列 NumberView.java 中的【代码】替换为程序代码。程序运行效果如图 9-9。
Application9_7.java 源文件的内容如下：

```
public class Application9_7 {
    public static void main(String args[]) {
        NumberView win=new NumberView();
        win.setBounds(100,100,600,360);
        win.setTitle("简单计算器");   }
}
```

NumberView.java 源文件的内容如下：

```java
import java.awt.*;
import javax.swing.*;
public class NumberView extends JFrame {
    public JTextField inputNumberOne,inputNumberTwo;
    public JComboBox<String>choiceFuhao;
    public JTextArea textShow;
    public JButton button;
    public OperatorListener operator;         //监视 ItemEvent 事件的监视器
    public ComputerListener computer;         //监视 ActionEvent 事件的监视器
    public NumberView() {
        init();
        setVisible(true);
        setDefaultCloseOperation(JFrame.EXIT_ON_CLOSE);
    }
    void init() {
        setLayout(new FlowLayout());
        Font font = new Font("宋体",Font.BOLD,22);
        inputNumberOne = new JTextField(12);
        inputNumberTwo = new JTextField(12);
        inputNumberOne.setFont(font);
        inputNumberTwo.setFont(font);
        choiceFuhao = new JComboBox<String>();
        choiceFuhao.setFont(font);
        button = new JButton("计算");
        button.setFont(font);
        String [] a = {"+","-","*","/"};
        for(int i=0;i<a.length;i++) {
            choiceFuhao.addItem(a[i]);
        }
        choiceFuhao.setSelectedIndex(-1);   //初始状态列表中没有选项被选中
        textShow = new JTextArea(9,30);
        textShow.setFont(font);
        operator = new OperatorListener();
        computer = new ComputerListener();
        operator.setView(this);  //将当前窗口传递给 operator 组合的窗口
        computer.setView(this);  //将当前窗口传递给 computer 组合的窗口
        【代码1】               //将 operator 注册为 choiceFuhao 的 ItemEvent 事件的监视器
        choiceFuhao.addActionListener(operator);    //operator 是监视器
        【代码2】               //将 operator 注册为 button 的 ActionEvent 事件的监视器
        add(inputNumberOne);
        add(choiceFuhao);
        add(inputNumberTwo);
        add(button);
        add(new JScrollPane(textShow));
    }
}
```

OperatorListener.java 源文件的内容如下：

```java
import java.awt.event.*;
public class OperatorListener implements ItemListener,ActionListener {
    NumberView view;
    public void setView(NumberView view) {
        this.view = view;
    }
    public void itemStateChanged(ItemEvent e)  {
        String fuhao = view.choiceFuhao.getSelectedItem().toString();
        view.computer.setFuhao(fuhao);
    }
    public void actionPerformed(ActionEvent e) {
        String fuhao = view.choiceFuhao.getSelectedItem().toString();
        view.computer.setFuhao(fuhao);
    }
}
```

ComputerListener.java 源文件的内容如下：

```java
import java.awt.event.*;
public class ComputerListener implements ActionListener {
    NumberView view;
    String fuhao;
    public void setView(NumberView view) {
        this.view = view;
    }
    public void setFuhao(String s) {
        fuhao = s;
    }
    public void actionPerformed(ActionEvent e) {
      try {
            double number1 =
            Double.parseDouble(view.inputNumberOne.getText());
            double number2 =
            Double.parseDouble(view.inputNumberTwo.getText());
            double result = 0;
            boolean isShow = true;
            if(fuhao.equals("+")) {
                result = number1+number2;
            }
            else if(fuhao.equals("-")) {
                result = number1-number2;
            }
            else if(fuhao.equals("*")) {
                result = number1*number2;
            }
            else if(fuhao.equals("/")) {
                result = number1/number2;
            }
            else {
                isShow = false;
            }
```

```
                if(isShow)
                    view.textShow.append
                    (number1+" "+fuhao+" "+number2+" = "+result+"\n");
            }
            catch(Exception exp) {
                view.textShow.append("\n 请输入数字字符\n");
            }
        }
    }
```

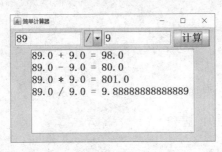

图 9.9　处理 ItemEvent 事件

3. 训练小结与拓展

利用组合可以让一个对象来操作另一个对象(见第 4.6 节)。代码模板中的 OperatorListener 类和 ComputerListener 类都有 NumberView 类型的窗口但各自的一个成员:

```
NumberView view;
```

但并不创建这个窗口对象,而是提供一个方法:

```
public void setView(NumberView view) {
    this.view = view;
}
```

将 NumberView 类型的窗口传递给自己的成员 view。
程序运行时将创建的窗口传递给二者:

```
operator.setView(this);                    //将当前窗口传递给 operator 组合的窗口
computer.setView(this);                    //将当前窗口传递给 computer 组合的窗口
```

NumberView 的构造方法的 this 就是程序运行时创建的对象,最后代表对象就是 win,见主类 main 方法里的语句:

```
NumberView win=new NumberView();
```

这样一来,OperatorListener 类和 ComputerListener 类创建的监视器就可以使用 NumberView(窗口)中的文本框或其他组件。

下拉列表也能触发 ActionEvent 事件,用户单击下拉列表中的某个选项,将触发 ActionEvent 事件(不要求下拉列表中的选项发生变化)。

4. 代码模板的参考答案

【代码1】　`choiceFuhao.addItemListener(operator);`
【代码2】　`button.addActionListener(computer);`

9.7.3 上机实践

上机调试下列代码,将复选框选中,观察【代码】的输出结果。

E.java 源文件的内容如下:

```java
import javax.swing.*;
import java.awt.*;
import java.awt.event.*;
public class E extends JFrame {
    JCheckBox check;
    public E() {
        setLayout(new FlowLayout());
        check = new JCheckBox("good");
        check.addItemListener(new Listener());
        add(check);
        setBounds(10,10,460,360);
        setVisible(true);
        setDefaultCloseOperation(JFrame.HIDE_ON_CLOSE);
    }
    public static void main(String args[]){
        new E();
    }
}
class Listener implements ItemListener {
    public void itemStateChanged(ItemEvent e){
        JCheckBox box =(JCheckBox)e.getSource();
        if(box.isSelected())
            System.out.println(box.getText());       //【代码】
    }
}
```

9.8 FocusEvent 事件

9.8.1 基础知识

1. FocusEvent 事件源

组件可以触发焦点事件。当组件获得焦点监视器后,如果组件从无输入焦点变成有输入焦点或从有输入焦点变成无输入焦点都会触发 FocusEvent 事件。

2. 注册监视器

组件使用 addFocusListener(FocusListener listener)方法将实现 FocusListener 接口的类的实例注册为事件源的监视器。

3. FocusListener 接口

FocusListener 接口的两个方法:

```
public void focusGained(FocusEvent e)
public void focusLost(FocusEvent e)
```

当组件从无输入焦点变成有输入焦点触发 FocusEvent 事件时,监视器调用类实现接口中的 focusGained(FocusEvent e)方法;当组件从有输入焦点变成无输入焦点触发 FocusEvent 事件时,监视器调用监视器实现接口中的 focusLost(FocusEvent e)方法。

9.8.2 基础训练

基础训练的能力目标是处理 FocusEvent 两种事件。

1. 基础训练的主要内容

① 窗口的布局是 3 行 3 列的 GridLayout 布局，在窗口中添加 9 个 JButton 组件。
② 监视器监视 9 个 JButton 组件上的 FocusEvent 事件。
③ 当 JButton 组件从有输入焦点变成无输入焦点后，监视器将该 JButton 组件的背景颜色变成红色；当 JButton 组件从无输入焦点变成有输入焦点后，监视器将该 JButton 组件的背景颜色恢复到初始背景颜色。

2. 基础训练使用的代码模板

将下列 WinGrid.java 中的【代码】替换为程序代码。运行效果如图 9-10 所示。
Application9_8.java 源文件的内容如下：

```java
public class Application9_8 {
    public static void main(String args[]) {
        WinGrid win=new WinGrid();
        win.setBounds(100,100,600,560);
    }
}
```

WinGrid.java 源文件的内容如下：

```java
import javax.swing.*;
import java.awt.*;
public class WinGrid extends JFrame {
    GridLayout grid;
    BackFocusListener listen;
    WinGrid() {
        grid=new GridLayout(3,3);
        setLayout(grid);
        JButton b[][]=new JButton[3][3];
        【代码1】                    //创建监视器 listen
        for(int i=0;i<3;i++) {
            for(int j=0;j<3;j++) {
                b[i][j]=new JButton();
                【代码2】              //b[i][j]将 listen 注册为自己的 FocusEvent 监视器
                listen.setColor(b[i][j].getBackground());
                add(b[i][j]);
            }
        }
        setVisible(true);
        setDefaultCloseOperation(JFrame.EXIT_ON_CLOSE);
        validate();
    }
}
```

BackFocusListener.java 源文件的内容如下：

```java
import java.awt.event.*;
import javax.swing.*;
```

```
import java.awt.*;
public class BackFocusListener implements FocusListener {
    Color color;
    public void setColor(Color c) {
        color = c;
    }
    public void focusGained(FocusEvent e) {
        JButton button = (JButton)e.getSource();
        button.setBackground(Color.red);
    }
    public void focusLost(FocusEvent e) {
        JButton button = (JButton)e.getSource();
        button.setBackground(color);
    }
}
```

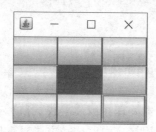

图 9-10　处理 FocusEvent 事件

3. 训练小结与拓展

用户通过单击组件可以使得该组件有输入焦点,同时也使得其他组件变成无输入焦点。另外,在编写代码时,在窗口可见后,可以再让一个组件调用

```
public boolean requestFocusInWindow()
```

方法获得输入焦点。

4. 代码模板的参考答案

【代码1】　　`listen = new BackFocusListener();`

【代码2】　　`b[i][j].addFocusListener(listen);`

9.8.3　上机实践

在窗口中添加一个文本区框,监视该文本框上的 FocusEvent 事件,当文本框从无输入焦点变成有输入焦点触发 FocusEvent 事件时,清除文本框中的文本。

9.9　MouseEvent 事件

9.9.1　基础知识

1. MouseEvent 事件源

任何组件上都可以发生鼠标事件,对于注册了监视 MouseEvent 事件监视器的组件,如果鼠标进入该组件、退出该组件、在该组件上方单击鼠标、移动鼠标、拖动鼠标等都触发该组件发生鼠标事件,即导致 MouseEvent 类自动创建一个事件对象。

2. 注册两种监视器

（1）MouseListener 监视器

组件使用 addMouseListener(MouseListener listener)将实现 MouseListener 接口的类的实例注册为事件源的监视器。

使用 MouseListene 监视器可以处理以下 5 种操作触发的鼠标事件。

① 在事件源上按下鼠标键。
② 在事件源上释放鼠标键。
③ 在事件源上击鼠标键。
④ 鼠标进入事件源。
⑤ 鼠标退出事件源。

（2）MouseMotionListener 监视器

组件使用 addMouseMotionListener(MouseMotionListener listener)将实现 MouseMotionListener 接口的类的实例注册为事件源的监视器。

使用 MouseMotionListener 监视器可以处理以下两种操作触发的鼠标事件。

① 在事件源上拖动鼠标。
② 在事件源上移动鼠标。

3. MouseListener 与 MouseMotionListener 接口

（1）MouseListener：接口中的方法

① mousePressed(MouseEvent)：负责处理在组件上按下鼠标键触发的鼠标事件(MouseEvent 事件)，即当你在事件源按下鼠标键时，监视器调用接口中的这个方法对事件做出处理。

② mouseReleased(MouseEvent)：负责处理在组件上释放鼠标键触发的鼠标事件，即当你在事件源释放鼠标键时，监视器调用接口中的这个方法对事件做出处理。

③ mouseEntered(MouseEvent)：负责处理鼠标进入组件触发的鼠标事件，即当鼠标指针进入组件时，监视器调用接口中的这个方法对事件做出处理。

④ mouseExited(MouseEvent)：负责处理鼠标离开组件触发的鼠标事件，即当鼠标指针离开容器时，监视器调用接口中的这个方法对事件做出处理。

⑤ mouseClicked(MouseEvent)：负责处理在组件上单击鼠标键触发的鼠标事件，即当单击鼠标键时，监视器调用接口中的这个方法对事件做出处理。

（2）MouseMotionListener：接口的方法

① mouseDragged(MouseEvent)：负责处理拖动鼠标触发的鼠标事件，即当你拖动鼠标时（不必在事件源上），监视器调用接口中的这个方法对事件做出处理。

② mouseMoved(MouseEvent)：负责处理移动鼠标触发的鼠标事件，即当你在事件源上移动鼠标时，监视器调用接口中的这个方法对事件做出处理。

4. MouseEvent 类

MouseEvent 事件可以使用 getSource()方法返回发生 MouseEvent 事件的事件源。MouseEvent 类中有下列几个重要的方法。

① getX()获取鼠标指针在事件源坐标系中的 x-坐标。
② getY()获取鼠标指针在事件源坐标系中的 y-坐标。
③ getButton() 获取鼠标的键。鼠标的左键、中键和右键分别使用 MouseEven 类中的常量 BUTTON1、BUTTON2 和 BUTTON3 来表示。
④ getClickCount()获取鼠标被单击的次数。
⑤ getSource()获取发生鼠标事件的事件源。

9.9.2 基础训练

基础训练的能力目标是处理 MouseEvent 事件。

1. 基础训练的主要内容

① 分别监视按钮、文本框和窗口上的鼠标事件。

② 当发生鼠标事件时,获取鼠标指针的坐标值,并将这些值显示在一个文本区中。如果是按下鼠标触发的 MouseEvent 事件,那么当按下的是左键,就获取鼠标指针的坐标值,当按下的是右键,就不获取鼠标指针的坐标值,只在文本区中显示:"按下了右键"。

2. 基础训练使用的代码模板

将下列 WindowMouse.java 中的【代码】替换为程序代码。程序运行效果如图 9-11 所示。
Application9_9.java 源文件的内容如下:

```java
public class Application9_9 {
    public static void main(String args[]) {
        WindowMouse win=new WindowMouse();
        win.setTitle("处理鼠标事件");
        win.setBounds(10,10,660,560);
    }
}
```

WindowMouse.java 源文件的内容如下:

```java
import java.awt.*;
import javax.swing.*;
public class WindowMouse extends JFrame {
    JTextField text;
    JButton button;
    JTextArea textArea;
    MousePolice police;
    WindowMouse() {
        init();
        setVisible(true);
        setDefaultCloseOperation(JFrame.EXIT_ON_CLOSE);
    }
    void init() {
        setLayout(new FlowLayout());
        text = new JTextField(8);
        textArea = new JTextArea(5,28);
        police = new MousePolice();     //MouseListener 类型监视器
        police.setJTextArea(textArea);
        【代码1】                        //text 将 police 注册为监视触发鼠标事件的监视器
        button = new JButton("按钮");
        【代码2】                        //button 将 police 注册为监视触发鼠标事件的监视器
        【代码3】                        // 当前窗口将 police 注册为监视触发鼠标事件的监视器
        add(button);
        add(text);
        add(new JScrollPane(textArea));
    }
}
```

MousePolice.java 源文件的内容如下：

```java
import java.awt.event.*;
import javax.swing.*;
public class MousePolice implements MouseListener {
    JTextArea area;
    public void setJTextArea(JTextArea area) {
        this.area = area;
    }
    public void mousePressed(MouseEvent e) {
        if(e.getButton()==MouseEvent.BUTTON1)
            area.append("\n按下鼠标左键,位置:"+"("+e.getX()+","+e.getY()+")");
        else if(e.getButton()==MouseEvent.BUTTON3)
            area.append("\n按下鼠标右键");
    }
    public void mouseReleased(MouseEvent e) {
        area.append("\n鼠标释放,位置:"+"("+e.getX()+","+e.getY()+")");
    }
    public void mouseEntered(MouseEvent e)  {
        if(e.getSource() instanceof JButton)
            area.append("\n鼠标进入按钮,位置:"+"("+e.getX()+","+e.getY()+")");
        if(e.getSource() instanceof JTextField)
            area.append("\n鼠标进入文本框,位置:"+"("+e.getX()+","+e.getY()+")");
        if(e.getSource() instanceof JFrame)
            area.append("\n鼠标进入窗口,位置:"+"("+e.getX()+","+e.getY()+")");
    }
    public void mouseExited(MouseEvent e) {
        area.append("\n鼠标退出,位置:"+"("+e.getX()+","+e.getY()+")");
    }
    public void mouseClicked(MouseEvent e) {
        if(e.getClickCount()>=2)
            area.setText("鼠标连击,位置:"+"("+e.getX()+","+e.getY()+")");
    }
}
```

3. 训练小结与拓展

组件本身有一个默认的坐标系,组件的左上角的坐标值是(0,0)。如果一个组件的宽是 200,高是 80,那么,该坐标系中,x 坐标的最大值是 200,y 坐标的最大值是 80,如图 9-12 所示。

图 9-11　处理 MouseEvent 事件

图 9-12　组件上的坐标系

因此,当鼠标进入按钮,触发按钮发生鼠标事件,那么获取的 MouseEvent 对象 e 获取的鼠标指针的坐标值是在按钮的坐标系中的坐标值。

instanceof 运算符是 Java 独有的双目运算符,其左面的操作元是对象,右面的操作元是类,当左面的操作元是右面的类或其子类所创建的对象时,instanceof 运算的结果是 true,否则是 false。

4. 代码模板的参考答案

【代码1】　`text.addMouseListener(police);`

【代码2】　`button.addMouseListener(police);`

【代码3】　`this.addMouseListener(police);` 或 `.addMouseListener(police);`

9.9.3　上机实践

可以使用坐标变换来实现组件的拖动。当用鼠标拖动组件时，可以先获取鼠标指针在组件坐标系中的坐标 x、y，以及组件的左上角在容器坐标系中的坐标 a，b；如果在拖动组件时，想让鼠标指针的位置相对于拖动的组件保持静止，那么，组件左上角在容器坐标系中的位置应当是 $a+x-x0, a+y-y0$，其中 $x0$、$y0$ 是最初在组件上单击时，鼠标指针在组件坐标系中的位置坐标，如图 9-13 所示。

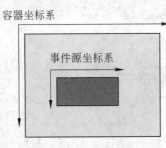

图 9.13　坐标变换

拖动组件时需要处理重叠问题，因此应当在一个分层窗格中拖动组件。分层窗格分为 5 个层，分层窗格调用：

`add(Jcomponent com, int layer);`

添加组件 com，并指定 com 所在的层，其中参数 layer 取值 JLayeredPane 类中的类常量：

`DEFAULT_LAYER、PALETTE_LAYER、MODAL_LAYER、POPUP_LAYER、DRAG_LAYER`

DEFAULT_LAYER 是最底层，添加到 DEFAULT_LAYER 层的组件如果和其他层的组件发生重叠时，将被其他组件遮挡。DRAG_LAYER 层是最上面的层，如果分层窗格中添加了许多组件，当用户用鼠标移动一组件时，可以把该组件放到 DRAG_LAYER 层，这样，用户在移动组件的过程中，该组件就不会被其他组件遮挡。添加到同一层上的组件，如果发生重叠，后添加的会遮挡先添加的组件。分层窗格调用：

`public void setLayer(Component c,int layer)`

可以重新设置组件 c 所在的层，调用

`public int getLayer(Component c)`

可以获取组件 c 所在的层数。

下面的代码使用坐标变换来实现组件的拖动，上机调试代码，并注意程序的运行效果。

E.java 源文件的内容如下：

```
public class E {
    public static void main(String args[]) {
        WindowMove win=new WindowMove();
        win.setTitle("处理鼠标拖动事件");
        win.setBounds(10,10,660,560);
    }
}
```

WindowMove.java 源文件的内容如下:

```java
import java.awt.*;
import javax.swing.*;
public class WindowMove extends JFrame {
    LP layeredPane;
    WindowMove() {
        layeredPane = new LP();
        add(layeredPane,BorderLayout.CENTER);
        setVisible(true);
        setDefaultCloseOperation(JFrame.EXIT_ON_CLOSE);
    }
}
```

LP.java 源文件的内容如下:

```java
import java.awt.*;
import java.awt.event.*;
import javax.swing.*;
public class LP extends JLayeredPane
  implements MouseListener,MouseMotionListener {
    JButton button;
    int x,y,a,b,x0,y0;
    LP() {
        button=new JButton("用鼠标拖动我");
        button.addMouseListener(this);
        button.addMouseMotionListener(this);
        setLayout(new FlowLayout());
        add(button,JLayeredPane.DEFAULT_LAYER);
    }
    public void mousePressed(MouseEvent e) {
        JComponent com = null;
        com = (JComponent)e.getSource();
        setLayer(com,JLayeredPane.DRAG_LAYER);
        a = com.getBounds().x;
        b = com.getBounds().y;
        x0 = e.getX();                              //获取鼠标在事件源中的位置坐标
        y0 = e.getY();
    }
    public void mouseReleased(MouseEvent e) {
        JComponent com = null;
        com = (JComponent)e.getSource();
        setLayer(com,JLayeredPane.DEFAULT_LAYER);
    }
    public void mouseEntered(MouseEvent e)   {}
      public void mouseExited(MouseEvent e) {}
      public void mouseClicked(MouseEvent e){}
      public void mouseMoved(MouseEvent e){}
      public void mouseDragged(MouseEvent e) {
        Component com = null;
        if(e.getSource() instanceof Component) {
```

```
            com = (Component)e.getSource();
            a = com.getBounds().x;
            b = com.getBounds().y;
            x = e.getX();                    //获取鼠标在事件源中的位置坐标
            y = e.getY();
            a = a+x;
            b = b+y;
            com.setLocation(a-x0,b-y0);
        }
    }
}
```

9.10 KeyEvent 事件

9.10.1 核心知识

1. KeyEvent 事件源

组件可以成为 KeyEvent 事件源。组件使用 addKeyListener() 方法注册监视器之后,如果该组件处于激活状态,用户敲击键盘上的一个键就导致这个组件触发键盘事件。

2. 注册监视器

组件使用 addKeyListener(KeyListener listen)将实现 KeyListener 接口的类的实例注册为事件源的监视器。

3. KeyListener 接口

使用 KeyListener 接口处理键盘事件,其中有以下 3 个方法。

(1) public void keyPressed(KeyEvent e)。

(2) public void keyTyped(KeyEvent e)。

(3) public void keyReleased(KeyEvent e)。

某个组件使用 addKeyListener 方法注册监视器之后,当该组件处于激活状态,用户按下某个键时,触发 KeyEvent 事件,监视器调用 keyPressed 方法;用户释放按下的键时,触发 KeyEvent 事件,监视器调用 keyReleased 方法。用户按键又即可释放时,监视器调用 keyTyped 方法。

4. 键码

用 KeyEvent 类的 public int getKeyCode()方法,可以判断哪个键被按下、敲击或释放,getKeyCode()方法返回一个键码值,如表 9-1 所示。也可以用 KeyEvent 类的 public char getKeyChar()判断哪个键被按下、敲击或释放,getKeyChar()方法返回键上的字符。表 9-1 是 KeyEvent 类的静态常量。

表 9-1 键码表

键 码	键
VK_F1~VK_F12	功能键 F1~F12
VK_LEFT	向左箭头键
VK_RIGHT	向右箭头键
VK_UP	向上箭头键
VK_DOWN	向下箭头键
VK_KP_UP	小键盘的向上箭头键
VK_KP_DOWN	小键盘的向下箭头键

续表

键　　码	键
VK_KP_LEFT	小键盘的向左箭头键
VK_KP_RIGHT	小键盘的向右箭头键
VK_END	END 键
VK_HOME	HOME 键
VK_PAGE_DOWN	向后翻页键
VK_PAGE_UP	向前翻页键
VK_PRINTSCREEN	打印屏幕键
VK_SCROLL_LOCK	滚动锁定键
VK_CAPS_LOCK	大写锁定键
VK_NUM_LOCK	数字锁定键
PAUSE	暂停键
VK_INSERT	插入键
VK_DELETE	删除键
VK_ENTER	回车键
VK_TAB	制表符键
VK_BACK_SPACE	退格键
VK_ESCAPE	Esc 键
VK_CANCEL	取消键
VK_CLEAR	清除键
VK_SHIFT	Shift 键
VK_CONTROL	Ctrl 键
VK_ALT	Alt 键
VK_PAUSE	暂停键
VK_SPACE	空格键
VK_COMMA	逗号键
VK_SEMICOLON	分号键
VK_PERIOD	. 键
VK_SLASH	/ 键
VK_BACK_SLASH	\ 键
VK_0～VK_9	0～9 键
VK_A～VK_Z	a～z 键
VK_OPEN_BRACKET	[键
VK_CLOSE_BRACKET	] 键
VK_UNMPAD0～VK_NUMPAD9	小键盘上的 0～9 键
VK_QUOTE	左单引号'键
VK_BACK_QUOTE	右单引号'键

9.10.2 基础训练

基础训练的能力目标是同时处理 KeyEvent 和 FocusEvent 两种事件。

1. 基础训练的主要内容

当安装某些软件时，经常要求输入序列号码(在英文键盘输入法状态输入数字或字母)，并且要在几个文本条中依次键入。每个文本框中键入的字符数目都是固定的，当在第一个文本框输入了恰好的字符个数后，输入光标会自动转移到下一个文本框。下面的代码模板通过处理键盘事件来实现软件序列号的输入。当文本框获得输入焦点后，用户敲击键盘将使得当前文本框触发 KeyEvent 事件，在处理事件时，程序检查文本框中光标的位置，如果光标已经到达指定位置，就将输入焦点转移到下一个文本框。

2. 基础训练使用的代码模板

将下列 Win.java 中的【代码】替换为程序代码。程序运行效果如图 9-14 所示。

Application9_10.java 源文件的内容如下：

```
public class Application9_10 {
   public static void main(String args[]) {
      Win win = new Win();
      win.setTitle("输入序列号");
      win.setBounds(10,10,460,360);
   }
}
```

Win.java 源文件的内容如下：

```
import java.awt.*;
import javax.swing.*;
public class Win extends JFrame {
   JTextField text[]=new JTextField[3];
   NumberKeyListener listen;
   JButton b;
   Win() {
      setLayout(new FlowLayout());
      listen = new NumberKeyListener();
      for(int i=0;i<3;i++) {
         text[i] = new JTextField(7);
         【代码1】   //text[i]将 listen 注册为自己的 KeyEvent 监视器
         【代码2】   //text[i]将 listen 注册为自己的 FocusEvent 监视器
         add(text[i]);
      }
      b = new JButton("确定");
      add(b);
      setVisible(true);
      text[0].requestFocusInWindow();
      setDefaultCloseOperation(JFrame.EXIT_ON_CLOSE);
   }
}
```

NumberKeyListener.java 源文件的内容如下：

```
import java.awt.event.*;
import javax.swing.*;
```

```
public class NumberKeyListener implements KeyListener,FocusListener {
    public void keyPressed(KeyEvent e) {
      JTextField t = (JTextField)e.getSource();
      if(t.getCaretPosition()>=6)
         t.transferFocus();
    }
    public void keyTyped(KeyEvent e) {}
    public void keyReleased(KeyEvent e) {}
    public void focusGained(FocusEvent e) {
      JTextField text=(JTextField)e.getSource();
      text.setText(null);
    }
    public void focusLost(FocusEvent e){}
}
```

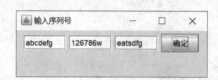

图 9-14 处理 KeyEvent 和 FocusEvent 事件

3. 训练小结与拓展

尽管 JFrame,JDialog,JPanel 等容器也是组件,但不要试图监视这些容器上的 KeyEevnt 事件。因为,某些容器,如 JFrame 可能始终处于有焦点状态,而有些容器,如 JPanel 没有明显的焦点状态。因此,Java 屏蔽了这些容器上的 KeyEvent 事件。

接口对应的适配器。一个类如实现一个接口时,即使不准备处理某个方法,也必须给出接口中所有方法的实现。适配器可以代替接口来处理事件,当 Java 提供处理事件的接口多于一个方法时,Java 相应地就提供一个适配器,如 MouseAdapter 和 KeyAdapter 等类(称为适配器)。适配器已经实现了相应的接口。例如,KeyAdapter 实现了 KeyListener 接口。因此,可以使用 KeyAdapter 的子类创建的对象做监视器,在子类中重写所需要的接口方法即可。

4. 代码模板的参考答案

【代码1】　`text[i].addKeyListener(listen);`

【代码2】　`text[i].addFocusListener(listen);`

9.10.3　上机实践

上机调试下列代码,程序运行后,按 Ctrl+A 组合键观察【代码】的输出结果。掌握使用 KeyAdapter 的子类创建的对象做监视器。

E.java 源文件的内容如下:

```
import javax.swing.*;
import java.awt.*;
import java.awt.event.*;
public class E extends JFrame {
    JButton button;
    Listener listen;
    boolean boo;
    public E() {
```

```
        setLayout(new FlowLayout());
        button = new JButton("ok");
        listen = new Listener();
        listen.setView(this);
        button.addKeyListener(listen);
        add(button);
        setBounds(10,10,460,360);
        setVisible(true);
        setDefaultCloseOperation(JFrame.DISPOSE_ON_CLOSE);
    }
    public static void main(String args[]){
        new E();
    }
}
class Listener extends  KeyAdapter{
    E view;
    public void keyPressed(KeyEvent e) {
        if(e.getKeyCode() ==KeyEvent.VK_CONTROL)
           view.boo = true;
        if(e.getKeyCode() ==KeyEvent.VK_A && view.boo)
           System.out.println((char)e.getKeyCode());        //【代码】
    }
    public void keyReleased(KeyEvent e) {
        if(e.getKeyCode() ==KeyEvent.VK_CONTROL)
           view.boo = false;
    }
    public void setView(E view){
        this.view = view;
    }
}
```

9.11 Lambda 表达式做监视器

9.11.1 基础知识

如果处理事件的接口是函数接口(见第 5.10 节)，那么可以用 Lambda 表达式做监视器,当发生事件时,Lambda 表达式实现的函数接口方法就会被执行。如果事件的处理比较简单,系统也不复杂,使用 Lambda 表达式做监视器是一个不错的选择,但是当事件的处理比较复杂时,使用 Lambda 表达式做监视器会让系统缺乏弹性。

9.11.2 基础训练

基础训练的能力目标是使用 Lambda 表达式做监视器。

1. 基础训练的主要内容

① 用户在 number 文本框中输入一个数字,然后按回车键,文本框的监视器(一个 Lambda 表达式做文本框的监视器负责计算该数字的平方,并将该数字的平方显示在一个标签中。

② 用户在 number 文本框中输入一个数字,然后单击"确定"按钮,按钮的监视器(一个 Lambda 表达式做监视器)负责计算该数字的平方,并将该数字的平方显示在一个标签中。

2. 基础训练使用的代码模板

仔细阅读下列 WindowNumber.java，掌握使用 Lambda 表达式做监视器。程序运行效果如图 9-15 所示。

Application9_11.java 源文件的内容如下：

```java
public class Application9_11 {
    public static void main(String args[]) {
        WindowNumber win = new WindowNumber();
        win.setBounds(10,10,660,560);
    }
}
```

WindowNumber.java 源文件的内容如下：

```java
import java.awt.*;
import javax.swing.*;
public class WindowNumber extends JFrame  {
    JTextField number;
    JLabel result;
    JButton button;
    WindowNumber() {
        setLayout(new FlowLayout());
        number = new JTextField(6);
        result = new JLabel();
        button = new JButton("确定");
        add(number);
        add(result);
        add(button);
        //Lambda 表达式做 number 的监视器：
        number.addActionListener((e)->{
                double a =Double.parseDouble(number.getText());
                a=a*a;
                result.setText(number.getText()+"的平方是:"+a);
        });
        //Lambda 表达式做 button 的监视器：
        button.addActionListener((e)->{
                double a =Double.parseDouble(number.getText());
                a=a*a;
                result.setText(number.getText()+"的平方是:"+a);
        });
        setVisible(true);
        setDefaultCloseOperation(JFrame.EXIT_ON_CLOSE);
    }
}
```

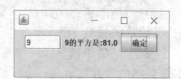

图 9-15　Lambda 表达式做监视器

3. 训练小结与拓展

对于处理事件的函数接口,允许把 Lambda 表达式的值(方法的入口地址)赋值给接口变量,那么接口变量就可以调用 Lambda 表达式实现的方法(即接口中的方法),这一机制称为接口回调 Lambda 表达式实现的接口方法。简单地说,和函数接口有关的 Lambda 表达式实现了该函数接口中的抽象方法(重写了抽象方法),并将所实现的方法的入口地址作为此 Lambda 表达式的值。

4. 代码模板的参考答案

无参考代码。

9.11.3 上机实践

改动任务 WindowNumber 中有关代码,当用户在 number 文本框中输入一个数字,然后按回车键后,标签显示该数字的平方。当用户在 number 文本框中输入一个数字,然后单击"确定"按钮时,标签显示该数字的立方。

9.12 对话框

进行一个重要的操作之前,通常弹出对话框表明操作的重要性。对话框分为无模式和有模式两种。如果一个对话框是有模式的对话框,那么当这个对话框处于激活状态时(弹出时),只让程序响应对话框内部的事件,而且将堵塞其他线程的执行,用户不能再激活对话框所在程序中的其他窗口,直到该对话框消失不可见。无模式对话框处于激活状态时,能再激活其他窗口,也不堵塞其他线程的执行。

9.12.1 基础知识

1. 消息对话框

消息对话框是有模式对话框,进行一个重要的操作动作之前,最好能弹出一个消息对话框。可以用 javax.swing 包中的 JOptionPane 类的静态方法:

```
public static void showMessageDialog(Component parentComponent,
                                     String message,
                                     String title,
                                     int messageType)
```

得到一个消息对话框,其中参数 parentComponent 指定对话框可见时的位置,如果 parentComponent 为 null,对话框会在屏幕的正前方显示出来;如果组件 parentComponent 不空,对话框在组件 parentComponent 的正前面居中显示。message 指定对话框上显示的消息;title 指定对话框的标题;messageType 取值是 JOptionPane 中的类常量:

```
INFORMATION_MESSAGE
WARNING_MESSAGE
ERROR_MESSAGE
QUESTION_MESSAGE
PLAIN_MESSAGE
```

这些值可以给出对话框的外观。例如,取值:JOptionPane.WARNING_MESSAGE 时,对话框的外观上会有一个明显的"!"符号。

2. 输入对话框

输入对话框含有供用户输入文本的文本框、一个确认和取消按钮,是有模式对话框。当输入对话框可见时,要求用户输入一个字符串。JOptionPane 类的静态方法:

```
public static String showInputDialog(Component parentComponent,
                                     Object message,
                                     String title,
                                     int messageType)
```

得到一个输入对话框,其中参数 parentComponent 指定输入对话框所依赖的组件,输入对话框会在该组件的正前方显示出来,如果 parentComponent 为 null,输入对话框会在屏幕的正前方显示出来,参数 message 指定对话框上的提示信息,参数 title 指定对话框上的标题,参数 messageType 可取的有效值是 JOptionPane 中的类常量:

```
ERROR_MESSAGE,
INFORMATION_MESSAGE
WARNING_MESSAGE
QUESTION_MESSAGE
PLAIN_MESSAGE
```

这些值可以给出对话框的外观,如取值 JOptionPane.WARNING_MESSAGE 时,对话框的外观上会有一个明显的"!"符号。

单击输入对话框上的确认按钮、取消按钮或关闭图标,都可以使输入对话框消失不可见,如果单击的是确认按钮,输入对话框将返回用户在对话框的文本框中输入的字符串,否则返回 null。

3. 确认对话框

确认对话框是有模式对话框,JOptionPane 类的静态方法:

```
public static int showConfirmDialog(Component parentComponent,
                                    Object message,
                                    String title,int optionType)
```

得到一个确认对话框,其中参数 parentComponent 指定确认对话框可见时的位置,确认对话框在参数 parentComponent 指定的组件的正前方显示出来,如果 parentComponent 为 null,确认对话框会在屏幕的正前方显示出来。message 指定对话框上显示的消息;title 指定确认对话框的标题;optionType 可取的有效值是 JOptionPane 中的类常量:

```
YES_NO_OPTION
YES_NO_CANCEL_OPTION
OK_CANCEL_OPTION
```

这些值可以给出确认对话框的外观。例如,取值:JOptionPane.YES_NO_OPTION 时,确认对话框的外观上会有 Yes、No 两个按钮。当确认对话框消失后,showConfirmDialog 方法会返回下列整数值之一:

```
JOptionPane.YES_OPTION
JOptionPane.NO_OPTION
JOptionPane.CANCEL_OPTION
JOptionPane.OK_OPTION
JOptionPane.CLOSED_OPTION
```

返回的具体值依赖于用户所单击的对话框上的按钮和对话框上的关闭图标。

9.12.2 基础训练

基础训练的能力目标是使用常见的对话框,如输入、确认等对话框。

1. 基础训练的主要内容

用户使用输入对话框输入账户名称，单击确认按钮后，再次弹出一个确认对话框。如果单击确认对话框上的"是(Y)"按钮，就将账户名称放入文本区。

2. 基础训练使用的代码模板

将下列 UserDialog.java 中的【代码】替换为程序代码。程序运行效果如图 9-16 和图 9-17 所示。
Application9_12.java 源文件的内容如下：

```java
public class Application9_12 {
    public static void main(String args[]) {
        UserDialog win = new UserDialog();
        win.setTitle("带对话框的窗口");
        win.setBounds(80,90,500,300);
    }
}
```

UserDialog.java 源文件的内容如下：

```java
import java.awt.event.*;
import java.awt.*;
import javax.swing.*;
public class UserDialog extends JFrame implements ActionListener {
    JTextArea save;
    JButton openInput;
    UserDialog() {
        openInput = new JButton("弹出输入对话框");
        save=new JTextArea();
        add(openInput,BorderLayout.NORTH);
        add(new JScrollPane(save),BorderLayout.CENTER);
        openInput.addActionListener(this);
        setVisible(true);
        setDefaultCloseOperation(JFrame.EXIT_ON_CLOSE);
    }
    public void actionPerformed(ActionEvent e) {
        String s =【代码1】                    //弹出输入对话框,对话框上的提示信息是:"账户名称"
        if(s!=null) {
            int n=【代码2】                    //弹出确认对话框
            if(n==JOptionPane.YES_OPTION)
                save.append("\n"+s);
        }
    }
}
```

图 9-16　输入对话框

图 9-17　确认对话框

3. 训练小结与拓展

能触发事件的组件经常位于窗口或对话框中,如果让组件所在的窗口或对话框作为监视器,能让事件的处理比较方便,这是因为,监视器可以方便地操作窗口或对话框中的其他成员。当事件的处理比较简单,系统也不复杂时,让窗口或对话框作为监视器是一个不错的选择。但是,当事件的处理比较复杂时,会让系统缺乏弹性,因为每当修改处理事件的代码时都将导致窗口或对话框的代码同时被编译。

可以根据需要,自己创建符合程序需要的对话框。创建对话框与创建窗口类似,通过建立 JDialog 的子类来建立一个对话框类,然后这个类的一个实例,即这个子类创建的一个对象,就是一个对话框。对话框是一个容器,它的默认布局是 BorderLayout,对话框可以添加组件,实现与用户的交互操作。需要注意的是,对话框可见时,默认地被系统添加到显示器屏幕上,因此不允许将一个对话框添加到另一个容器中。

以下是构造对话框的两个常用构造方法。

(1) JDialog():构造一个无标题的初始不可见的对话框,对话框依赖一个默认的不可见的窗口,该窗口由 Java 运行环境提供。

(2) JDialog(JFrame owner):构造一个无标题的初始不可见的无模式的对话框,owner 是对话框所依赖的窗口,如果 owner 取 null,对话框依赖一个默认的不可见的窗口,该窗口由 Java 运行环境提供。

4. 代码模板的参考答案

【代码 1】 `JOptionPane.showInputDialog(this,"账户名称","输入对话框", JOptionPane.PLAIN_MESSAGE);`

【代码 2】 `JOptionPane.showConfirmDialog(this,"确认"+s+"是否正确","确认对话框", JOptionPane.YES_NO_OPTION );`

9.12.3 上机实践

1. 颜色对话框

可以用 javax.swing 包中的 JColorChooser 类的静态方法:

```
public static Color showDialog(Component component,
                               String title,
                               Color initialColor)
```

创建一个有模式的颜色对话框,其中参数 component 指定颜色对话框可见时的位置,颜色对话框在参数 component 指定的组件的正前方显示出来,如果 component 为 null,颜色对话框在屏幕的正前方显示出来。title 指定对话框的标题,initialColor 指定颜色对话框返回的初始颜色。用户通过颜色对话框选择颜色后,如果单击"确定"按钮,那么颜色对话框将消失、showDialog()方法返回对话框所选择的颜色对象。如果单击"撤销"按钮或关闭图标,那么颜色对话框将消失、showDialog()方法返回 null。上机调试下列代码,掌握怎样使用颜色对话框。

E1.java 源文件的内容如下:

```
public class E1 {
    public static void main(String args[]) {
        WindowColor win = new WindowColor();
        win.setTitle("带颜色对话框的窗口");
        win.setBounds(80,90,500,300);
    }
}
```

WindowColor.java 源文件的内容如下:

```java
import java.awt.event.*;
import java.awt.*;
import javax.swing.*;
public class WindowColor extends JFrame implements ActionListener {
    JButton button;
    WindowColor() {
        button = new JButton("打开颜色对话框");
        button.addActionListener(this);
        setLayout(new FlowLayout());
        add(button);
        setVisible(true);
        setDefaultCloseOperation(JFrame.EXIT_ON_CLOSE);
    }
    public void actionPerformed(ActionEvent e) {
        Color newColor =
        JColorChooser.showDialog
        (this,"调色板",getContentPane().getBackground());
        if(newColor!=null) {
            getContentPane().setBackground(newColor);
        }
    }
}
```

2. 文件对话框

文件对话框是一个从文件中选择文件的界面。javax.swing 包中的 JFileChooser 类可以创建文件对话框,使用该类的构造方法 JFileChooser()创建初始不可见的有模式的文件对话框。然后文件对话框调用下述两个方法:

```
showSaveDialog(Component a);
showOpenDialog(Component a);
```

都可以使得对话框可见,只是呈现的外观有所不同,showSaveDialog()方法提供保存文件的界面,showOpenDialog 方法提供打开文件的界面。上述两个方法中的参数 a 指定对话框可见时的位置,当 a 是 null 时,文件对话框出现在屏幕的中央;如果组件 a 不空,文件对话框在组件 a 的正前面居中显示。

用户单击文件对话框上的"确定""取消"或关闭图标,文件对话框将消失。showSaveDialog()或 showOpenDialog()方法返回下列常量之一:

```
JFileChooser.APPROVE_OPTION
JFileChooser.CANCEL_OPTION
```

如果希望文件对话框的文件类型是用户需要的几种类型。比如,扩展名是.jpeg 等图像类型的文件,可以使用 FileNameExtensionFilter 类事先创建一个对象(版本需 JDK1.6 版本或以上,FileNameExtensionFilter 类在 javax.swing.filechooser 包中)。例如:

```
FileNameExtensionFilter filter = new FileNameExtensionFilter("图像文件", "jpg", "gif");
```

然后让文件对话框调用 setFileFilter(FileNameExtensionFilter filter)方法设置对话框默认打开或显示的文件类型为参数指定的类型即可。例如:

```
chooser.setFileFilter(filter);
```

上机调试下列代码，掌握怎样使用文件对话框打开和保存文件。

E2.java 源文件的内容如下：

```java
public class E2 {
    public static void main(String args[]) {
        WindowReader win=new WindowReader();
        win.setTitle("使用文件对话框读写文件");
    }
}
```

WindowReader.java 源文件的内容如下：

```java
import java.awt.*;
import java.awt.event.*;
import javax.swing.*;
import javax.swing.filechooser.*;
import java.io.*;
public class WindowReader extends JFrame implements ActionListener {
    JFileChooser fileDialog;
    JMenuBar menubar;
    JMenu menu;
    JMenuItem itemSave,itemOpen;
    JTextArea text;
    BufferedReader in;
    FileReader fileReader;
    BufferedWriter out;
    FileWriter fileWriter;
    WindowReader() {
        init();
        setSize(300,400);
        setVisible(true);
        setDefaultCloseOperation(JFrame.EXIT_ON_CLOSE);
    }
    void init() {
        text=new JTextArea(10,10);
        text.setFont(new Font("楷体_gb2312",Font.PLAIN,28));
        add(new JScrollPane(text),BorderLayout.CENTER);
        menubar=new JMenuBar();
        menu=new JMenu("文件");
        itemSave=new JMenuItem("保存文件");
        itemOpen=new JMenuItem("打开文件");
        itemSave.addActionListener(this);
        itemOpen.addActionListener(this);
        menu.add(itemSave);
        menu.add(itemOpen);
        menubar.add(menu);
        setJMenuBar(menubar);
        fileDialog=new JFileChooser();
        FileNameExtensionFilter filter =
          new FileNameExtensionFilter("java文件", "java");   //文件对话框
        fileDialog.setFileFilter(filter);
```

```java
    }
    public void actionPerformed(ActionEvent e) {
      if(e.getSource()==itemSave) {
        int state=fileDialog.showSaveDialog(this);
        if(state==JFileChooser.APPROVE_OPTION) {
          try{
              File dir=fileDialog.getCurrentDirectory();
              String name=fileDialog.getSelectedFile().getName();
              File file=new File(dir,name);
              fileWriter=new FileWriter(file);
              out=new BufferedWriter(fileWriter);
              out.write(text.getText());
              out.close();
              fileWriter.close();
          }
          catch(IOException exp){}
        }
      }
      else if(e.getSource()==itemOpen) {
          int state=fileDialog.showOpenDialog(this);
          if(state==JFileChooser.APPROVE_OPTION) {
              text.setText(null);
              try{
                  File dir=fileDialog.getCurrentDirectory();
                  String name=fileDialog.getSelectedFile().getName();
                  File file=new File(dir,name);
                  fileReader=new FileReader(file);
                  in=new BufferedReader(fileReader);
                  String s=null;
                  while((s=in.readLine())!=null) {
                     text.append(s+"\n");
                  }
                  in.close();
                  fileReader.close();
              }
              catch(IOException exp){}
          }
      }
    }
}
```

9.13 小结

(1) 掌握怎样将其他组件嵌套到 JFrame 窗体中。
(2) 掌握各种组件的特点和使用方法。
(3) 本章重点掌握组件上的事件处理,Java 处理事件的模式是:事件源、监视器、处理事件的接口。

9.14 课外读物

扫描二维码即可观看学习。

习题 9

1. 问答题

(1) JFrame 类的对象的默认布局是什么布局？
(2) 一个容器对象是否可以使用 add 方法添加一个 JFrame 窗口？
(3) JTextField 可以触发什么事件？
(4) JTextArea 中的文档对象可以触发什么类型的事件？
(5) MouseListener 接口中有几个方法？
(6) 处理鼠标拖动触发的 MouseEvent 事件需使用哪个接口？

2. 选择题

(1) 下列叙述不正确的是(　　)。
  A. 一个应用程序中最多只能有一个窗口
  B. JFrame 创建的窗口默认是不可见的
  C. 不可以向 JFrame 窗口中添加 JFrame 窗口
  D. 窗口可以调用 setTitle(String s)方法设置窗口的标题

(2) 下列叙述不正确的是(　　)。
  A. JButton 对象可以使用 addActionLister(ActionListener l)方法将没有实现 ActionListener 接口的类的实例注册为自己的监视器
  B. 对于有监视器的 JTextField 文本框，如果该文本框处于活动状态(有输入焦点)时，用户即使不输入文本，只要按回车(Enter)键也可以触发 ActionEvent 事件
  C. 监视 KeyEvent 事件的监视器必须实现 KeyListener 接口
  D. 监视 WindowEvent 事件的监视器必须实现 WindowListener 接口

(3) 下列叙述不正确的是(　　)。
  A. 使用 FlowLayout 布局的容器最多可以添加 5 个组件
  B. 使用 BorderLayout 布局的容器被划分成 5 个区域
  C. JPanel 的默认布局是 FlowLayout 布局
  D. JDialog 的默认布局是 BorderLayout 布局

3. 编程题

编写一个应用程序，有一个标题为"计算"的窗口，窗口的布局为 FlowLayout 布局。设计 4 个按钮，分别命名为"加""差""积""除"，另外，窗口中还有 3 个文本框。单击相应的按钮，将两个文本框的数字做运算，在第三个文本框中显示结果。要求处理 NumberFormatException 异常。

第 10 章 多 线 程

主要内容

- Java 中的线程
- Thread 类
- 线程间共享数据
- 线程的常用方法
- 线程同步
- 协调同步的线程
- 线程联合
- GUI 线程

多线程是 Java 的特点之一，掌握多线程编程技术，可以充分利用 CPU 的资源，更容易解决实际中的问题。多线程技术广泛应用于和网络有关的程序设计中，因此掌握多线程技术，对于学习网络编程的内容是至关重要的。

10.1 Java 中的线程

10.1.1 基础知识

1. 操作系统与进程

进程是程序的一次动态执行过程，它对应了从代码加载、执行至执行完毕的一个完整过程。操作系统可以同时管理计算机系统中的多个进程，即可以让计算机系统中的多个进程轮流使用 CPU 资源，如图 10-1 所示，让多个进程共享操作系统所管理的资源，如让 Word 进程和其他的文本编辑器进程共享系统的剪贴板。

2. 进程与线程

没有进程就不会有线程，就像没有操作系统就不会有进程一样。尽管线程不是进程，但在许多方面它非常类似进程，通俗地来讲，线程是运行在进程中的"小进程"，如图 10-2 所示。一个进程在其执行过程中可以产生多个线程，这些线程可以共享进程中的某些内存单元（包括代码与数据），并利用这些共享单元来实现数据交换、实时通信与必要的同步操作。具有多个线程的进程能更好地表达和解决现实世界的具体问题，多线程是计算机应用开发和程序设计的一项重要的实用技术。

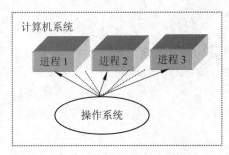

图 10-1 操作系统让进程轮流执行

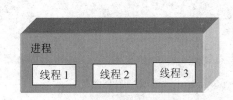

图 10-2 进程中的线程

3. Java 的多线程机制

Java 应用程序总是从主类的 main() 方法开始执行。当 JVM 加载代码，发现 main() 方法之后，就会启动一个线程,这个线程被称为"主线程"(main 线程),该线程负责执行 main()方法。那么,如果在 main()方法的执行中再创建线程,就称为程序中的其他线程,也叫用户线程。如果 main()方法中没有创建其他线程,那么当 main()方法执行完最后一个语句,即 main()方法返回时,JVM 就会结束我们的 Java 应用程序。如果 main()方法中又创建了其他线程,那么 JVM 就要在主线程和其他线程之间轮流切换,保证每个线程都有机会使用 CPU 资源,main()方法即使执行完最后的语句(主线程结束),JVM 也不会结束 Java 应用程序,JVM 一直要等到 Java 应用程序中的所有线程都结束之后,才结束 Java 应用程序,如图 10-3 所示。

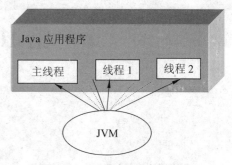

图 10-3　JVM 让线程轮流执行

4. Thread 类

用 Thread 类或它的子类创建线程,新建的线程通过调用 start()方法申请使用 CPU 资源。当 JVM 将 CPU 使用权切换给线程时,如果线程是用 Thread 的子类创建的,那么该子类中的 run()方法就立刻执行〔run()方法体现了该线程需要完成的任务〕。Thread 的子类需要重写父类的 run()方法,其原因是 Thread 类中的 run()方法没有具体内容,Thread 类的子类通过重写 run()方法来体现线程需要完成的任务。

10.1.2　基础训练

基础训练的能力目标是在 Java 应用程序中使用 Thread 类的子类创建新线程。

1. 基础训练的主要内容

在 Java 应用程序中用 Thread 的子类创建两个线程,这两个线程分别在命令行窗口输出 20 句"大象"和"轿车";主线程在命令行窗口输出 15 句"主人"。

2. 基础训练使用的代码模板

仔细阅读下列 Application10_1.java,以及训练小结对程序运行效果所做的分析。程序运行效果如图 10-4 所示。

Appilcation10_1.java 源文件的内容如下:

```java
public class Application10_1 {
    public static void main(String args[]) {        //主线程负责执行 main 方法
        SpeakElephant speakElephant;
        SpeakCar speakCar;
        speakElephant = new SpeakElephant();         //创建线程 speakElephant
        speakCar = new SpeakCar();                   //创建线程 speakCar
        speakElephant.start();                       //启动线程
        speakCar.start();                            //启动线程
        for(int i=1;i<=15;i++) {
            System.out.print("主人"+i+"  ");         //主线程在命令行窗口输出 15 句"主人"
        }
    }
}
```

SpeakElephant.java 源文件的内容如下:

```java
public class SpeakElephant extends Thread {         //Thread 类的子类
    public void run() {
        for(int i=1;i<=20;i++) {
            System.out.print("大象"+i+"  ");        //在命令行窗口输出 20 句"大象"
```

SpeakCar.java 源文件的内容如下：

```java
public class SpeakCar extends Thread {           //Thread类的子类
    public void run() {
        for(int i=1;i<=20;i++) {
            System.out.print("轿车"+i+"  ");     //在命令行窗口输出 20 句"轿车"
        }
    }
}
```

```
主人1 轿车1 轿车2 轿车3 轿车4 轿车5 轿车6 轿车7 轿车8 轿车9 轿车10 轿车11 轿车12 轿车13 轿车14
车15 大象1 大象2 大象3 大象4 大象5 大象6 大象7 大象8 大象9 大象10 大象11 大象12 大象13 大象14
人2 主人3 主人4 主人5 主人6 主人7 主人8 主人9 主人10 主人11 主人12 主人13 主人14 主人15 轿车16
车17 轿车18 轿车19 轿车20 大象15 大象16 大象17 大象18 大象19 大象20
```

图 10-4 Java 中的多线程

3. 训练小结与拓展

现在我们来分析上述程序的运行结果。

（1）JVM 首先将 CPU 资源给主线程

主线程在使用 CUP 资源时执行了：

```java
SpeakElephant speakElephant;
SpeakCar speakCar;
speakElephant = new SpeakElephant();
speakCar = new SpeakCar();
speakElephant.start();
speakCar.start();
```

6 个语句后，并将 for 循环语句：

```java
for(int i=1;i<=15;i++) {
    System.out.print("主人"+i+"  ");
}
```

执行到第 1 次循环，输出了：

```
主人 1
```

主线程为什么没有将这个 for 循环语句执行完呢？这是因为，主线程在使用 CPU 资源时，已经执行了：

```java
speakElephant.start();
speakCar.start();
```

那么，JVM 这时就知道已经有 3 个线程：main 线程、speakElephant 线程和 speakCar 线程，它们需要轮流切换使用 CPU 资源了。因而，在 main 线程使用 CPU 资源执行到 for 语句的第 1 次循环之后，JVM 就将 CPU 资源切换给 speakCar 线程了。

（2）在 speakElephant、speakCar 和 main 线程之间切换

JVM 让 speakCar、speakElephant 和 main 线程轮流使用 CPU 资源,再输出下列结果：

```
轿车1 轿车2 轿车3 轿车4 轿车5 轿车6 轿车7 轿车8 轿车9 轿车10 轿车11 轿车12 轿车13
轿车14 轿车15 大象1 大象2 大象3 大象4 大象5 大象6 大象7 大象8 大象9 大象10 大象
11 大象12 大象13 大象14 主人2 主人3 主人4 主人5 主人6 主人7 主人8 主人9 主人10 主
人11 主人12 主人13 主人14 主人15
```

这时,main()方法中的循环语句执行完毕,继而 main()方法结束,即主线程结束,但 Java 应用程序还没有结束,因为还有其他线程没有结束。

（3）JVM 在 speakCar 线程和 speakElephant 线程之间切换

JVM 知道主线程不再需要 CPU 资源,因此,JVM 轮流让 speakCar 线程和 speakElephant 线程使用 CPU 资源,再输出下列结果：

```
轿车16 轿车17 轿车18 轿车19 轿车20 大象15 大象16 大象17 大象18 大象19 大象20
```

这时,Java 程序中的所有线程都结束了,JVM 结束 Java 程序的执行。

注：上述程序在不同的计算机运行或在同一台计算机反复运行的结果不尽相同,输出结果依赖当前 CPU 资源的使用情况。

4. 代码模板的参考答案

无参考答案。

10.1.3 上机实践

如果不使用多线程技术,在一个 Java 应用程序中无法出现 2 个无限循环语句。比如 Hello.java 代码：

```java
public class Hello {
    public static void main(String args[]) {
        while(true) {
            System.out.println("hello");
        }
        while(true) {
            System.out.println("小鸟");
        }
    }
}
```

上述 Hello.java 代码是有问题的,因为第 2 个 while 语句是永远没有机会执行的代码。如果能在主线程中创建两个线程,每个线程分别执行一个 while 循环,那么两个循环就都有机会执行,即一个线程中的 while 语句执行一段时间后,就会轮到另一个线程中的 while 语句执行一段时间,这是因为,Java 虚拟机（JVM）负责管理这些线程,这些线程将被轮流执行,使每个线程都有机会使用 CPU 资源。

上机调试下列代码,观察程序是怎样使用多线程实现 2 个无限循环语句的(可以按"Ctrl＋C"结束程序)。

E.java 源文件的内容如下：

```java
public class E {
    public static void main(String args[]) {
        SpeakHello threadOne;
        SpeakBird  threadTwo;
        threadOne = new SpeakHello() ;
```

```
        threadTwo = new SpeakBird();
        threadOne.start();
        threadTwo.start();
    }
}
```

SpeakHello.java 源文件的内容如下:

```
public class SpeakHello extends Thread {
    public void run() {
        for(int i=1;true;i++) {
            System.out.print("hello"+i+"   ");
        }
    }
}
```

SpeakBird.java 源文件的内容如下:

```
public class SpeakBird extends Thread {
    public void run() {
        for(int i=1;true;i++) {
            System.out.print("小鸟"+i+"   ");
        }
    }
}
```

10.2 Thread 类

10.2.1 基础知识

1. Thread 类的子类

在 Java 语言中,用 Thread 类或子类创建线程。例如,第 10.1 节中的 Application10_1.java 用 Thread 子类创建线程。在编写 Thread 类的子类时,需重写父类的 run()方法,目的是给出线程的具体操作,否则线程就什么也不做,因为父类的 run()方法中没有任何操作语句。

2. Thread 类

使用 Thread 子类创建线程的优点是可以在子类中增加新的成员变量,使线程具有某种属性,也可以在子类中新增加方法,使线程具有某种功能。但是,Java 不支持多继承,Thread 类的子类不能再扩展其他的类。

创建线程的另一个途径就是用 Thread 类直接创建线程对象。使用 Thread 创建线程通常使用的构造方法是:

```
Thread(Runnable target)
```

该构造方法中的参数是一个 Runnable 类型的接口,因此,在创建线程对象时必须向构造方法的参数传递一个实现 Runnable 接口类的实例,该实例对象称作所创线程的目标对象,当线程调用 start()方法后,一旦轮到它来享用 CPU 资源,目标对象就会自动调用接口中的 run()方法(接口回调),这一过程是自动实现的,用户程序只需要让线程调用 start 方法即可。线程绑定于 Runnable 接口,也就是说当线程被调度并转入运行状态时,所执行的就是 run()方法中所规定的操作。

10.2.2 基础训练

基础训练的能力目标是用 Thread 类创建线程。

1. 基础训练的主要内容

代码模板和前面第 10.1 节中的类似，但不使用 Thread 类的子类创建线程，而是使用 Thread 类创建 speakElephant 和 speakCar 线程，请读者注意比较本节代码模板和第 10.1 节代码模板的细微差别。在 Java 应用程序中用 Thread 的子类创建两个线程，这两个线程分别在命令行窗口输出 20 句"大象"和"轿车"；主线程在命令行窗口输出 15 句"主人"。

2. 基础训练使用的代码模板

将 Application10_2.java 中的【代码】替换为程序代码。程序运行效果如图 10-5 所示。
Application10_2.java 源文件的内容如下：

```java
public class Application10_2 {
    public static void main(String args[]) {
        Thread speakElephant;                      //用 Thread 声明线程
        Thread speakCar;
        ElephantTarget elephant;
        CarTarget car;
        elephant = new ElephantTarget();           //创建目标对象
        car = new CarTarget();                     //创建目标对象
        【代码 1】                                  //创建线程 speakElephant,其目标对象是 elephant
        【代码 2】                                  //创建线程 speakCar,其目标对象是 car
        speakElephant.start();
        speakCar.start();
        for(int i=1;i<=15;i++) {
            System.out.print("主人"+i+"  ");
        }
    }
}
```

ElephantTarget.java 源文件的内容如下：

```java
public class ElephantTarget implements Runnable {    //实现 Runnable 接口
    public void run() {
        for(int i=1;i<=20;i++) {
            System.out.print("大象"+i+"  ");
        }
    }
}
```

CarTarget.java 源文件的内容如下：

```java
public class CarTarget implements Runnable {         //实现 Runnable 接口
    public void run() {
        for(int i=1;i<=20;i++) {
            System.out.print("轿车"+i+"  ");
        }
    }
}
```

主人1	主人2	主人3	主人4	主人5	主人6	主人7	主人8	主人9	主人10	主人11	主人12	主人13	主人14	主人15
大象1	大象2	大象3	大象4	大象5	大象6	大象7	大象8	大象9	大象10	大象11	大象12	大象13	大象14	大象15
大象16	轿车1	轿车2	轿车3	轿车4	轿车5	轿车6	轿车7	轿车8	轿车9	轿车10	轿车11	轿车12	轿车13	轿车14
轿车15	轿车16	轿车17	轿车18	轿车19	轿车20	大象17	大象18	大象19	大象20					

图 10-5　Thread 类创建线程

3. 训练小结与拓展

Java 语言使用 Thread 类及其子类的对象来表示线程，新建的线程在它的一个完整的生命周期中通常要经历以下 4 种状态。

(1) 新建

当一个 Thread 类或其子类的对象被声明并创建时，新生的线程对象处于新建状态。

(2) 运行

线程必须调用 start()方法(从父类继承的方法)通知 JVM，这样 JVM 就会知道又有一个新线程排队等候切换了。在线程没有结束 run()方法之前，不要让线程再调用 start()方法，否则将发生 ILLegalThreadStateException 异常。

(3) 中断

有以下 4 种原因的中断。

① JVM 将 CPU 资源从当前线程切换给其他线程，使当前线程进入中断状态。

② 线程执行了 sleep(int millsecond)方法，使当前线程进入中断状态(见第 10.4.1 小节)。

③ 线程执行了 wait()方法，使当前线程进入中断状态。

④ 线程执行某个操作进入阻塞状态，使当前线程进入中断状态。

(4) 死亡

处于死亡状态的线程不具有继续运行的能力。线程死亡的原因有 2 个，一个是正常运行的线程完成了它的全部工作，即执行完 run()方法中的全部语句、结束了 run()方法；另一个原因是线程被提前强制性地终止，即强制 run()方法结束。

线程间可以共享相同的内存单元(包括代码与数据)，并利用这些共享单元来实现数据交换、实时通信与必要的同步操作。对于 Thread(Runnable target)构造方法创建的线程，轮到它来享用 CPU 资源时，目标对象就会自动调用接口中的 run()方法，因此，对于使用同一目标对象的线程，目标对象的成员变量自然就是这些线程共享的数据单元。另外，创建目标对象的类在必要时还可以是某个特定类的子类，因此，使用 Runnable 接口比使用 Thread 的子类更具有灵活性。

4. 代码模板的参考答案

【代码 1】　speakElephant = new Thread(elephant);

【代码 2】　speakCar = new Thread(car);

10.2.3　上机实践

下面的代码中，speakCar 线程主动调用 sleep 方法进入中断状态，请调试下列代码，并能合理解释程序的运行效果。

E.java 源文件的内容如下：

```java
public class E {
    public static void main(String args[]) {
        Thread speakElephant;
        Thread speakCar;
        ElephantTarget elephant;
        CarTarget car;
        elephant = new ElephantTarget();
```

```java
            car = new CarTarget();
            speakElephant = new Thread(elephant);
            speakCar = new Thread(car);
            speakElephant.start();
            speakCar.start();
    }
}
```

CarTarget.java 源文件的内容如下：

```java
public class CarTarget implements Runnable {         //实现 Runnable 接口
    public void run() {
        for(int i=1;i<=20;i++) {
            System.out.print("轿车"+i+"  ");
            try {
                Thread.sleep(1000);                  //中断 1000 毫秒
            }
            catch(InterruptedException e){}
        }
    }
}
```

ElephantTarget.java 源文件的内容如下：

```java
public class ElephantTarget implements Runnable {    //实现 Runnable 接口
    public void run() {
        for(int i=1;i<=20;i++) {
            System.out.print("大象"+i+"  ");
        }
    }
}
```

10.3 线程间共享数据

10.3.1 基础知识

1. 具有相同目标的线程

线程间可以共享相同的内存单元（包括代码与数据），并利用这些共享单元来实现数据交换、实时通信与必要的同步操作。对于 Thread(Runnable target)构造方法创建的线程，轮到它来享用 CPU 资源时，目标对象就会自动调用接口中的 run()方法，因此，对于使用同一目标对象的线程，目标对象的成员变量自然就是这些线程共享的数据单元。另外，创建目标对象类在必要时还可以是某个特定类的子类，因此，使用 Runnable 接口比使用 Thread 的子类更具有灵活性。

2. 优先级别

Java 虚拟机中的线程调度器负责管理线程，调度器把线程的优先级分为 10 个级别，分别用 Thread 类中的类常量表示。每个 Java 线程的优先级都在常数 1~10，即 Thread.MIN_PRIORITY 和 Thread.MAX_PRIORITY 之间。如果没有明确地设置线程的优先级别，每个线程的优先级都为常数 5，即 Thread.NORM_PRIORITY。

线程的调度执行是按照其优先级的高低顺序进行的，当高级别的线程未死亡时，低级线程没有机会获得 CPU 资源。有时，优先级高的线程需要优先级低的线程做一些工作来配合它，此时优先级高的线程应该让出 CPU 资源,使优先级低的线程有机会执行。为达到这个目的,优先级高的线程可以在它的 run()方法中调用 sleep()方法(Thread 类的静态方法)来使自己放弃 CPU 资源,休眠一段时间。休眠时间的长短由 sleep()方法的参数决定,millsecond 是以毫秒为单位的休眠时间。如果线程在休眠时被打断,JVM 就抛出 InterruptedException 异常。因此,必须在 try~catch 语句块中调用 sleep()方法。在实际编程时,不提倡使用线程的优先级来保证算法的正确执行,要编写正确、跨平台的多线程代码,必须假设线程在任何时刻都有可能被剥夺 CPU 资源的使用权(见第 10.6 节)。

10.3.2 基础训练

基础训练的能力目标是能让多个线程共享数据。

1. 基础训练的主要内容

使用 Thread 类创建两个模拟猫和狗的线程,猫和狗共享房屋中的一桶水,即房屋是线程的目标对象,房屋中的一桶水被猫和狗共享。猫和狗轮流喝水(狗喝得多,猫喝得少),当水被喝尽时,猫和狗进入死亡状态。猫或狗在轮流喝水的过程中,主动休息片刻[让 Thread 类调用 sleep(int n)进入中断状态],而不是等到被强制中断喝水。

2. 基础训练使用的代码模板

将下列 Application10_3.java 中的【代码】替换为程序代码。程序运行效果如图 10-6 所示。
Application10_3.java 源文件的内容如下:

```java
public class Application10_3 {
    public static void main(String args[]) {
        House house = new House();
        house.setWater(10);
        Thread dog,cat;                          //声明两个线程
        【代码 1】                                //创建 dog 线程,dog 的目标对象是 house
        【代码 2】                                //创建 cat 线程,cat 的目标对象是 house
        dog.setName("狗");
        cat.setName("猫");
        dog.start();
        cat.start();
    }
}
```

House.java 源文件的内容如下:

```java
public class House implements Runnable {
    int waterAmount;           //用 int 变量模拟水量,该水量被线程共享
    public void setWater(int w) {
        waterAmount = w;
    }
    public void run() {
        while(true) {
            String name=Thread.currentThread().getName();
            if(name.equals("狗")) {
                System.out.print(name+"喝水") ;
                waterAmount=(waterAmount>=2?waterAmount-2:0);       //狗喝得多
            }
            else if(name.equals("猫")){
                System.out.print(name+"喝水") ;
```

```
                waterAmount=(waterAmount>=1?waterAmount-1:0);         //猫喝得少
            }
            System.out.println(" 剩 "+waterAmount);
            try{  Thread.sleep(2000);                                 //间隔时间
            }
            catch(InterruptedException e){}
            if(waterAmount<=0) {
                    return;
            }
        }
    }
}
```

```
C:\ch10>java Application10_3
狗喝水猫喝水  剩 8
剩 7
猫喝水  剩 6
狗喝水  剩 4
猫喝水  剩 3
狗喝水  剩 1
猫喝水  剩 0
```

图 10-6　线程间共享数据

3. 训练小结与拓展

cat 和 dog 是具有相同目标对象的两个线程,当其中一个线程享用 CPU 资源时,目标对象自动调用接口中的 run()方法,当轮到另一个线程享用 CPU 资源时,目标对象会再次调用接口中的 run()方法,也就是说 run()方法已经启动运行了两次,分别运行在不同的线程中,即运行在不同的时间片内。dog 线程在某一时刻,如 12:00:00 首先获得 CPU 使用权,即目标对象在 12:00:00 第一次启动 run 方法。需要注意的是,在 dog 主动让出 CPU 资源之前,可能被 JVM 中断 CPU 的使用权,即 JVM 将 CPU 的使用权切换给 cat,这时,时间大概是 12:00:00 零 2 毫秒,即 12:00:00 零 2 毫秒,目标对象第 2 次启动 run()方法,也就是说 cat 开始工作了。JVM 将轮流切换 CPU 给 dog 和 cat,保证 12:00:00 和 12:00:00 零 2 毫秒分别启动的 run()方法都有机会运行,直到运行完毕。

目标对象和线程完全解耦。在上述任务模板中,创建目标对象的 House 类并没有组合 cat 和 dog 线程对象,也就是说 House 创建的目标对象不包含 cat 和 dog 线程对象(完全解耦)。在这种情况下,目标对象经常需要通过获得线程的名字(因为无法获得线程对象的引用),如任务模板代码:

```
String name = Thread.currentThread().getName();
```

以便确定是哪个线程正在占用 CPU 资源,即被 JVM 正在执行的线程。

4. 代码模板的参考答案

【代码 1】　dog = new Thread(house);
【代码 2】　cat = new Thread(house);

10.3.3　上机实践

目标对象组合线程(弱耦合)。目标对象可以组合线程,即将线程作为自己的成员(弱耦合),如让线程 cat 和 dog 在 House 中(形象地说就是让 cat 和 dao 成为家猫、家狗)。当创建目标对象类组合线程对象时,目标对象可以通过获得线程对象的引用:

```
Thread.currentThread();
```

来确定是哪个线程正在占用 CPU 资源,即被 JVM 正在执行的线程。

请调式下列代码,注意线程和目标对象之间的关系(是弱耦合关系),体会这里的代码和任务模板中代码的不同之处。

E.java 源文件的内容如下:

```java
public class E {
    public static void main(String args[ ]) {
        House house = new House();
        house.setWater(10);
        house.dog.start();
        house.cat.start();
    }
}
```

House.java 源文件的内容如下:

```java
public class House implements Runnable {
    int waterAmount;                                      //用 int 变量模拟水量
    Thread dog,cat;                                       //线程是目标对象的成员
    House() {
        dog=new Thread(this);                             //当前 House 对象作为线程的目标对象
        cat=new Thread(this);
    }
    public void setWater(int w) {
        waterAmount = w;
    }
    public void run() {
        while(true) {
            Thread t=Thread.currentThread();
            if(t==dog) {
                System.out.println("家狗喝水") ;
                waterAmount=(waterAmount>=2?waterAmount-2:0);       //狗喝得多
            }
            else if(t==cat){
                System.out.println("家猫喝水") ;
                 waterAmount=(waterAmount>=1?waterAmount-1:0);      //猫喝得少
            }
            System.out.println(" 剩 "+waterAmount);
            try{   Thread.sleep(2000);                              //间隔时间
            }
            catch(InterruptedException e){}
            if(waterAmount<=0) {
                    return;
            }
        }
    }
}
```

10.4 线程的常用方法

10.4.1 基础知识

1. start()

线程调用该方法将启动线程,使之从新建状态进入就绪队列排队,一旦轮到它来享用 CPU 资源时,就可以脱离创建它的线程独立开始自己的生命周期了。需要特别注意的是,线程调用 start()方法之后,就不必再让线程调用 start()方法,否则将导致 IllegalThreadStateException 异常,即只有处于新建状态的线程才可以调用 start()方法,调用之后就进入排队等待 CUP 资源了,如果再让线程调用 start()方法显然是多余的。

2. run()

Thread 类的 run()方法与 Runnable 接口中的 run()方法的功能和作用相同,都用来定义线程对象被调度之后所执行的操作,都是系统自动调用而用户程序不得引用的方法(不要让线程直接调用 run 方法。程序让线程调用 start()方法即可)。系统的 Thread 类的 run()方法或 Runnable 接口中的 run()方法没有具体内容,所以用户程序需要创建自己的 Thread 类的子类或实现 Runnable 接口的类,并重写 run()方法来覆盖原来的 run()方法。当 run()方法执行完毕,线程就变成死亡状态。

3. sleep(int millsecond)

线程的调度执行是按照其优先级的高低顺序进行的,当高级别的线程未死亡时,低级线程没有机会获得 CPU 资源。有时,优先级高的线程需要优先级低的线程做一些工作来配合它,或者优先级高的线程需要完成一些费时的操作,此时优先级高的线程应该让出 CPU 资源,使优先级低的线程有机会执行。为达到这个目的,优先级高的线程可以在它的 run()方法中调用 sleep 方法来使线程自己放弃 CPU 资源,休眠一段时间。休眠时间的长短由 sleep()方法的参数决定,millsecond 是毫秒为单位的休眠时间。如果线程在休眠时被打断,JVM 就抛出 InterruptedException 异常。因此,必须在 try～catch 语句块中调用 sleep()方法。

4. currentThread()

currentThread()方法是 Thread 类中的类方法,可以用类名调用,该方法返回当前正在使用 CPU 资源的线程。

5. interrupt()

interrupt()方法经常用来"吵醒"休眠的线程。当一些线程调用 sleep()方法处于休眠状态时,一个占有 CPU 资源的线程可以让休眠的线程调用 interrupt()方法"吵醒"自己,即导致休眠的线程发生 InterruptedException 异常,从而结束休眠,重新排队等待 CPU 资源。

10.4.2 基础训练

基础训练的能力目标是使用 interrupt()方法"吵醒"休眠的线程。

1. 基础训练的主要内容

用两个线程:student 和 teacher 模拟学生和教师,其中 student 准备睡一小时后再开始上课,teacher 在输出 3 句"上课"后,吵醒休眠的线程 student。

2. 基础训练使用的代码模板

将下列 ClassRoom.java 中的【代码】替换为程序代码。程序运行效果如图 10-7 所示。

Application10_4.java 源文件的内容如下:

```
public class Application10_4 {
    public static void main(String args[]) {
        ClassRoom room = new ClassRoom();
```

```
        room.student.start();
        room.teacher.start();
    }
}
```

ClassRoom.java 源文件的内容如下：

```
public class ClassRoom implements Runnable {
    Thread  student,teacher;    //教室里有 student 和 teacher 两个线程
    ClassRoom() {
        【代码 1】                //创建 teacher,当前 ClassRoom 的实例作为目标对象
        【代码 2】                //创建 student,当前 ClassRoom 的实例作为目标对象
        teacher.setName("王教授");
        student.setName("张三");
    }
    public void run(){
        if(Thread.currentThread()==student) {
            try{ System.out.println(student.getName()+"正在睡觉,不听课");
                Thread.sleep(1000 * 60 * 60);
            }
            catch(InterruptedException e) {
                System.out.println(student.getName()+"被老师叫醒了");
            }
            System.out.println(student.getName()+"开始听课");
        }
        else if(Thread.currentThread()==teacher)  {
            for(int i=1;i<=3;i++) {
                System.out.println("上课!");
                try{ Thread.sleep(500);
                }
                catch(InterruptedException e){}
            }
            【代码 3】               //吵醒 student
        }
    }
}
```

```
张三正在睡觉,不听课
上课!
上课!
上课!
张三被老师叫醒了
张三开始听课
```

图 10-7 线程常用方法

3. 训练小结与拓展

线程处于"新建"状态时,线程调用 isAlive()方法返回 false。当一个线程调用 start()方法,并占有 CUP 资源后,该线程的 run()方法就开始运行,在线程的 run()方法结束之前,即没有进入死亡状态之前,线程调用 isAlive()方法返回 true。当线程进入"死亡"状态后,线程仍可以调用方法 isAlive(),这时返回的值是 false。

需要注意的是,一个已经运行的线程在没有进入死亡状态时,不要再给线程分配实体,由于线程只能引

用最后分配的实体,先前的实体就会成为"垃圾",并且不会被垃圾收集机收集掉。例如:

```
Thread thread = new Thread(target);
thread.start();
```

如果线程 thread 占有 CPU 资源进入了运行状态,这时再执行:

```
thread = new Thread(target);
```

那么,先前的实体就会成为"垃圾",并且不会被垃圾收集机收集掉,因为 JVM 认为那个"垃圾"实体正在运行状态,如果突然释放,则可能会引起错误甚至设备的毁坏。

现在让我们分析以下线程分配实体的过程,执行代码:

```
Thread thread = new Thread(target);
thread.start();
```

执行后的内存示意图如图 10-8 所示。

再执行代码:

```
thread = new Thread(target);
```

执行后的内存示意图如图 10-9 所示。

图 10-8　初建线程　　　　　　　图 10-9　重新分配实体的线程

4. 代码模板的参考答案

【代码1】　teacher = new Thread(this);
【代码2】　student = new Thread(this);
【代码3】　student.interrupt();

10.4.3　上机实践

调试 E1.java 和 E2.java,注意两者的不同之处,特别是输出结果的不同,从而进一步理解 start() 方法和 run() 方法。

E1.java 源文件的内容如下:

```
public class E1 {                    //JVM认为这个应用程序共有两个线程:主线程和thread
    public static void main(String args[]) {
        Target target = new Target();
        Thread thread = new Thread(target);
        thread.start();
        for(int i =0 ;i<=10;i++){
            System.out.println(i);
        }
```

```
    }
}
class Target implements Runnable{
    public void run(){
        for(char c = 'a' ;c<='k';c++){
            System.out.println(c);
        }
    }
}
```

E2.java 源文件的内容如下：

```
public class E2 {              //JVM认为这个应用程序只有一个main主线程,因为thread没调用statrt()方法
    public static void main(String args[]) {
        Target target =new Target();
        Thread thread =new Thread(target);
        target.run();
        for(int i =0 ;i<=10;i++){
            System.out.println(i);
        }
    }
}
class Target implements Runnable{
    public void run(){
        for(char c = 'a' ;c<='k';c++){
            System.out.println(c);
        }
    }
}
```

10.5 线程同步

10.5.1 基础知识

所谓线程同步就是若干个线程都需要使用一个 synchronized（同步）修饰的方法，即程序中的若干个线程都需要使用一个方法，而这个方法用 synchronized 给予了修饰。多个线程调用 synchronized 方法必须遵守同步机制。

线程同步机制：当一个线程 A 使用 synchronized()方法时，其他线程想使用这个 synchronized()方法时就必须等待，直到线程 A 使用完该 synchronized()方法。

在使用多线程解决许多实际问题时，可能要把某些修改数据的方法用关键字 synchronized 来修饰，即使用同步机制。

10.5.2 基础训练

基础训练的能力目标是使用线程同步机制解决相关问题。

1. 基础训练的主要内容

基础训练的主要内容有以下 3 点。

① 编写两个线程：会计和出纳，他俩共同拥有一个账本。

② 他俩都可以使用 saveOrTake(int amount)方法对账本进行访问，会计使用 saveOrTake(int amount)

方法时,向账本上写入存钱记录;出纳使用 saveOrTake(int amount)方法时,向账本写入取钱记录。

③ 会计正在使用 saveOrTake(int amount)时,出纳被禁止使用,反之也是这样。即 saveOrTake(int amount)方法应当是一个 synchronized()方法。

2. 基础训练使用的代码模板

将下列 Aplication10_5.java 中的【代码】替换为程序代码。程序运行效果如图 10-10 所示。
Application10_5.java 源文件的内容如下:

```java
public class Application10_5 {
    public static void main(String args[]) {
        Bank bank = new Bank();
        bank.setMoney(200);
        Thread accountant,                //会计
               cashier;                   //出纳
        【代码1】                          //创建 accountant,其目标对象是 bank
        【代码2】                          //创建 cashier,其目标对象是 bank
        accountant.setName("会计");
        cashier.setName("出纳");
        accountant.start();
        try {
            Thread.sleep(1000);
        }
        catch(Exception exp){}
        cashier.start();
    }
}
```

Bank.java 源文件的内容如下:

```java
public class Bank implements Runnable {
    int money=200;
    public void setMoney(int n) {
        money=n;
    }
    public void run() {
        if(Thread.currentThread().getName().equals("会计"))
            saveOrTake(300);
        else if(Thread.currentThread().getName().equals("出纳"))
            saveOrTake(150);
    }
    public synchronized void saveOrTake(int amount) {    //存取方法
        if(Thread.currentThread().getName().equals("会计")) {
            for(int i=1;i<=3;i++) {
                money=money+amount/3;                    //每存入 amount/3,稍歇一下
                System.out.println(Thread.currentThread().getName()+
                    "存入"+amount/3+",账上有"+money+"万,休息一会再存");
                try { Thread.sleep(1000);                //这时出纳仍不能使用 saveOrTake 方法
                }
                catch(InterruptedException e){}
            }
        }
```

```
            else if(Thread.currentThread().getName().equals("出纳")) {
                for(int i=1;i<=3;i++) {
                    int amountMoney = 0;                          //出纳取出的钱
                    if(money>=500) {
                        amountMoney = amount/2;                   //取出 amount/2
                    }
                    else if(money>=400&&money<500)
                        amountMoney=amount/3;                     //取出 amount/3
                    else if(money>=200&&money<400)
                        amountMoney = amount/5;                   //取出 amount/5
                    else if(money<200)
                        amountMoney = amount/10;                  //取出 amount/10
                    money = money -  Math.min(amountMoney,money);
                    System.out.println(Thread.currentThread().getName()+
                        "取出"+amountMoney+"账上有"+money+"万,休息一会再取");
                    try { Thread.sleep(1000);                     //这时会计仍不能使用 saveOrTake 方法
                    }
                    catch(InterruptedException e){}
                }
            }
        }
    }
}
```

```
C:\ch10>java Application10_5
会计存入100,账上有300万,休息一会再存
会计存入100,账上有400万,休息一会再存
会计存入100,账上有500万,休息一会再存
出纳取出75账上有425万,休息一会再取
出纳取出50账上有375万,休息一会再取
出纳取出30账上有345万,休息一会再取
```

图 10-10　线程同步

3. 训练小结与拓展

会计使用 saveOrTake(int amount)时,主动调用 sleep()方法让自己进入中断状态(模拟会计喝茶休息),但存钱这件事还没结束,即会计还没有使用完 saveOrTake(int amount)方法,出纳仍不能使用 saveOrTake(int amount);出纳使用 saveOrTake(int amount)时,主动调用 sleep()方法让自己进入中断状态(模拟出纳喝茶休息)。

4. 代码模板的参考答案

【代码1】　accountant = new Thread(bank);
【代码2】　cashier = new Thread(bank);

10.5.3　实践环节

(1) 请修改 Bank.java 中的 saveOrTake(int amount)方法,去掉该方法前的 synchronized 关键字,并解释程序的运行效果。

(2) 上机调试 E.java,并能解释【代码】的输出结果。

E.java 源文件的内容如下:

```
public class E {
    public static void main(String args[]) {
        Target t = new Target();
```

```java
            Thread dog = new Thread(t);
            Thread cat = new Thread(t);
            dog.start();
            cat.start();
            while(true){
               if(dog.isAlive() ==false&&cat.isAlive() ==false) {
                   break;
               }
            }
            System.out.println(t.buffer);       //【代码】
       }
    }
    class Target implements Runnable{
        StringBuffer buffer;
        Target(){
            buffer = new StringBuffer();
        }
        public void run(){
            f();
        }
        public synchronized void f(){
            for(int i = 1;i<=3;i++){
                buffer.append(i);
            }
        }
    }
```

10.6 协调同步的线程

10.6.1 基础知识

1. 同步引发的问题

当一个线程使用同步方法时，其他线程如果想使用这个同步方法就必须等待，一直等到当前线程使用完该同步方法。对于同步方法，有时涉及某些特殊情况，如一个人（好比一个线程）在一个售票窗口排队购买电影票时，假设负责卖票的方法：saleTicket(int m)是同步方法，如果他给售票员的钱不是零钱（传递给：saleTicket(int m)方法的参数的值是他给售票员的钱），那么 saleTicket(int m)方法就无法成功执行。因此，必须采取措施让这个没有零钱的人暂时中断买票，即允许其他人使用 saleTicket(int m)方法买票。

2. 同步方法中使用 wait()和 notify()方法

当一个线程使用的同步方法中用到某个变量，而此变量又需要其他线程修改后才能符合本线程需要时，可以在同步方法中使用 wait()方法。wait()方法可以中断方法的执行，使本线程等待，暂时让出 CPU 的使用权，并允许其他线程使用这个同步方法。其他线程如果在使用这个同步方法时不需要等待，那么它使用完这个同步方法的同时，应当用 notifyAll()方法通知所有的由于使用这个同步方法而处于等待的线程结束等待，曾中断的线程就会从刚才的中断处继续执行这个同步方法，并遵循"先中断先继续"的原则。如果使用 notify()方法，那么只是通知处于等待中的线程的某一个结束等待。

10.6.2 基础训练

基础训练的能力目标是使用 wait()和 notify()方法协调同步的线程。

1. 基础训练的主要内容

用线程模拟两个人：帅哥和美女。帅哥和美女买电影票，即需要让售票员调用 saleTicket(int m) 方法卖票给二位。售票员只有两张五元钱，电影票 5 元钱一张。帅哥拿二十元一张的人民币排在李逵的前面买票，美女拿一张 5 元的人民币买票。因此帅哥必须等待(美女比帅哥先买了票)。

2. 基础训练使用的代码模板

将下列 Application10_6.java 中的【代码】替换为程序代码。运行效果如图 10-11 所示。
Application10_6.java 源文件的内容如下：

```java
public class Application10_6 {
    public static void main(String args[]) {
        TicketHouse officer = new TicketHouse();
        Thread boy,girl;
        【代码 1】        //创建 boy,其目标对象是 officer
        【代码 2】        //创建 girl,其目标对象是 officer
        boy.setName("帅哥");
        girl.setName("美女");
        boy.start();
        girl.start();
    }
}
```

TicketHouse.java 源文件的内容如下：

```java
public class TicketHouse implements Runnable {
    int fiveAmount=2,tenAmount=0,twentyAmount=0;
    public void run() {
        if(Thread.currentThread().getName().equals("帅哥")) {
            saleTicket(20);
        }
        else if(Thread.currentThread().getName().equals("美女")) {
            saleTicket(5);
        }
    }
    private synchronized void saleTicket(int money) {
        if(money==5) {                          //如果使用该方法的线程传递的参数是 5,就不用等待
            fiveAmount=fiveAmount+1;
            System.out.println
            ( "给"+Thread.currentThread().getName()+"入场券,"+
                Thread.currentThread().getName()+"的钱正好");
        }
        else if(money==20) {
           while(fiveAmount<3) {
              try {
                 System.out.println
                 ("\n"+Thread.currentThread().getName()+"靠边等...");
                 wait();                        //如果使用该方法的线程传递的参数是 20 须等待
                 System.out.println
                 ("\n"+Thread.currentThread().getName()+"继续买票");
              }
              catch(InterruptedException e){}
```

```
            }
            fiveAmount=fiveAmount-3;
            twentyAmount=twentyAmount+1;
            System.out.println
            ("给"+Thread.currentThread().getName()+"入场卷,"+
            Thread.currentThread().getName()+"给 20,找赎 15 元");
        }
        notifyAll();
    }
}
```

```
C:\ch10>java Application10_6
帅哥靠边等...
给美女入场券,美女的钱正好

帅哥继续买票
给帅哥入场券,帅哥给20,找赎15元
```

图 10-11 协调同步线程

3. 训练小结与拓展

务必注意,在许多实际问题中 wait 方法应当放在一个"while(等待条件){}"的循环语句中,而不是"if(等待条件){}"的分支语句中。在同步方法中不应当使用 sleep()方法来协调同步的线程(非常不合理),如果将其中的"wait();"改为"Thread.sleep(3000);",那么美女将永远无法买到票。

wait()、notify()和 notifyAll()都是 Object 类中的 final()方法,被所有的类继承,且不允许重写的方法。特别需要注意的是,不可以在非同步方法中使用 wait()、notify()和 notifyAll()。

4. 代码模板的参考答案

【代码 1】   boy = new Thread(officer);

【代码 2】   girl = new Thread(officer);

10.6.3 上机实践

上机调试 E.java,并能解释【代码】的输出结果。

E.java 源文件的内容如下:

```
public class E {
    public static void main(String args[]) {
        Target t = new Target();
        Thread dog =new Thread(t);
        Thread cat =new Thread(t);
        dog.start();
        cat.start();
    }
}
class Target implements Runnable{
    int  number = 0;
    public void run(){
        f();
    }
    public synchronized void f(){
        while( number < 6 ){
```

```
            try{
                number = 6;
                wait();
                System.out.printf("%d",number);      //【代码】
            }
            catch(InterruptedException exp){}
        }
        number = 10;
        notify();
    }
}
```

10.7 线程联合

10.7.1 基础知识

一个线程在占有 CPU 资源期间,可以让其他线程调用 join() 和本线程联合。比如,线程 A 希望联合线程 B,那么线程 A 在占有 CPU 资源期间,可通过执行以下代码来联合线程 B,代码如下:

```
B.join();
```

线程 A 在占有 CPU 资源期间一旦联合 B 线程,那么 A 线程将立刻中断执行,一直等到它联合的线程 B 执行完毕,A 线程再重新排队等待 CPU 资源,以便恢复执行。如果 A 准备联合的 B 线程已经结束,那么 B.join()不会产生任何效果。

10.7.2 基础训练

基础训练的能力目标是通过线程联合解决问题。

1. 基础训练的主要内容

用两个线程分别模拟买蛋糕的顾客和制作蛋糕的制作师,"顾客"线程启动后联合"蛋糕师"线程。

2. 基础训练使用的代码模板

将下列 ThreadJoin.java 中的【代码】替换为程序代码。运行效果如图 10-12 所示。
Application10_7.java 源文件的内容如下:

```
public class Application10_7 {
    public static void main(String args[]) {
        ThreadJoin   a = new ThreadJoin();
        Thread customer = new Thread(a);
        Thread cakeMaker = new Thread(a);
        customer.setName("顾客");
        cakeMaker.setName("蛋糕师");
        a.setThread(customer,cakeMaker);
        customer.start();
    }
}
```

ThreadJoin.java 源文件的内容如下:

```
public class ThreadJoin implements Runnable {
    Cake cake;
    Thread customer,cakeMaker;
```

```java
    public void setThread(Thread ...t) {
       customer=t[0];
       cakeMaker=t[1];
    }
    public void run() {
       if(Thread.currentThread()==customer) {
           System.out.println(customer.getName()+"等待"+
                       cakeMaker.getName()+"制作生日蛋糕");
           try{
              【代码1】          //启动 cakeMaker
              【代码2】          //当前线程联合 cakeMaker
           }
           catch(InterruptedException e){}
           System.out.println(customer.getName()+
                       "买了"+cake.name+" 价钱:"+cake.price);
       }
       else if(Thread.currentThread()==cakeMaker) {
           System.out.println(cakeMaker.getName()+
                       "开始制作生日蛋糕,请等...");
           try { Thread.sleep(2000);
           }
           catch(InterruptedException e){}
           cake=new Cake("生日蛋糕",158) ;
           System.out.println(cakeMaker.getName()+"制作完毕");
       }
    }
    class Cake {                  //内部类
      int price;
      String name;
      Cake(String name,int price) {
        this.name=name;
        this.price=price;
      }
    }
}
```

```
C:\ch10>java Application10_7
顾客等待蛋糕师制作生日蛋糕
蛋糕师开始制作生日蛋糕,请等...
蛋糕师制作完毕
顾客买了生日蛋糕 价钱:158
```

图 10-12　线程联合

3. 训练小结与拓展

一个线程为了联合另外一个线程,必须保证被联合的线程已经启动[调用了 start()方法],因此在许多实际问题中,该线程通常在执行自己的 run()方法中,首先启动要联合的线程,然后再联合这个线程,如任务中的【代码 1】和【代码 2】。

4. 代码模板的参考答案

【代码1】 `cakeMaker.start();`

【代码2】 `cakeMaker.join();`

10.7.3 上机实践

用三个线程分别模拟买轿车的顾客、卖轿车的车行和汽车制造厂。"顾客"线程启动后联合"车行"线程，车行线程启动后联合"制造厂"线程。

10.8 计时器线程

10.8.1 基础知识

1. Timer 类

Java 提供了一个很方便的 Timer 类，该类在 javax.swing 包中。当某些操作需要周期性地执行，就可以使用计时器。我们可以使用 Timer 类的构造方法：Timer(int a，Object b)创建一个计时器，其中的参数 a 的单位是毫秒，确定计时器每隔 a 毫秒"震铃"一次，参数 b 是计时器的监视器。

2. 震铃与 ActionEvent 事件

计时器发生的震铃事件是 ActinEvent 类型事件。当震铃事件发生时，监视器 b 就会监视到这个事件，监视器 b 会回调 ActionListener 接口中的 actionPerformed(ActionEvent e)方法。因此当震铃每隔 a 毫秒发生一次时，方法 actionPerformed(ActionEvent e)就被执行一次。需要特别注意的是，计时器的监视器 b 必须是组件类（如 JFrame，JButton 等）的子类的实例，否则计时器无法启动。

3. 计时器的启动与停止

计时器调用 start()方法启动计时器、使用方法 stop()停止计时器、使用 restart()重新启动计时器。

10.8.2 基础训练

基础训练的能力目标是使用计时器周期地执行某些代码。

1. 基础训练的主要内容

使用计时器设计一个训练输入字母的程序。程序使用计时器每隔 3 秒钟显示一个英文字母，要求用户输入所显示的字母。

2. 基础训练使用的代码模板

将下列 Application10_8.java 中的【代码】替换为程序代码。运行效果如图 10-13 所示。
Application10_8.java 源文件的内容如下：

```
import javax.swing.Timer;
public class Application10_8 {
    public static void main(String args[]) {
        TimerListener listen=new TimerListener();
        Thread inputLetter = new Thread(listen);      //负责输入字母的线程
        Timer timer = new Timer(3000,listen);          //负责显示字母的计时器
        timer.setInitialDelay(0);
        【代码1】                                       //启动计时器
        【代码2】                                       //启动线程 inputLetter
    }
}
```

TimerListener.java 源文件的内容如下：

```
import java.awt.event.*;
import javax.swing.*;
import java.util.Scanner;
```

```java
public class TimerListener extends JLabel
    implements ActionListener,Runnable{
    int c=96;
    Scanner read=new Scanner(System.in);
    public void actionPerformed(ActionEvent e) {
        c++;
        if(c>=97+26)
            c=97;
        System.out.print((char)c+":");
    }
    public void run() {
        while(true) {
            String str=read.nextLine();
            char ch=str.charAt(0);
            if(ch==c)
                System.out.println("输入正确");
            else
                System.out.println("输入错误");
            if(ch=='#')
                return;
        }
    }
}
```

```
C:\ch10>java Application10_8
a:a
输入正确
b:b
输入正确
c:d
输入错误
```

图 10-13　使用计时器

3. 训练小结与拓展

使用 Timer 类的构造方法：Timer(int a，Object b)创建一个计时器后，对象 b 就自动地成了计时器的监视器。不必像其他组件那样，如按钮，使用特定的方法获得监视器，但负责创建监视器的类必须实现接口 Actionlistener。另外，如果让"计时器"只是震铃一次时，可以让计时器调用 setReapeats(boolean b)方法，参数 b 的值取 false 即可。计时器也可以调用 setInitialDelay(int depay)设置首次震铃的延时，如果没有使用该方法进行设置，首次震铃的延时为 a。

4. 代码模板的参考答案

【代码 1】　`timer.start();`
【代码 2】　`inputLetter.start();`

10.8.3　上机实践

经常在 GUI 设计中使用计时器，如单击"开始"按钮启动计时器，单击"暂停"按钮暂停计时器；单击"继续"按钮重新启动计时器。下面的代码中利用计时器每隔 1 秒钟在文本框显示一次本机的时间，同时移动文本框在容器中的位置。请上机调试下列代码。

E.java 源文件的内容如下：

```java
public class E {
```

```java
    public static void main(String args[]) {
        WindowTime win=new WindowTime();
        win.setTitle("计时器");
    }
}
```

WindowTime.java 源文件的内容如下:

```java
import java.awt.*;
import java.awt.event.*;
import javax.swing.*;
import java.util.Date;
import java.text.SimpleDateFormat;
public class WindowTime extends JFrame implements ActionListener {
    JTextField text;
    JButton bStart,bStop,bContinue;
    Timer time;
    SimpleDateFormat m;
    int n=0,start=1;
    WindowTime() {
        time=new Timer(1000,this);     //WindowTime 对象做计时器的监视器
        m=new SimpleDateFormat("hh:mm:ss");
        text=new JTextField(10);
        bStart=new JButton("开始");
        bStop=new JButton("暂停");
        bContinue=new JButton("继续");
        bStart.addActionListener(this);
        bStop.addActionListener(this);
        bContinue.addActionListener(this);
        setLayout(new FlowLayout());
        add(bStart);
        add(bStop);
        add(bContinue);
        add(text);
        setSize(500,500);
        validate();
        setVisible(true);
        setDefaultCloseOperation(JFrame.EXIT_ON_CLOSE);
    }
    public void actionPerformed(ActionEvent e) {
        if(e.getSource()==time) {
            Date date=new Date();
            text.setText("时间:"+m.format(date));
            int x=text.getBounds().x;
            int y=text.getBounds().y;
            y=y+2;
            text.setLocation(x,y);
        }
        else if(e.getSource()==bStart)
            time.start();
        else if(e.getSource()==bStop)
```

```
         time.stop();
      else if(e.getSource()==bContinue)
         time.restart();
   }
}
```

10.9 GUI 线程

10.9.1 基础知识

当 Java 程序包含图形用户界面（GUI）时，Java 虚拟机在运行应用程序时会自动启动更多的线程，其中有两个重要的线程：AWT-EventQueue 和 AWT-Windows。AWT-EventQueue 线程负责处理 GUI 事件，AWT-Windows 线程负责将窗体或组件绘制到桌面。JVM 要保证各个线程都有使用 CPU 资源的机会。比如，程序中发生 GUI 界面事件时，JVM 就会将 CPU 资源切换给 AWT-EventQueue 线程，AWT-EventQueue 线程就会来处理这个事件。比如，你单击了程序中的按钮，触发 ActionEvent 事件，AWT-EventQueue 线程就立刻排队等候执行处理事件的代码。

10.9.2 基础训练

基础训练的能力目标是在 GUI 程序中启动线程。

1. 基础训练的主要内容

在 GUI 程序中创建启动一个线程 giveLetter，该面线程 giveLetter 负责每隔 3 秒钟给出一个英文字母，用户需要在文本框中输入这个英文字母，按回车键确认。当用户按回车键时，将触发 ActionEvent 事件，那么 JVM 就会中断 giveLetter 线程，把 CPU 的使用权切换给 AWT-EventQueue 线程。

2. 基础训练使用的代码模板

将下列 WindowTyped.java 中的【代码】替换为程序代码。运行效果如图 10-14 所示。

Application10_9.java 源文件的内容如下：

```
public class Application10_9 {
   public static void main(String args[]) {
      WindowTyped win=new WindowTyped();
      win.setTitle("打字母游戏");
      win.setSleepTime(3000);
   }
}
```

WindowTyped.java 源文件的内容如下：

```
import java.awt.*;
import java.awt.event.*;
import javax.swing.*;
public class WindowTyped extends JFrame
             implements ActionListener,Runnable {
   JTextField inputLetter;
   Thread giveLetter;                      //负责给出字母的线程
   JLabel showLetter,showScore;
   int sleepTime,score;
   Color c;
   WindowTyped() {
```

```
   setLayout(new FlowLayout());
   giveLetter=new Thread(this);
   inputLetter=new JTextField(6);
   showLetter =new JLabel(" ",JLabel.CENTER);
   showScore  =new JLabel("分数:");
   showLetter.setFont(new Font("Arial",Font.BOLD,22));
   add(new JLabel("显示字母:"));
   add(showLetter);
   add(new JLabel("输入所显示的字母(回车)"));
   add(inputLetter);
   add(showScore);
   inputLetter.addActionListener(this);
   setBounds(100,100,400,280);
   setVisible(true);
   setDefaultCloseOperation(JFrame.EXIT_ON_CLOSE);
   【代码1】                              //启动 giveLetter 线程
}
public void run() {
   char c = 'a';
   while(true) {
      showLetter.setText(""+c+" ");
      validate();
      c = (char)(c+1);
      if(c>'z') c = 'a';
      try{ Thread.sleep(sleepTime);
      }
      catch(InterruptedException e){}
   }
}
public void setSleepTime(int n){
   sleepTime = n;
}
public void actionPerformed(ActionEvent e) {
   String s = showLetter.getText().trim();
   String letter = inputLetter.getText().trim();
   if(s.equals(letter)) {
      score++;
      showScore.setText("得分"+score);
      inputLetter.setText(null);
      validate();
      【代码2】                //吵醒休眠的 giveLetter 线程,以便加快出字母的速度
   }
}
}
```

图 10-14　处理 MouseEvent 事件

3. 训练小结与拓展

AWT-Windows 线程负责将窗口一直保持在桌面(显示器)上。当用户按回车键时,将触发 ActionEvent 事件,那么 JVM 就会中断 giveLetter 线程,把 CUP 的使用权切换给 AWT-EventQueue 线程,以便处理 ActionEvent 事件。

4. 代码模板的参考答案

【代码1】 `giveLetter.start();`

【代码2】 `giveLetter.interrupt();`

10.9.3 上机实践

当把一个线程委派给一个组件事件时要格外小心,如单击一个按钮让线程开始运行,那么当这个线程在执行完 run() 方法之前,客户可能会随时再次单击该按钮,这时就会发生 IllegalThreadStateException 异常。另外,需要特别注意的是,在线程没有死亡之前不要重新创建该线程(见第 10.4 节)。下面的实践代码中,单击 start 按钮线程开始工作;每隔一秒钟显示一次当前时间;单击 stop 按钮后,线程就结束了生命,释放了实体,即释放线程对象的内存。因此,每当单击 start 按钮时,程序都让线程调用 isAlive() 方法,判断线程是否还有实体,如果线程是死亡状态就再分配实体给线程(重新创建该线程)。

上机调试下列代码,注意程序的运行效果。

E.java 源文件的内容如下:

```java
public class E {
    public static void main(String args[]) {
        Win win=new Win();
    }
}
```

Win.java 源文件的内容如下:

```java
import java.awt.event.*;
import java.awt.*;
import java.util.Date;
import javax.swing.*;
import java.text.SimpleDateFormat;
public class Win extends JFrame implements Runnable,ActionListener {
    Thread showTime=null;
    JTextArea text=null;
    JButton buttonStart=new JButton("Start"),
        buttonStop=new JButton("Stop");
    boolean die;
    SimpleDateFormat m=new SimpleDateFormat("hh:mm:ss");
    Date date;
    Win() {
        showTime=new Thread(this);
        text=new JTextArea();
        add(new JScrollPane(text),BorderLayout.CENTER);
        JPanel p=new JPanel();
        p.add(buttonStart);
        p.add(buttonStop);
        buttonStart.addActionListener(this);
        buttonStop.addActionListener(this);
```

```
        add(p,BorderLayout.NORTH);
        setVisible(true);
        setSize(500,500);
        setDefaultCloseOperation(JFrame.EXIT_ON_CLOSE);
    }
    public void actionPerformed(ActionEvent e) {
      if(e.getSource()==buttonStart) {
        if(!(showTime.isAlive())) {
            showTime=new Thread(this);
            die=false;
        }
        try { showTime.start();     //在 AWT-EventQueue 线程中启动 showTime 线程
        }
        catch(Exception e1) {
            text.setText("线程没有结束 run 方法之前,不要再调用 start 方法");
        }
      }
      else if(e.getSource()==buttonStop)
        die=true;
    }
    public void run() {
      while(true) {
         date=new Date();
         text.append("\n"+m.format(date));
         try { Thread.sleep(1000);
         }
         catch(InterruptedException ee){}
         if(die==true)
           return;
      }
    }
}
```

10.10 小结

(1) 线程是比进程更小的执行单位。一个进程在其执行过程中,可以产生多个线程,形成多条执行线索,每条线索,即每个线程也有它自身的产生、存在和消亡的过程,也是一个动态的概念。

(2) Java 虚拟机(JVM)中的线程调度器负责管理线程,在采用时间片的系统中,每个线程都有机会获得CUP 的使用权。当线程使用 CUP 资源的时间到了后,即使线程没有完成自己的全部操作,Java 调度器也会中断当前线程的执行,把 CUP 的使用权切换给下一个排队等待的线程,当前线程将等待 CUP 资源的下一次轮回,然后从中断处继续执行。

(3) 线程创建后仅是占有了内存资源,在 JVM 管理的线程中还没有这个线程,此线程必须调用 start() 方法(从父类继承的方法)通知 JVM,这样 JVM 就会知道又有一个新一个线程排队等候切换了。

(4) 线程同步是指几个线程都需要调用同一个同步方法(用 synchronized 修饰的方法)。一个线程在使用的同步方法中时,可能根据问题的需要,必须使用 wait()方法暂时让出 CPU 的使用权,以便其他线程使用这个同步方法。其他线程如果在使用这个同步方法时不需要等待,那么它用完这个同步方法的同时,应当执行 notifyAll()方法通知所有的由于使用这个同步方法而处于等待的线程结束等待。

10.11 课外读物

扫描二维码即可观看学习。

习题 10

1. 问答题

(1) 线程有几种状态？

(2) 引起线程中断的常见原因是什么？

(3) 一个线程执行完 run()方法后,进入了什么状态？该线程还能再调用 start()方法吗？

(4) 线程在什么状态时调用 isAlive()方法返回的值是 false？

(5) 建立线程有几种方法？

(6) 怎样设置线程的优先级？

(7) 在多线程中,为什么要引入同步机制？

(8) 在什么方法中 wait()方法、notify()及 notifyAll()方法可以被使用？

(9) 线程调用 interrupt()的作用是什么？

2. 选择题

(1) 下列叙述错误的是(　　)。

　　A. 线程新建后,不调用 start()方法也有机会获得 CPU 资源

　　B. 如果两个线程需要调用同一个同步方法,那么一个线程调用该同步方法时,另一个线程必须等待

　　C. 目标对象中的 run()方法可能不启动多次

　　D. 默认情况下,所有线程的优先级都是 5 级

(2) 下列程序叙述正确的是(　　)。

　　A. JVM 认为这个应用程序共有两个线程

　　B. JVM 认为这个应用程序只有一个主线程

　　C. JVM 认为这个应用程序只有一个 thread 线程

　　D. thread 的优先级是 10 级

```java
public class E {
    public static void main(String args[]) {
        Target target =new Target();
        Thread thread =new Thread(target);
        thread.start();
    }
}
class Target implements Runnable{
    public void run(){
        System.out.println("ok");
    }
}
```

(3) 下列程序叙述正确的是( )。
　　A. JVM 认为这个应用程序共有两个线程
　　B. JVM 认为这个应用程序只有一个主线程
　　C. JVM 认为这个应用程序只有一个 thread 线程
　　D. 程序有编译错误,无法运行

```java
public class E {
    public static void main(String args[]) {
        Target target =new Target();
        Thread thread =new Thread(target);
        target.run();
    }
}
class Target implements Runnable{
    public void run(){
        System.out.println("ok");
    }
}
```

3. 阅读程序

(1) 上机运行下列程序,注意程序的运行效果(程序有两个线程:主线程和 thread 线程)。

```java
public class E {
    public static void main(String args[]) {
        Target target =new Target();
        Thread thread = new Thread(target);
        thread.start();
        for(int i=0;i<=10;i++) {
          System.out.println("yes");
          try{
                Thread.sleep(1000);
            }
           catch(InterruptedException exp){}
        }
    }
}
class Target implements Runnable{
    public void run() {
        for(int i=0;i<=10;i++) {
         System.out.println("ok");
         try{  Thread.sleep(1000);
            }
            catch(InterruptedException exp){}
        }
    }
}
```

(2) 上机运行下列程序,注意程序的运行效果(注意该程序中只有一个主线程,thread 线程并没有启动)。

```java
public class E {
    public static void main(String args[]) {
```

```java
        Target target =new Target();
        Thread thread =new Thread(target);
        target.run();
        for(int i=0;i<=10;i++) {
          System.out.println("yes");
          try{ Thread.sleep(1000);
          }
          catch(InterruptedException exp){}
        }
    }
}
class Target implements Runnable{
    public void run() {
        for(int i=0;i<=10;i++) {
          System.out.println("ok");
          try{
                Thread.sleep(1000);
          }
          catch(InterruptedException exp){}
        }
    }
}
```

(3) 上机运行下列程序,注意程序的输出结果。

```java
public class E {
    public static void main(String args[]) {
        Target target =new Target();
        Thread thread1 =new Thread(target);
        Thread thread2 =new Thread(target);
        thread1.start();
        try{ Thread.sleep(1000);
        }
        catch(Exception exp){}
        thread2.start();
    }
}
class Target implements Runnable{
    int i = 0;
    public void run() {
        i++;
        System.out.println("i="+i);
    }
}
```

(4) 上机运行下列程序,注意程序的运行效果[注意和第(3)题的不同之处]。

```java
public class E {
    public static void main(String args[]) {
        Target target1 =new Target();
        Target target2 =new Target();
```

```
            Thread thread1 =new Thread(target1);    //与 thread2 的目标对象不同
            Thread thread2 =new Thread(target2);    //与 thread1 的目标对象不同
            thread1.start();
            try{ Thread.sleep(1000);
            }
            catch(Exception exp){}
            thread2.start();
        }
    }
    class Target implements Runnable{
        int i = 0;
        public void run() {
            i++;
            System.out.println("i="+i);
        }
    }
```

(5) 上机运行下列程序，注意程序的运行效果(计时器启动成功)。

```
import javax.swing.*;
import java.util.Date;
public class Ex {
    public static void main(String args[]) {
        javax.swing.Timer time=new javax.swing.Timer(500,new A());
        time.setInitialDelay(0);
        time.start();
    }
}
class A extends JLabel implements java.awt.event.ActionListener {
    public void actionPerformed(java.awt.event.ActionEvent e){
        System.out.println(new Date());
    }
}
```

(6) 上机运行下列程序，注意程序的运行效果(计时器启动失败)。

```
import javax.swing.*;
import java.util.Date;
public class Ex {
    public static void main(String args[]) {
        javax.swing.Timer time=new javax.swing.Timer(500,new A());
        time.setInitialDelay(0);
        time.start();
    }
}
class A implements java.awt.event.ActionListener {
    public void actionPerformed(java.awt.event.ActionEvent e){
        System.out.println(new Date());
    }
}
```

(7) 在下列 E 类中【代码】输出结果是什么？

```java
import java.awt.*;
import java.awt.event.*;
public class E implements Runnable {
    StringBuffer buffer=new StringBuffer();
    Thread t1,t2;
    E() {  t1=new Thread(this);
        t2=new Thread(this);
    }
    public synchronized void addChar(char c) {
        if(Thread.currentThread()==t1) {
            while(buffer.length()==0) {
                try{ wait();
                }
                catch(Exception e){}
            }
            buffer.append(c);
        }
        if(Thread.currentThread()==t2) {
            buffer.append(c);
            notifyAll();
        }
    }
    public static void main(String s[]) {
        E hello=new E();
        hello.t1.start();
        hello.t2.start();
        while(hello.t1.isAlive()||hello.t2.isAlive()){}
        System.out.println(hello.buffer);      //【代码】
    }
    public void run() {
        if(Thread.currentThread()==t1)
            addChar('A');
        if(Thread.currentThread()==t2)
            addChar('B');
    }
}
```

(8) 上机执行下列程序，了解同步块的作用。

```java
public class E {
    public static void main(String args[]) {
        Bank b=new Bank();
        b.thread1.start();
        b.thread2.start();
    }
}
class Bank implements Runnable {
    Thread thread1,thread2;
```

```
   Bank() {
      thread1=new Thread(this);
      thread2=new Thread(this);
   }
   public void run() {
       printMess();
   }
   public void printMess() {
     System.out.println(Thread.currentThread().getName()+
                       "正在使用这个方法");
     synchronized(this) {     //当一个线程使用同步块时,其他线程必须等待
        try { Thread.sleep(2000);
        }
        catch(Exception exp){}
        System.out.println(Thread.currentThread().getName()+"正在使用这个
        同步块");
     }
   }
}
```

4. 编程题

(1) 参照第 10.8 节例子,模拟 3 个人来排队买票,张某、李某和赵某买电影票,售票员只有 3 张 5 元钱,电影票 5 元钱一张。张某拿一张 20 元的人民币排在李某的前面买票,李某排在赵某的前面拿一张 10 元的人民币买票,赵某拿一张 5 元的人民币买票。

(2) 参照第 10.6 节例子,要求有 3 个线程:student1、student2 和 teacher,其中 student1 准备睡 10 分钟后再开始上课,其中 student2 准备睡 1 小时后再开始上课。teacher 在输出 3 句"上课"后,吵醒休眠的线程 student1,student1 被吵醒后,负责再吵醒休眠的线程 student2。

(3) 参照第 10.9 节例子,编写一个 Java 应用程序,在主线程中再创建 3 个线程:"运货司机""装运工"和"仓库管理员"。要求线程"运货司机"占有 CPU 资源后立刻联合线程"装运工",也就是让"运货司机"一直等到"装运工"完成工作才能开车,而"装运工"占有 CPU 资源后立刻联合线程"仓库管理员",也就是让"装运工"一直等到"仓库管理员"打开仓库才能开始搬运货物。

第 11 章 Java 网络编程

主要内容

- URL 类
- 套接字
- 使用多线程
- UDP 数据报

本章学习 Java 提供的专门用于网络编程的类,如 URL、Socket、InetAddress 和 DatagramSocket 等类在网络编程中的重要作用。

11.1 URL 类

11.1.1 基础知识

1. URL 与网络资源

URL 类是 java.net 包中的一个重要的类,URL 类实现了对统一资源定位符(Uniform Resource Locator,URL)的封装。一个 URL 对象封装着一个具体的资源的引用,一个 URL 对象通常包含最基本的 3 部分信息:协议、地址、资源。协议必须是 URL 对象所在的 Java 虚拟机支持的协议,常用的 Http、Ftp、File 协议都是虚拟机支持的协议;地址必须是能连接的有效 IP 地址或域名;资源可以是主机上的任何一个文件。

2. 客户端与 URL 对象

使用 URL 创建对象的应用程序称为客户端程序。一个 URL 对象封装着一个具体的资源的引用,表明客户要访问这个 URL 中的资源,客户利用 URL 对象可以获取 URL 中的资源。URL 类的两个构造方法如下。

(1) public URL(String spec) throws MalformedURLException

(2) public URL(String protocol, String host, String file) throws MalformedURLException

第一个构造方法使用字符串初始化一个 URL 对象。例如:

```
try {   URL url = new URL("http://www.google.com");
}
catch(MalformedURLException e) {
    System.out.println ("Bad URL:"+url);
}
```

上述 URL 对象中的协议是 http 协议,即用户按这种协议和指定的服务器通信,URL 对象包含的地址是 www.google.com,所包含的资源是默认的资源(主页)。

第二个常用的构造方法使用的协议、地址和资源分别由参数 protocol、host 和 file 指定。

3. 读取 URL 中的资源

URL 对象调用 InputStream openStream() 方法可以返回一个输入流。例如:

```
InputStream in = url.openStream();
```

该输入流 in 指向 URL 对象 url 所包含的资源。通过该输入流可以将服务器上的资源信息读入客户端。

11.1.2 基础训练

基础训练的能力目标是使用 URL 对象读取服务器上的文件。

1. 基础训练的主要内容

使用 URL 对象读取 www.sohu.com 网站的主页（通常名称是 index.html）。

2. 基础训练使用的代码模板

将下列 Application11_1.java 中的【代码】替换为程序代码。程序运行效果如图 11-1 所示。
Appilcation11_1.java 源文件的内容如下：

```
import java.net.*;
import java.io.*;
public class Application 11_1 {
    public static void main(String args[]) {
        URL url=null;
        try {
        【代码 1】                    //创建 url 协议是 http,地址 www.baidu.com,资源是默认主页
        }
        catch(MalformedURLException e) {
            System.out.println ("Bad URL:"+url);
        }
        try {
            InputStream in =【代码 2】     //url 返回指向服务器的输入流
            byte [] b = new byte[1024];
            int n=-1;
            while((n=in.read(b))!=-1) {
                String str = new String(b,0,n);
                System.out.print(str);
            }
        }
        catch(IOException exp){}
    }
}
```

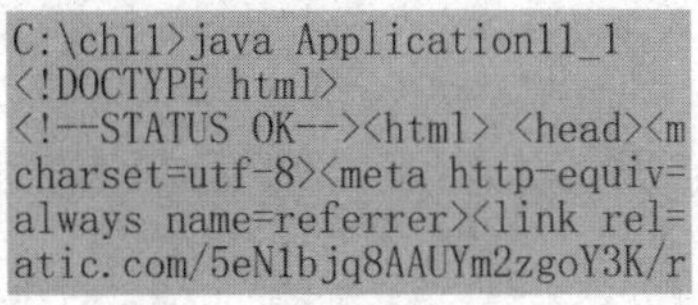

```
C:\ch11>java Application11_1
<!DOCTYPE html>
<!--STATUS OK--><html> <head><m
charset=utf-8><meta http-equiv=
always name=referrer><link rel=
atic.com/5eN1bjq8AAUYm2zgoY3K/r
```

图 11-1　使用 URL 对象

3. 训练小结与拓展

URL 对象调用

```
public java.lang.String getProtocol();
```

方法可以返回所包含的协议。对于任务模板中的 url,返回的值是 http。

URL 对象调用

```
public java.lang.String getHost();
```

方法可以返回所包含的主机的域名。对于任务模板中的 url,返回的值是 www.sohu.com。

4. 代码模板的参考答案

【代码1】 url = new URL("http://www.sohu.com");
【代码2】 url.openStream();

11.1.3 上机实践

在读取服务器上的资源时,由于网络速度或其他的因素,对 URL 资源的读取可能会引起堵塞。因此,程序需在一个线程中读取 URL 资源,以免堵塞主线程。上机调试下列程序,特别注意,程序是怎样在单独的线程中使用 URL 对象的。

E.java 源文件的内容如下:

```java
import java.net.*;
import java.io.*;
import java.util.*;
public class E {
    public static void main(String args[]) {
        Scanner scanner;
        URL url;
        Thread readURL;              //负责读取资源的线程
        Look look = new Look();      //线程的目标对象
        System.out.println("输入 URL 资源,例如:http://www.cctv.com");
        scanner = new Scanner(System.in);
        String source = scanner.nextLine();
        try {   url = new URL(source);
                look.setURL(url);
                readURL = new Thread(look);
                readURL.start();
        }
        catch(Exception exp){
           System.out.println(exp);
        }
    }
}
```

Look.java 源文件的内容如下:

```java
import java.net.*;
import java.io.*;
public class Look implements Runnable {
    URL url;
    public void setURL(URL url) {
       this.url=url;
    }
    public void run() {
      try {
         InputStream in = url.openStream();
         byte [] b = new byte[1024];
         int n=-1;
         while((n=in.read(b))!=-1) {
            String str = new String(b,0,n);
```

```
            System.out.print(str);
        }
    }
    catch(IOException exp){}
  }
}
```

11.2 套接字

11.2.1 基础知识

1. 网络上的计算机与进程

网络使用 IP 地址标识 Internet 上的计算机,使用端口号标识服务器上的进程(程序);而普通的非网络进程(单机进程),比如 Word 程序,就不需要用端口号来标识自己。也就是说,如果服务器上的一个程序不占用一个端口号,用户程序就无法找到它,就无法和该程序交互信息。端口号被规定为一个 16 位的 0~65535 的整数,其中,0~1023 被预先定义的一些网络程序占用,因此在开发一个网络程序时,应该使用 1024~65535 中的某一个,以免和常用的网络程序发生端口冲突。

2. 客户端套接字

熟悉生活中的一些常识知识对于学习、理解以下套接字是有帮助的。比如有人让你去"中关村邮局",你可能反问"我去做什么",因为他没有告知你"端口"。他说:"中关村邮局,8 号窗口",那么你到达地址"中关村邮局"(网络上的计算机的地址),找到"8 号"窗口(该计算机上的一个程序),就知道 8 号窗口处理特快专递业务,而且,必须有个先决条件,就是你到达"中关村邮局,8 号窗口"时,该窗口必须有一位业务员在等待客户,否则就无法建立交互业务。

客户端的程序使用 Socket 类建立负责连接到服务器的套接字对象。

Socket 的构造方法是:Socket(String host,int port),参数 host 是服务器的 IP 地址,port 是一个端口号。建立套接字对象可能发生 IOException 异常,因此应建立连接到服务器的套接字对象:

```
try{   Socket clientSocket = new Socket("http://192.168.0.78",2015);
}
catch(IOException e){}
```

当套接字对象 clientSocket 建立后,clientSocket 可以使用方法 getInputStream()获得一个输入流,这个输入流的源和服务器端的套接字的输出流的目的地刚好相同(互连),因此客户端用这个输入流可以读取服务器写入输出流中的数据;clientSocket 使用方法 getOutputStream()获得一个输出流,这个输出流的目的地和服务器端的套接字的输入流的源刚好相同(互连),因此客户端用这个输出流把数据发送给服务器。

3. ServerSocket 对象与服务器端套接字

我们已经知道客户负责建立连接到服务器的套接字对象,即客户负责呼叫。为了能使客户成功地连接到服务器,服务器必须建立一个 ServerSocket 对象(像生活中邮局窗口的业务员),该对象通过将客户端的套接字对象和服务器端的一个套接字对象连接起来,从而达到连接的目的。

ServerSocket 的构造方法是:ServerSocket(int port),port 是一个端口号。port 必须和客户呼叫的端口号相同。当建立 ServerSocket 对象时可能发生 IOException 异常,因此应建立 ServerSocket 对象:

```
try{  ServerSocket serverForClient = new ServerSocket(2015);
}
catch(IOException e){}
```

如果2015端口已被其他网络程序所占用,就会发生IOException异常。

当服务器的ServerSocket对象serverForClient建立后,就可以使用方法accept()将客户的套接字和服务器端的套接字连接起来,代码如下所示:

```
try{  Socket sc = serverForClient.accept();
}
catch(IOException e){}
```

所谓"接收"客户的套接字连接是指serverForClient(服务器端的ServerSocket对象)调用accept()方法会返回一个和客户端Socket对象相连接的Socket对象sc,sc驻留在服务器端,这个Socket对象sc调用getOutputStream()获得的输出流将指向客户端Socket对象的输入流,即服务器端的输出流的目的地和客户端输入流的源刚好相同;同样,服务器端的这个Socket对象sc调用getInputStream()获得的输入流将指向客户端Socket对象的输出流,即服务器端的输入流的源和客户端输出流的源刚好相同。因此,当服务器向输出流写入信息时,客户端通过相应的输入流就能读取,如图11-2所示。

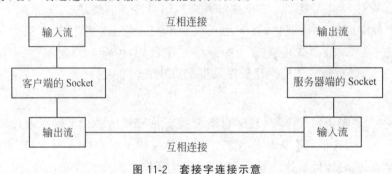

图11-2　套接字连接示意

4. 堵塞问题

ServerSocket对象的accept方法会堵塞线程的执行,直到接收到客户的呼叫。也就是说,如果没有客户呼叫服务器,即没有客户正在建立连接到服务器的套接字,那么accept方法就不会执行成功。比如如果没有客户呼叫服务器,那么下述代码中的System.out.println("hello");不会被执行:

```
try{  Socket sc=serverForClient.accept();          //accept方法等待客户呼叫服务器
      System.out.println("hello");                 //要等accept()方法执行成功后才能被执行
}
catch(IOException e){}
```

11.2.2　基础训练

基础训练的能力目标是使用套接字进行简单的网络通信。

1. 基础训练的主要内容

基础训练的主要内容有以下两点。

① 客户端通过套接字向服务器的套接字发送字符串,服务器也通过套接字向客户端的套接字发送字符串。比如,客户首先向服务器发送字符串:"中国首都的名字?",服务器收到后,向客户端发送字符串:"北京"。

② 首先将服务器端程序运行起来,然后再运行客户端程序。

2. 基础训练使用的代码模板

请将下列Client.java和Server.java中的【代码】替换为程序代码。首先编译、运行Server类,即启动服务器端。然后,编译、运行Client类,即运行客户端。程序运行效果如图11-3和图11-4所示。

```
D:\1000>java Server
等待客户呼叫
服务器收到客户的提问:中国首都的名字?
服务器收到客户的提问:法国是哪个洲的?
服务器收到客户的提问:小提琴有几根弦?
```

图 11-3 服务器端

```
C:\ch11>java Client
客户收到服务器的回答:北京
客户收到服务器的回答:欧洲
客户收到服务器的回答:4根
```

图 11-4 客户端

(1) 服务器端程序

Server.java 源文件的内容如下：

```java
import java.io.*;
import java.net.*;
public class Server {
    public static void main(String args[]) {
        String [] answer = {"北京","欧洲","4 根"};
        ServerSocket serverForClient = null;
        Socket socketOnServer = null;
        DataOutputStream out = null;
        DataInputStream in = null;
        int port =2015;
        try { 【代码 2】                          //创建 serverForClient,使用的端口号是 port
        }
        catch(IOException e1) {
             System.out.println(e1);
        }
        try{
            System.out.println("等待客户呼叫");
            socketOnServer = serverForClient.accept();   //堵塞状态除非有客户呼叫
            out = new DataOutputStream(socketOnServer.getOutputStream());
            in = new DataInputStream(socketOnServer.getInputStream());
            for(int i=0;i<answer.length;i++) {
               String s = in.readUTF();            //in 读取信息(堵塞状态,直到读取到信息)
               System.out.println("服务器收到客户的提问:"+s);
               out.writeUTF(answer[i]);
               Thread.sleep(500);
            }
        }
        catch(Exception e) {
            System.out.println("客户已断开"+e);
        }
    }
}
```

(2) 客户端程序

Client.java 源文件的内容如下：

```java
import java.io.*;
import java.net.*;
public class Client {
    public static void main(String args[]) {
        String [] mess ={"中国首都的名字?","法国是哪个洲的?","小提琴有几根弦?"};
        Socket clientSocket;
```

```
            DataInputStream in=null;
            DataOutputStream out=null;
            try{
                String serverAdress ="127.0.0.1";
                int port = 2015;
                【代码1】                          //创建 clientSocket,呼叫的地址是 serverAdress,端口是 port
                in = new DataInputStream(clientSocket.getInputStream());
                out = new DataOutputStream(clientSocket.getOutputStream());
                for(int i=0;i<mess.length;i++) {
                  out.writeUTF(mess[i]);
                  String  s=in.readUTF();   //in 读取信息(堵塞状态,直到读取到信息)
                  System.out.println("客户收到服务器的回答:"+s);
                  Thread.sleep(500);
                }
            }
            catch(Exception e) {
                System.out.println("服务器已断开"+e);
            }
        }
    }
```

3. 训练小结与拓展

需要注意的是,从套接字连接中读取数据与从文件中读取数据有着很大的不同,尽管二者都是输入流。从文件中读取数据时,所有的数据都已经在文件中了。而使用套接字连接时,可能在另一端数据发送数据之前,就已经开始读取了,这时,就会堵塞本线程,直到该读取方法成功读取到信息,本线程才继续执行后续的操作。例如,训练模板中 Client.java 中的代码:

```
String   s=in.readUTF();      //in 读取信息(堵塞状态,直到读取到信息)
```

就必须一直等到服务器的输出流发出信息后,如发出"北京"后,才能执行成功,即读入服务器发送来的数据。同样,训练模板中 Server.java 中的代码:

```
String   s=in.readUTF();      //in 读取信息(堵塞状态,直到读取到信息)
```

就必须一直等到客户的输出流发出信息后,如发出"中国的首都的名字?"后,才能执行成功,即读入客户端发送来的数据。

4. 代码模板的参考答案

【代码1】   clientSocket = new Socket(serverAdress,port);
【代码2】   serverForClient = new ServerSocket(port);

11.2.3 上机实践

客户端每隔 500 毫秒向服务器发送一个英文小写字母,服务器收到小写字母后,将对应的大写字母发回给客户。首先下列服务器端的 Server.java 编译通过,并运行起来,等待客户的呼叫。然后编译、运行客户端程序。

1. 服务器端

Server.java 源文件的内容如下:

```
import java.io.*;
import java.net.*;
```

```java
public class Server {
    public static void main(String args[]) {
        ServerSocket server=null;
        Socket you=null;
        DataOutputStream out=null;
        DataInputStream in=null;
        try { server=new ServerSocket(4331);
        }
        catch(IOException e1) {
            System.out.println(e1);
        }
        try{ System.out.println("等待客户呼叫");
            you=server.accept();          //堵塞状态,除非有客户呼叫
            out=new DataOutputStream(you.getOutputStream());
            in=new DataInputStream(you.getInputStream());
            while(true) {
               char c=in.readChar();    // in 读取信息,堵塞状态
               System.out.println("服务器收到:"+c);
               out.writeChar((char)(c-32));
               Thread.sleep(500);
            }
        }
        catch(Exception e) {
            System.out.println("客户已断开"+e);
        }
    }
}
```

2. 客户端

Client.java 源文件的内容如下:

```java
import java.io.*;
import java.net.*;
public class Client {
    public static void main(String args[]) {
        Socket mysocket;
        DataInputStream in=null;
        DataOutputStream out=null;
        try{ mysocket=new Socket("127.0.0.1",4331);
            in=new DataInputStream(mysocket.getInputStream());
            out=new DataOutputStream(mysocket.getOutputStream());
            char c='a';
            while(true) {
              if(c>'z')
                 c='a';
              out.writeChar(c);
              char s=in.readChar();    //in 读取信息,堵塞状态
              System.out.println("客户收到:"+s);
              c++;
              Thread.sleep(500);
```

```
            }
        }
        catch(Exception e) {
            System.out.println("服务器已断开"+e);
        }
    }
}
```

11.3 使用多线程

11.3.1 基础知识

1. 使用多线程的必要性

使用套接字读入数据时,可能在另一端数据发送出来之前,就已经开始试着读取了,这时,就会堵塞本线程,直到该读取方法成功读取到信息,本线程才继续执行后续的操作。因此,服务器端主线程收到一个客户的套接字后,应该启动一个为该客户服务的其他客户线程,如图 11-5 所示。

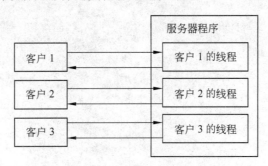

图 11-5 具有多线程的服务器端程序

2. 使用多线程的两个基本原则

① 服务器在主线程里启动一个专门的线程,在该线程中和客户的套接字建立连接。

② 由于套接字的输入流在读取信息时可能发生堵塞,客户端和服务器端都需要在一个单独的线程中读取信息。

11.3.2 基础训练

基础训练的能力目标是在套接字连接和通信中使用多线程。

1. 基础训练的主要内容

基础训练的主要内容有以下 5 点。

① 客户输入圆的半径并发送给服务器,服务器把计算出的圆的面积返回给客户。

② 要求服务器在主线程中启动一个专门的线程,在该线程中和客户的套接字建立连接。

③ 客户端的套接字在单独的线程中读取服务器发送来的信息。

④ 服务器端的套接字在单独的线程中读取客户发送来的信息。

⑤ 首先将服务器端的程序编译通过,并运行起来,等待客户的呼叫,其次在运行客户端程序。

2. 基础训练使用的代码模板

将下列服务器端(主类是 Server)和客户端(主类是 Client)中的【代码】替换为程序代码。程序运行效果如图 11-6 和图 11-7 所示。

```
D:\1000>java Server
    等待客户呼叫
客户的地址:/127.0.0.1
正在监听
    等待客户呼叫
```

图 11-6 服务器端

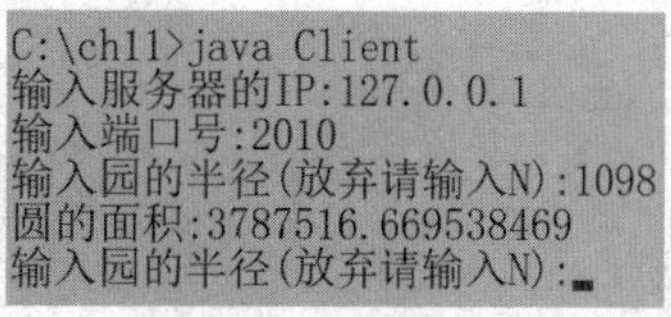

```
C:\ch11>java Client
输入服务器的IP:127.0.0.1
输入端口号:2010
输入园的半径(放弃请输入N):1098
圆的面积:3787516.669538469
输入园的半径(放弃请输入N):_
```

图 11-7 客户端

(1) 服务器端

Server.java 源文件的内容如下：

```java
import java.io.*;
import java.net.*;
import java.util.*;
public class Server {
    public static void main(String args[]) {
        ServerSocket server = null;
        Socket you = null;
        while(true) {
            try{  server = new ServerSocket(2010);
            }
            catch(IOException e1) {
                System.out.println("正在监听");        //ServerSocket 对象不能重复创建
            }
            try{  System.out.println(" 等待客户呼叫");
                you = server.accept();
                System.out.println("客户的地址:"+you.getInetAddress());
            }
            catch (IOException e) {
                System.out.println("正在等待客户");
            }
            if(you!=null) {
                ServerThread threadForClient =new ServerThread(you);
                【代码 2】                              //启动为当前客户服务的线程:threadForClient
            }
        }
    }
}
```

ServerThread.java 源文件的内容如下：

```java
import java.io.*;
import java.net.*;
public class ServerThread extends Thread {
    Socket socket;
    DataOutputStream out = null;
    DataInputStream in = null;
    String s = null;
    ServerThread(Socket t) {
        socket = t;
        try {  out = new DataOutputStream(socket.getOutputStream());
            in = new DataInputStream(socket.getInputStream());
```

```java
        }
        catch (IOException e){}
    }
    public void run() {
        while(true) {
            try{   double r = in.readDouble();      //堵塞状态,除非读取到信息
                double area=Math.PI * r * r;
                out.writeDouble(area);
            }
            catch (IOException e) {
                System.out.println("客户离开");
                return;
            }
        }
    }
}
```

(2)客户端

Client.java 源文件的内容如下:

```java
import java.io.*;
import java.net.*;
import java.util.*;
public class Client  {
    public static void main(String args[]) {
        Scanner scanner = new Scanner(System.in);
        Socket mysocket=null;
        DataInputStream in=null;
        DataOutputStream out=null;
        Thread readData ;
        Read read=null;
        try{   mysocket=new Socket();
            read = new Read();
            readData = new Thread(read);           //负责读取信息的线程
            System.out.print("输入服务器的 IP:");
            String IP = scanner.nextLine();
            System.out.print("输入端口号:");
            int port = scanner.nextInt();
            if(mysocket.isConnected()){}
            else{
              InetAddress   address=InetAddress.getByName(IP);
              InetSocketAddress socketAddress=
                            new InetSocketAddress(address,port);
              mysocket.connect(socketAddress);
              in =new DataInputStream(mysocket.getInputStream());
              out = new DataOutputStream(mysocket.getOutputStream());
              read.setDataInputStream(in);
              【代码1】                              //启动负责读取信息的线程:readData
            }
        }
        catch(Exception e) {
```

```java
            System.out.println("服务器已断开"+e);
        }
        System.out.print("输入圆的半径(放弃请输入 N):");
        while(scanner.hasNext()) {
            double radius=0;
            try {
                radius = scanner.nextDouble();
            }
            catch(InputMismatchException exp){
                System.exit(0);
            }
            try {
                out.writeDouble(radius);        //向服务器发送信息
            }
            catch(Exception e) {}
        }
    }
}
```

Read.java 源文件的内容如下：

```java
import java.io.*;
public class Read implements Runnable {
    DataInputStream in;
    public void setDataInputStream(DataInputStream in) {
        this.in = in;
    }
    public void run() {
        double result = 0;
        while(true) {
          try{  result = in.readDouble();          //读取服务器发送来的信息
                System.out.println("圆的面积:"+result);
                System.out.print("输入圆的半径(放弃请输入 N):");
            }
          catch(IOException e) {
                System.out.println("与服务器已断开"+e);
                break;
            }
        }
    }
}
```

3. 训练小结与拓展

将一个域名或 IP 地址传递给 java.net 包中的 InetAddress 类的静态方法的参数 s：

```
getByName(String s);
```

可以返回一个 InetAddress 对象，该对象同时含有主机地址的域名和 IP 地址。如果将 www.sina.com.cn 传递给 getByName 方法的参数，那么 InetAddress 对象包含的信息是：

```
www.sina.com.cn/202.108.37.40
```

InetAddress 对象使用 public String getHostName()所含的域名，使用 public String getHostAddress() 获取所含的 IP 地址。

可以用 Socket 类的不带参数的构造方法 Socket()创建一个套接字对象，该对象再调用：

```
public void connect(SocketAddress endpoint) throws IOException
```

请求和参数 SocketAddress 指定地址的服务器端的套接字建立连接。为了使用 connect 方法，可以使用 SocketAddress 的子类：InetSocketAddress 创建一个对象，InetSocketAddress 的构造方法是：

```
public InetSocketAddress(InetAddress addr, int port)
```

本程序为了调试方便，在建立套接字连接时，使用的服务器地址是 127.0.0.1，如果服务器设置过有效的 IP 地址，就可以用有效的 IP 代替程序中的 127.0.0.1。可以在命令行窗口检查服务器是否具有有效的 IP 地址。例如：ping 192.168.2.100，也可以在命令行输入 ipconfig 命令查看本机的 IP 地址信息。

4. 代码模板的参考答案

【代码1】　`readData.start();`
【代码2】　`threadForClient.start();`

11.3.3　上机实践

使用 GUI 程序让客户输入圆的半径并发送给服务器，服务器把计算出的圆的面积返回给客户。本实践程序的功能和基础训练的代码模板类似，但使用了 GUI 技术，请调试代码并注意程序的运行效果。

1. 服务器端

Server.java 源文件的内容如下：

```java
import java.io.*;
import java.net.*;
import java.util.*;
public class Server {
    public static void main(String args[]) {
        ServerSocket server=null;
        ServerThread thread;
        Socket you=null;
        while(true) {
          try{   server=new ServerSocket(4331);
          }
          catch(IOException e1) {
              System.out.println("正在监听");            //ServerSocket 对象不能重复创建
          }
          try{  System.out.println("等待客户呼叫");
              you=server.accept();
              System.out.println("客户的地址:"+you.getInetAddress());
          }
          catch (IOException e) {
              System.out.println("正在等待客户");
          }
          if(you!=null) {
              new ServerThread(you).start();              //为每个客户启动一个专门的线程
          }
        }
```

```
    }
}
class ServerThread extends Thread {
    Socket socket;
    DataOutputStream out=null;
    DataInputStream  in=null;
    String s=null;
    ServerThread(Socket t) {
       socket=t;
       try {  out=new DataOutputStream(socket.getOutputStream());
              in=new DataInputStream(socket.getInputStream());
       }
       catch (IOException e){}
    }
    public void run() {
       while(true) {
           try{   double r=in.readDouble();                   //堵塞状态,除非读取到信息
                  //double r=Double.parseDouble(s);
                  double area=Math.PI * r * r;
                  out.writeUTF("半径是:"+r+"的圆的面积:"+area);
           }
           catch (IOException e) {
                  System.out.println("客户离开");
                  return;
           }
       }
    }
}
```

2. 客户端

Client.java 源文件的内容如下：

```
import java.net.*;
import java.io.*;
import java.awt.*;
import java.awt.event.*;
import javax.swing.*;
public class Client {
    public static void main(String args[]) {
       new WindowClient();
    }
}
class  WindowClient extends JFrame implements Runnable,ActionListener {
    JButton connection,send;
    JTextField inputText;
    JTextArea showResult;
    Socket socket=null;
    DataInputStream in=null;
    DataOutputStream out=null;
    Thread thread;
```

```java
WindowClient() {
    socket=new Socket();
    connection=new JButton("连接服务器");
    send=new JButton("发送");
    send.setEnabled(false);
    inputText=new JTextField(6);
    showResult=new JTextArea();
    add(connection,BorderLayout.NORTH);
    JPanel pSouth=new JPanel();
    pSouth.add(new JLabel("输入圆的半径:"));
    pSouth.add(inputText);
    pSouth.add(send);
    add(new JScrollPane(showResult),BorderLayout.CENTER);
    add(pSouth,BorderLayout.SOUTH);
    connection.addActionListener(this);
    send.addActionListener(this);
    thread=new Thread(this);
    setBounds(10,30,460,400);
    setVisible(true);
    setDefaultCloseOperation(JFrame.EXIT_ON_CLOSE);
}
public void actionPerformed(ActionEvent e) {
    if(e.getSource()==connection) {
        try {                              //请求和服务器建立套接字连接:
            if(socket.isConnected()){}
            else{
                InetAddress  address=InetAddress.getByName("127.0.0.1");
                InetSocketAddress socketAddress=
                new InetSocketAddress(address,4331);
                socket.connect(socketAddress);
                in =new DataInputStream(socket.getInputStream());
                out = new DataOutputStream(socket.getOutputStream());
                send.setEnabled(true);
                if(!(thread.isAlive()))
                    thread=new Thread(this);
                thread.start();
            }
        }
        catch (IOException ee) {
            System.out.println(ee);
            socket=new Socket();
        }
    }
    if(e.getSource()==send) {
        String s=inputText.getText();
        double r=Double.parseDouble(s);
        try { out.writeDouble(r);
        }
        catch(IOException e1){}
    }
}
```

```
    public void run() {
       String s=null;
       double result=0;
       while(true) {
          try{ s=in.readUTF();
               showResult.append("\n"+s);
          }
          catch(IOException e) {
               showResult.setText("与服务器已断开"+e);
               socket=new Socket();
               break;
          }
       }
    }
}
```

11.4 UDP 数据报

11.4.1 基础知识

1. UDP 的特点

前面学习了基于 TCP 协议的网络套接字(socket),可以把套接字比喻为打电话,一方负责呼叫,另一方则负责监听,一旦建立了套接字连接,双方就可以进行通信了。基于 UDP 的通信和基于 TCP 的通信不同,基于 UDP 的信息传递更快,但不提供可靠性保证。也就是说,数据在传输时,用户无法知道数据能否正确到达目的地主机,也不能确定数据到达目的地的顺序是否和发送的顺序相同。可以把 UDP 通信比作邮递信件,我们不能肯定所发的信件就一定能够到达目的地,也不能肯定到达的顺序是发出时的顺序,可能因为某种原因导致后发出的先到达。另外,也不能确定对方收到信就一定会回信。既然 UDP 是一种不可靠的协议,为什么还要使用它呢?如果要求数据必须绝对准确地到达目的地,显然不能选择 UDP 协议来通信。但有时候人们需要较快速地传输信息,并能容忍小的错误,就可以考虑使用 UDP 协议。

2. 使用 UDP 通信的基本步骤

(1) 将数据打包

用 DatagramPacket 类将数据打包,即用 DatagramPacket 类创建一个对象(称为数据包好比将信件装入信封一样,然后将信件发往目的地)。用 DatagramPacket 的以下两个构造方法创建待发送的数据包:

① DatagramPacket(byte data[],int length,InetAddtress address,int port) 其中数据包中的数据由参数 data 数组负责存放,数据包的发送到地址(也称目标地址)由参数 address 指定、目标端口由参数 port 指定。

② DatagramPack(byte data[],int offset,int length,InetAddtress address,int port) 使用该构造方法创建的数据包对象含有数组 data 中从 offset 开始后的 length 个字节,该数据包将发送到地址是 address,端口号是 port 的主机上。

例如:

```
byte data[]="近来好吗".getBytes();
InetAddtress address=InetAddtress.getName("www.sina.com.cn");
DatagramPacket data_pack=new DatagramPacket(data,data.length, address,980);
```

(2) 发送数据包

用 DatagramSocket 类的不带参数的构造方法:DatagramSocket()创建一个对象,该对象负责发送数据包。例如:

```
DatagramSocket  mail_out=new DatagramSocket();
mail_out.send(data_pack);
```

(3) 接收数据包

用 DatagramSocket 的另一个构造方法：DatagramSocket(int port) 创建一个对象，其中的参数必须和待接收的数据包的目标端口号相同。例如，如果发送方发送的数据包的目标端口是 5666，那么如下创建 DatagramSocket 对象：

```
DatagramSocket mail_in=new DatagramSocket(5666);
```

然后对象 mail_in 使用方法 receive(DatagramPacket pack) 接收数据包。该方法有一个数据包参数 pack，方法 receive 把收到的数据包传递给该参数。因此，必须预备一个数据包以便收取数据包。这时需使用 atagramPack 类的另外一个构造方法：DatagramPack(byte data[],int length) 创建一个数据包，用于接收数据包。例如：

```
byte data[]=new byte[100];
int length=90;
DatagramPacket pack=new DatagramPacket(data,length);
mail_in.receive(pack);
```

该数据包 pack 将接收长度是 length 字节的数据放入 data。

11.4.2 基础训练

基础训练的能力目标是使用基于 UDP 的 Java 类实现网络通信。

1. 基础训练的主要内容

两个主机使用 UDP（可用本地机模拟）互相发送和接收数据包。张三和李四使用用户数据包（可用本地机器模拟）互相发送和接收信息，程序运行时"张三"所在的主机在命令行输入数据发送给"李四"所在的主机，将接收到的数据显示在命令行效果如图 11-8 所示。同样，"李四"所在的主机在命令行输入数据发送给"张三"所在的主机，将接收到的数据显示在命令行效果如图 11-9 所示。

2. 基础训练使用的代码模板

特别注意 SendDataPacket 和 ReceiveDatagramPacket 类的作用。

(1) 张三的主机，效果如图 11-8 所示。

ZhanSan.java 源文件的内容如下：

```java
import java.util.*;
public class ZhangSan  {
    public static void main(String args[]) {
        Scanner scanner = new Scanner(System.in);
        SendDataPacket sendDataPacket=new SendDataPacket();      //发送数据包
        sendDataPacket.setIP("127.0.0.1");
        sendDataPacket.setPort(666);
        ReceiveDatagramPacket receiveDatagramPacket =
        new ReceiveDatagramPacket();
        receiveDatagramPacket.setPort(888);
        receiveDatagramPacket.receiveMess();                     //负责接收数据包
        System.out.print("输入发送给李四的信息:");
        while(scanner.hasNext()) {
            String mess = scanner.nextLine();
```

```
            if(mess.length()==0)
                System.exit(0);
            byte buffer[] = mess.getBytes();
            sendDataPacket.sendMess(buffer);
            System.out.print("继续输入发送给李四的信息:");
        }
    }
}
```

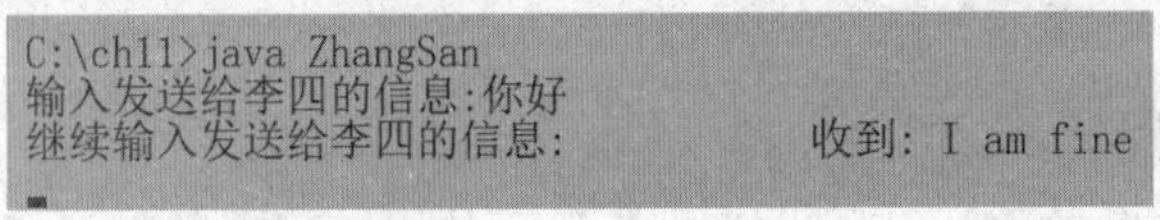

```
C:\ch11>java ZhangSan
输入发送给李四的信息:你好
继续输入发送给李四的信息:        收到: I am fine
```

图 11-8　张三的主机

(2) 李四主机,效果如图 11-9 所示。
LiSi.java 源文件的内容如下:

```
import java.util.*;
public class LiSi  {
    public static void main(String args[]) {
        Scanner scanner = new Scanner(System.in);
        SendDataPacket sendDataPacket=new SendDataPacket();     //发送数据包
        sendDataPacket.setIP("127.0.0.1");
        sendDataPacket.setPort(888);
        ReceiveDatagramPacket receiveDatagramPacket =
        new ReceiveDatagramPacket();
        receiveDatagramPacket.setPort(666);
        receiveDatagramPacket.receiveMess();                    //负责接收数据包
        System.out.print("输入发送给张三的信息:");
        while(scanner.hasNext()) {
            String mess = scanner.nextLine();
            if(mess.length()==0)
                System.exit(0);
            byte buffer[] = mess.getBytes();
            sendDataPacket.sendMess(buffer);
            System.out.print("继续输入发送给张三的信息:");
        }
    }
}
```

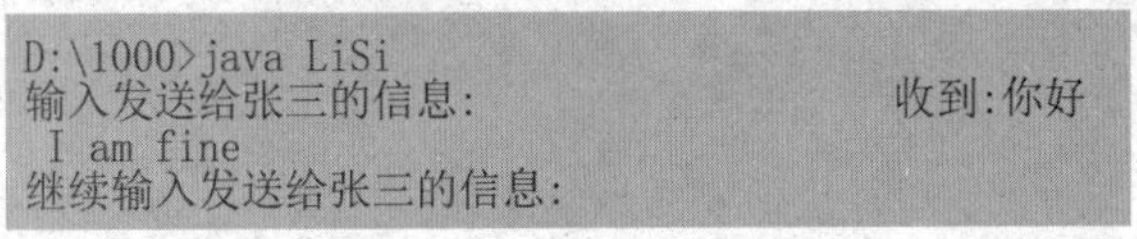

```
D:\1000>java LiSi
输入发送给张三的信息:           收到:你好
 I am fine
继续输入发送给张三的信息:
```

图 11-9　李四的主机

(3) 两个主机都需要的类。
SendDataPacket.java 源文件的内容如下:

```
import java.net.*;
public class SendDataPacket {
```

```java
    public byte messBySend [];          //存放要发送的数据
    public String IP;                   //目标 IP 地址
    public int port;                    //目标端口
    public void setPort(int port){
        this.port = port;
    }
    public void setIP(String IP){
        this.IP = IP;
    }
    public void sendMess(byte messBySend []){
        try{
          InetAddress address=InetAddress.getByName(IP);
          DatagramPacket dataPack=
          new DatagramPacket(messBySend,messBySend.length,address,port);
          DatagramSocket datagramSocket = new DatagramSocket();
          datagramSocket.send(dataPack);
        }
        catch(Exception e){}
    }
}
```

ReceiveDatagramPacket.java 源文件的内容如下:

```java
import java.net.*;
public class ReceiveDatagramPacket implements Runnable {
    Thread thread;
    public int port;                    //接收信息的端口
    public ReceiveDatagramPacket(){
        thread = new Thread(this);
    }
    public void setPort(int port){
        this.port = port;
    }
    public void receiveMess(){
        thread.start();
    }
    public void run() {
        DatagramPacket pack=null;
        DatagramSocket datagramSocket=null;
        byte   data[]=new byte[8192];
        try{ pack=new DatagramPacket(data,data.length);
             datagramSocket=new DatagramSocket(port);
        }
        catch(Exception e){}
        if(datagramSocket==null) return;
        while(true) {
           try{ datagramSocket.receive(pack);
                String message=
                new String(pack.getData(),0,pack.getLength());
                System.out.printf("%25s\n","收到:"+message);
           }
```

```
                catch(Exception e){}
            }
        }
    }
```

3. 训练小结与拓展

注：由于接收数据包的 receive()方法可能出现堵塞，因此需要在一个单独的线程接收数据包。见代码模板(3)中的 SendDataPacket 类和 ReceiveDatagramPacket 类。

pack 调用方法 getPort()可以获取所收数据包是从远程主机上的哪个端口发出的，即可以获取包的始发端口号，调用方法 getLength()可以获取收到的数据的字节长度，调用方法 InetAddress getAddress()可获取这个数据包来自哪个主机，即可以获取包的始发地址。

4. 代码模板的参考答案

无【代码】需要完成。

11.4.3 上机实践

客户端使用 DatagramSocket 对象将数据包发送到服务器，请求获取服务器端的图像。服务器端将图像文件封装在数据包中，并使用 DatagramSocket 对象将该数据包发送到客户端。上机调试程序，首先将服务器端的程序编译通过，并运行起来，等待客户的请求，另外，在服务器端，即 ServerImage 主类所在的目录中，比如 ch11 下，要保存一幅名字是 a.jpg 的图像。然后编译客户端 ClientGetImage.java 程序、运行主类 ClientGetImage 请求服务器端的 a.jpg 图像。

1. 服务器端模板

ServerImage.java 源文件的内容如下：

```java
import java.net.*;
import java.io.*;
public class ServerImage {
    public static void main(String args[]) {
        DatagramPacket pack=null;
        DatagramSocket mailReceive=null;
        ServerThread thread;
        byte b[]=new byte[8192];
        InetAddress address=null;
        pack=new DatagramPacket(b,b.length);
        while(true) {
            try{ mailReceive=new DatagramSocket(1234);
            }
            catch(IOException e1) {
                System.out.println("正在等待");
            }
            try{ mailReceive.receive(pack);
                address=pack.getAddress();
                System.out.println("客户的地址:"+address);
            }
            catch (IOException e) {}
            if(address!=null) {
                new ServerThread(address).start();
            }
        }
    }
```

```java
        }
}
class ServerThread extends Thread {
    InetAddress address;
    DataOutputStream out=null;
    DataInputStream  in=null;
    String s=null;
    ServerThread(InetAddress address) {
       this.address=address;
    }
    public void run() {
       FileInputStream in;
       byte b[]=new byte[8192];
       try{  in=new  FileInputStream ("a.jpg");
            int n=-1;
            while((n=in.read(b))!=-1) {
              DatagramPacket data=new DatagramPacket(b,n,address,5678);
              DatagramSocket mailSend=new DatagramSocket();
              mailSend.send(data);
            }
            in.close();
            byte end[]="end".getBytes();
            DatagramPacket data=
            new DatagramPacket(end,end.length,address,5678);
            DatagramSocket mailSend=new DatagramSocket();
            mailSend.send(data);
       }
       catch(Exception e){}
    }
}
```

2. 客户端

ClientImage.java 源文件的内容如下：

```java
import java.net.*;
import java.awt.*;
import java.awt.event.*;
import java.io.*;
import javax.swing.*;
class ImageCanvas extends Canvas {
    Image image=null;
    public ImageCanvas() {
       setSize(200,200);
    }
    public void paint(Graphics g) {
       if(image!=null)
         g.drawImage(image,0,0,this);
    }
    public void setImage(Image image) {
       this.image=image;
```

```java
    }
}
public class ClientGetImage extends JFrame
implements Runnable,ActionListener {
    JButton b=new JButton("获取图像");
    ImageCanvas canvas;
    ClientGetImage() {
        super("I am a client");
        setSize(320,200);
        setVisible(true);
        b.addActionListener(this);
        add(b,BorderLayout.NORTH);
        canvas=new ImageCanvas();
        add(canvas,BorderLayout.CENTER);
        Thread thread=new Thread(this);
        validate();
        setDefaultCloseOperation(JFrame.EXIT_ON_CLOSE);
        thread.start();
    }
    public void actionPerformed(ActionEvent event) {
        byte b[]="请发图像".trim().getBytes();
        try{ InetAddress address=InetAddress.getByName("127.0.0.1");
            DatagramPacket data=
            new DatagramPacket(b,b.length, address,1234);
            DatagramSocket mailSend=new DatagramSocket();
            mailSend.send(data);
        }
        catch(Exception e){}
    }
    public void run() {
        DatagramPacket pack=null;
        DatagramSocket mailReceive=null;
        byte b[]=new byte[8192];
        ByteArrayOutputStream out=new ByteArrayOutputStream();
        try{   pack=new DatagramPacket(b,b.length);
               mailReceive = new DatagramSocket(5678);
        }
        catch(Exception e){}
        try{   while(true)
              {  mailReceive.receive(pack);
                  String message=
                  new String(pack.getData(),0,pack.getLength());
                  if(message.startsWith("end")) {
                     break;
                  }
                  out.write(pack.getData(),0,pack.getLength());
              }
            byte imagebyte[]=out.toByteArray();
            out.close();
            Toolkit tool=getToolkit();
            Image image=tool.createImage(imagebyte);
```

```
                canvas.setImage(image);
                canvas.repaint();
                validate();
            }
            catch(IOException e){}
        }
        public static void main(String args[]) {
            new ClientGetImage();
        }
    }
```

11.5 小结

（1）java.net 包中的 URL 类是对统一资源定位符的抽象，使用 URL 创建对象的应用程序称作客户端程序，客户端程序的 URL 对象调用 InputStream openStream() 方法可以返回一个输入流，该输入流指向 URL 对象所包含的资源，通过该输入流可以将服务器上的资源信息读入客户端。

（2）网络套接字是基于 TCP 协议的有连接通信，套接字连接就是客户端的套接字对象和服务器端的套接字对象通过输入、输出流连接在一起。服务器建立 ServerSocket 对象，ServerSocket 对象负责等待客户端请求建立套接字连接，而客户端建立 Socket 对象向服务器发出套接字连接请求。

（3）基于 UDP 的通信和基于 TCP 的通信不同，基于 UDP 的信息传递更快，但不提供可靠性保证。

11.6 课外读物

扫描二维码即可观看学习。

习题 11

1. 问答题

（1）一个 URL 对象通常包含哪些信息？

（2）URL 对象调用哪个方法可以返回一个指向该 URL 对象所包含的资源的输入流？

（3）客户端的 Socket 对象和服务器端的 Socket 对象是怎样通信的？

（4）ServerSocket 对象调用 accept 方法返回一个什么类型的对象？

（5）InetAddress 对象使用怎样的格式来表示自己封装的地址信息？

2. 编程题

（1）参照第 11.3 节中的基础训练，使用套接字连接编写网络程序，客户输入三角形的三边并发送给服务器，服务器把计算出的三角形的面积返回给客户。

（2）参照第 11.4 节中的基础训练编写一个简单的聊天室程序。

第 12 章 综 合 实 训

主要内容

- 限时回答问题
- 保存计算过程的计算器
- 走迷宫

本章训练综合运用知识的能力,要求仔细研读、调试代码,并在此基础上,按着有关要求改进代码的功能。通过本章的学习,不仅能巩固本书前 11 章所学的知识,而且可以提高编程能力。

12.1 限时回答问题

本节的主要内容有：设计要求,总体设计,详细设计,代码调试,软件发布和需要改进的代码或补充知识构成。

12.1.1 设计要求

在电视节目中经常看见主持人提出的问题,并要求回答者在限定时间内回答问题。本节设计一个程序,模拟主持人提出的问题,回答者在限定时间内回答问题。

（1）试题由若干个问题构成,存放在一个文件中。
（2）用户通过 GUI 界面提供的文本区按问题的顺序阅读试题中的问题。
（3）用户必须在指定的时间内,选择 A、B、C 或 D 中的一个答案。
（4）用户每回答一个问题,就可以看到自己的得分。
（5）单击 GUI 界面提供的"再做一遍"按钮,可以从头再做一次试题。

12.1.2 总体设计

程序由 2 个 Java 源文件构成：StandardExamInTime.java,Application12_1.java。

12.1.3 详细设计

1. 试题文件

试题由若干个问题所构成,存放在一个名字为 test.txt 文件中,test.txt 保存在和应用程序相同的目录中。试题文件的格式要求如下：

① 每道题目提供 A、B、C、D 四个选择（单项选择）。
② 两道题目之间是用减号（—）加前一题目的答案分隔（如-----D-----）。
例如,test.txt 的内容如下。

test.txt

```
1. 北京奥运是什么时间开幕的?
   A.2008-08-08  B. 2008-08-01
   C.2008-10-01  D. 2008-07-08
------A------
2. 下列哪个国家不属于亚洲?
   A.沙特  B.印度  C.巴西  D.越南
------C------
```

```
3.2010年世界杯是在哪个国家举行的?
    A.美国  B.英国  C.南非  D.巴西
------C-----
4.下列哪种动物属于猫科动物?
    A.鬣狗  B.犀牛  C.大象  D.狮子
-----D------
```

2. StandardExamInTime 类

StandardExamInTime 创建的窗口效果如图 12-1 所示。StandardExamInTime 类实现了 ActionListener 和 ItemListener 接口。

图 12-1 限时回答问题

(1) 成员变量

① testFile 是 File 类型对象,用来获取试题文件。
② maxTime 是 int 型变量,用来存放时间间隔。
③ score 是 int 型变量,用来存放分数。
④ time 是 Timer 类创建的计时器。
⑤ showQuesion 是文本区,用于显示问题。
⑥ choiceA,choiceB,choiceC,choiceD 是选择框,用于提供选择答案。

(2) 方法

① actionPerformed(ActionEvent)方法。每当计时器震铃,该方法都会被执行,所进行的操作是读入试题文件中的一个问题,并启动计时器。

② itemStateChanged(Itemevent e)每当用户选择一个答案后,该方法都会被执行,所进行的操作是获取用户的答案,并给出分数、停止计时器。

(3) StandardExamInTime 类的源文件

StandardExamInTime.java 源文件的内容如下:

```java
import java.io.*;
import java.awt.*;
import java.awt.event.*;
import javax.swing.*;
public class StandardExamInTime extends JFrame
implements ActionListener,ItemListener{
    File testFile;
    int MAX = 8;
    int maxTime = MAX,score=0;
    javax.swing.Timer time;                    //计时器
    JTextArea   showQuesion;                   //显示试题
    JCheckBox choiceA,choiceB,choiceC,choiceD;
    JLabel showScore,showTime;
    String correctAnswer;                      //正确答案
    JButton reStart;
```

```java
   FileReader inOne;
   BufferedReader inTwo;
   StandardExamInTime(){
      time = new javax.swing.Timer(1000,this);
      showQuesion = new JTextArea(2,16);
      setLayout(new FlowLayout());
      showScore=new JLabel("分数"+score);
      showTime=new JLabel(" ");
      add(showTime);
      add(new JLabel("问题:")) ;
      add(showQuesion);
      choiceA =new JCheckBox("A");
      choiceB =new JCheckBox("B");
      choiceC =new JCheckBox("C");
      choiceD =new JCheckBox("D");
      choiceA.addItemListener(this);
      choiceB.addItemListener(this);
      choiceC.addItemListener(this);
      choiceD.addItemListener(this);
      add(choiceA);
      add(choiceB);
      add(choiceC);
      add(choiceD);
      add(showScore);
      reStart=new JButton("再做一遍");
      reStart.setEnabled(false);
      add(reStart);
      reStart.addActionListener(this);
      setBounds(100,100,200,200);
      setDefaultCloseOperation(JFrame.EXIT_ON_CLOSE);
      setVisible(true);
   }
   public void setMAX(int n){
      MAX = n;
   }
   public void setTestFile(File f) {
      testFile = f;
      score=0;
      try{
         inOne = new FileReader(testFile);
         inTwo = new BufferedReader(inOne);
         readOneQuesion();
         reStart.setEnabled(false);
      }
      catch(IOException exp){
         showQuesion.setText("没有选题");
      }
   }
   public void readOneQuesion() {
      showQuesion.setText(null);
      try {
```

```java
           String s = null;
           while((s = inTwo.readLine())!=null) {
              if(!s.startsWith("-"))
                 showQuesion.append("\n"+s);
              else {
                 s = s.replaceAll("-","");
                 correctAnswer = s;
                 break;
              }
           }
           time.start();                              //启动计时
           if(s==null) {
              inTwo.close();
              reStart.setEnabled(true);
              showQuesion.setText("题目完毕");
              time.stop();
           }
        }
        catch(IOException exp){}
     }
     public void itemStateChanged(ItemEvent e) {
        JCheckBox box=(JCheckBox)e.getSource();
        String str=box.getText();
        boolean booOne=box.isSelected();
        boolean booTwo=str.compareToIgnoreCase(correctAnswer)==0;
        if(booOne&&booTwo){
            score++;
            showScore.setText("分数:"+score);
            time.stop();                              //停止计时
            maxTime = MAX;
            readOneQuesion();                         //读入下一道题目
        }
        box.setSelected(false);
     }
     public void actionPerformed(ActionEvent e) {
        if(e.getSource()==time){
            showTime.setText("剩:"+maxTime+"秒");
            maxTime--;
            if(maxTime <= 0){
                maxTime = MAX;
                readOneQuesion();                     //读入下一道题目
            }
        }
        else if(e.getSource()==reStart) {
           setTestFile(testFile);
        }
     }
   }
```

3. Application12_1 类

Application12_1 是主类,程序从主类开始运行。

Application12_1.java 源文件的内容如下:

```
public class Application12_1 {
    public static void main(String args[]) {
        StandardExamInTime win=new StandardExamInTime();
        win.setTitle("限时回答问题");
        win.setTestFile(new java.io.File("test.txt"));
        win.setMAX(8);
    }
}
```

12.1.4 代码调试

将程序需要的 2 个 Java 源文件:Application12_1.java,StandardExamInTime.java 保存在同一目录中,分别编译这 2 个 Java 源文件,或"javac *.java"编译全部的源文件,然后运行主类,即运行 Application12_1 类。

12.1.5 代码改进

① 改进程序,使得用户在进行考试之前可以从多个试题中选择一套试题文件。

② 改进程序,使得用户在进行考试之前可以在多个时间间隔中选择一个(在该时间间隔内必须要回答问题,否则,系统将自动读入下一道题目)。比如,在间隔 10 秒、8 秒、6 秒和 3 秒中选择其中一个。

12.2 保存计算过程的计算器

本节的主要内容有:设计要求,总体设计,详细设计,代码调试,软件发布和需要改进的代码与补充知识构成。

12.2.1 设计要求

Windows 系统中的"计算器"是一个方便实用的计算工具,但没有提供显示计算过程和保存计算过程的功能。本章的计算器所遵循的计算规则与 Windows 2000/XP 系统中的"计算器"相同,除了具有普通的计算功能外,还具有显示计算过程、保存计算过程之功能。

(1) 单击"计算器"上的数字按钮(0、1、2、3、4、5、6、7、8、9)可以设置参与计算的数字。

(2) 单击"计算器"上的运算符按钮(+,-,*,/)可以选择运算符号。

(3) 单击"计算器"上的函数按钮可以计算出相应的函数值。

(4) 单击"计算器"上的"="按钮显示计算结果。

(5) 在一个文本框中显示当前的计算过程,在一个文本区中显示以往的计算过程。

(6) 单击"保存"按钮可以将文本区中的全部计算过程保存到文件;单击"复制"按钮可以将文本区中选中的文本复制到剪贴板;单击"清除"按钮可以清除文本区中的全部内容。

12.2.2 总体设计

计算器程序由 11 个 Java 源文件构成:CalculatorWindow.java,NumberButton.java,OperationButton.java,HandleDigit.java,HandleOperation.java,HandleDot.java,HandlePositiveOrNegative.java,HandleEquality.java,HandleSin.java,HandleBack.java 和 HandleClear.java。计算器除了这 11 个 Java 源文件中的类外,还需要 Java 系统提供的一些重要的类,如 JButton,JTextField,JTextArea,LinkedList 等。计算器所用到的一些重要的类及之间的组合关系如图 12-2 所示。以下是 11 个 Java 源文件的总体设计。

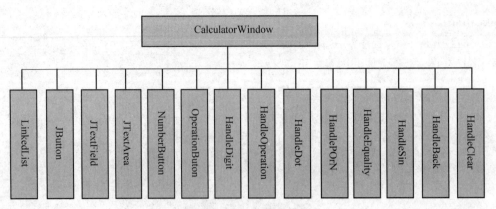

图 12-2　类之间的组合关系

1. CalculatorWindow.java（主类）

CalculatorWindow 类负责创建计算器中的窗口，该类含有 main 方法，计算器从该类开始执行。CalculatorWindow 类有 14 种类型的对象，分别是：LinkedList＜String＞、NumberButton、OperationButton、JButton、JTextField、JTextArea、HandleDigit、HandleOperation、HandleDot、HandlePOrN、HandleEquality、HandleSin、HandleBack 和 HandleClear 对象。CalculatorWindow 类创建的窗口及其中的主要成员如图 12-3 所示。详细设计将阐述 CalculatorWindow 类的主要成员的作用。

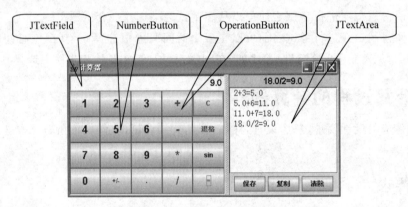

图 12-3　CalculatorWindow 窗口及主要的成员对象

2. NumberButton.java

NumberButton 类创建的对象是主类 CalculatorWindow 窗口中的一个"数字"按钮。NumberButton 类有一个 int 类型的成员：number，表明所创建的按钮所含有的数字。NumberButton 所创建的 10 个按钮被添加到 CalculatorWindow 窗口中。

3. OperationButton.java

OperationButton 类创建的对象是主类 CalculatorWindow 窗口中的一个"运算符"按钮。OperationButton 类有一个 String 类型的成员：operateSign，表明所创建的按钮所含有的运算符号。OperationButton 所创建的 4 个按钮被添加到 CalculatorWindow 窗口中。

4. HandleDigit.java

HandleDigit 类创建的对象负责处理 ActionEvent 事件。当用户单击"数字"按钮时，HandleDigit 类所创建的对象负责处理和数字有关的计算过程。

5. HandleOperation.java

HandleOperation 类创建的对象负责处理 ActionEvent 事件。当用户单击"运算符"按钮时，HandleOperation 类所创建的对象负责处理和运算符有关的计算过程。

6. HandleDot.java

HandleDot 类创建的对象负责处理 ActionEvent 事件。当用户单击"."按钮(小数点)时,HandleDot 类所创建的对象负责处理小数点。

7. HandlePOrN.java

HandlePOrN 类创建的对象负责处理 ActionEvent 事件。当用户单击"+/-"按钮(正或负)时,HandlePOrN 类所创建的对象负责处理数字的正负转换。

8. HandleEquality.java

HandleEquality 类创建的对象负责处理 ActionEvent 事件。当用户单击"="按钮时,HandleEquality 类所创建的对象计算有关数据。

9. HandleSin.java

HandleSin 类创建的对象负责处理 ActionEvent 事件。当用户单击"sin"按钮(正弦三角函数)时,HandleSin 类所创建的对象负责计算正弦三角函数的值。

10. HandleBack.java

HandleBack 类创建的对象负责处理 ActionEvent 事件。当用户单击"退格"按钮时,HandleBack 类所创建的对象负责进行退格操作。

11. HandleClear.java

HandleClear 类创建的对象负责处理 ActionEvent 事件。当用户单击"C"按钮(清零)时,HandleClear 类创建的对象负责将数据清零。

12.2.3 详细设计

1. CalculatorWindow 类

CalculatorWindow 创建的窗口效果如图 12-3 所示。CalculatorWindow 类是 javax.swing 包中 JFrame 的一个子类,并实现了 ActionListener 接口。

(1)成员变量

① numberButton 是 NumberButton 型数组,每个单元是一个 NumberButton 类创建的"数字按钮"对象,该数组的长度为 10。numberButton 数组中的"数字按钮"含有的数字依次为 0,1,2,3,4,5,6,7,8,9。每个"数字按钮"都注册有 ActionEvent 事件监视器。

② operationButton 是 OperationButton 型数组,每个单元是一个 OperationButton 类创建的"运算符按钮"对象,该数组的长度为 4。operationButton 数组中的"运算符按钮"中含有的字符串依次为"+""-""*""/"。每个"运算符按钮"都注册有 ActionEvent 事件监视器。

③ 小数点操作、正负号操作、退格操作、等号操作、清零操作、sin、saveButton、copyButton 和 clearButton 是 JButton 创建的按钮对象,其上的名字依次为:"."、"+/-"、"退格"、"="、"C"、"sin"、"保存"、"复制"和"清除"。这些按钮都注册有 ActionEvent 事件监视器。

④ resultShow,showComputerProcess 是 javax.swing 包中 JTextField 创建的文本框,分别用来显示当前计算结果和计算过程。其中 resultShow 的文本对齐方式是"右对齐",showComputerProcess 的文本对齐方式是"居中对齐"。

⑤ saveComputerProcess 是 javax.swing 包中 JTextArea 创建的文本区,用来显示以往的计算结果和计算过程。

⑥ list 是 java.util 包中 LinkedList<String> 创建的链表对象,该链表中的节点依次用来存放第一个运算数、运算符号和第二个运算数的字符串表示。

⑦ handleDigit 是 HandleDigit 类创建的对象,该对象是数字按钮的监视器,当用户单击数字按钮时,handleDigit 对象将调用 HandleDigit 类实现的 ActionListener 接口中的 actionPerformed(ActionEvent)

方法。

⑧ handleOperation 是 HandleOperation 类创建的对象,该对象是运算符按钮的监视器,当用户单击运算符按钮时,handleOperation 对象将调用 HandleOperation 类实现的 ActionListener 接口中的 actionPerformed(ActionEvent)方法。

⑨ handleBack 是 HandleBack 类创建的对象,该对象是退格按钮的监视器,当用户单击退格按钮时,handleBack 对象将调用 HandleBack 类实现的 ActionListener 接口中的 actionPerformed(ActionEvent)方法。

⑩ handleClear 是 HandleClear 类创建的对象,该对象是清零按钮的监视器,当用户单击清零按钮时,handleClear 对象将调用 HandleClear 类实现的 ActionListener 接口中的 actionPerformed(ActionEvent)方法。

⑪ handleEquality 是 HandleEquality 类创建的对象,该对象是等号按钮的监视器,当用户单击等号按钮时,handleEquality 对象将调用 HandleEquality 类实现的 ActionListener 接口中的 actionPerformed(ActionEvent)方法。

⑫ handleDot 是 HandleDot 类创建的对象,该对象是小数点按钮的监视器,当用户单击小数点按钮时,handleDot 对象将调用 HandleDot 类实现的 ActionListener 接口中的 actionPerformed(ActionEvent)方法。

⑬ handlePOrN 是 HandlePOrN 类创建的对象,该对象是正负号按钮的监视器,当用户单击正负号按钮时,handlePOrN 对象将调用 HandlePOrN 类实现的 接口 ActionListener 中的 actionPerFormed(ActionEvent)方法。

⑭ handleSin 是 HandleSin 类创建的对象,该对象是 sin 按钮的监视器,当用户单击 sin 按钮时,handleSin 对象将调用 HandleSin 类实现的接口 ActionListener 中的 actionPerFormed(ActionEvent)方法。

(2) 方法

① actionPerformed(ActionEvent)方法。CalculatorWindow 实现的接口方法,窗口是 saveButton, copyButton 和 clearButton 三个按钮的 ActionEvent 事件监视器,当用户单击这些按钮时,窗口将执行 actionPerformed(ActionEvent)方法进行相应的操作。如果用户单击 saveButton 按钮,actionPerformed(ActionEvent)方法所执行的操作是弹出保存文件对话框,将 saveComputerProcess 文本区中显示的以往计算过程保存到文件;如果用户单击 copyButton 按钮,actionPerformed(ActionEvent)方法所执行的操作是将 saveComputerProcess 文本区中被选中的文本复制到剪贴板;如果用户单击 clearButton 按钮,actionPerformed(ActionEvent)方法所执行的操作是清除 saveComputerProcess 文本区中的全部文本。

② CalculatorWindow 是构造方法,负责完成窗口的初始化。

③ main 方法是计算器程序运行的入口方法。

(3) CalculatorWindow 类的代码(CalculatorWindow.java)

```java
import javax.swing.border.*;
import java.util.LinkedList;
import java.io.*;
public class CalculatorWindow extends JFrame implements ActionListener{
    NumberButton numberButton[];
    OperationButton operationButton[];
    JButton 小数点操作,正负号操作,退格操作,等号操作,清零操作,sin;
    JTextField resultShow;                    //显示计算结果
    JTextField showComputerProcess;           //显示当前计算过程
    JTextArea  saveComputerProcess;           //显示计算步骤
    JButton saveButton,copyButton,clearButton;
    LinkedList<String>list;                   //链表用来存放第一个运算数、运算符号和第二个运算数
    HandleDigit handleDigit;                  //负责处理 ActionEvent 事件
    HandleOperation handleOperation ;
    HandleBack handleBack;
```

```java
HandleClear handleClear;
HandleEquality handleEquality;
HandleDot handleDot;
HandlePOrN handlePOrN;
HandleSin handleSin;
public CalculatorWindow(){
    setTitle("计算器");
    JPanel panelLeft,panelRight;
    list=new LinkedList<String>();
    resultShow=new JTextField(10);
    resultShow.setHorizontalAlignment(JTextField.RIGHT);
    resultShow.setForeground(Color.blue);
    resultShow.setFont(new Font("TimesRoman",Font.BOLD,16));
    resultShow.setBorder(new SoftBevelBorder(BevelBorder.LOWERED));
    resultShow.setEditable(false);
    resultShow.setBackground(Color.white);
    showComputerProcess=new JTextField();
    showComputerProcess.setHorizontalAlignment(JTextField.CENTER);
    showComputerProcess.setFont(new Font("Arial",Font.BOLD,16));
    showComputerProcess.setBackground(Color.cyan);
    showComputerProcess.setEditable(false);
    saveComputerProcess=new JTextArea();
    saveComputerProcess.setEditable(false);
    saveComputerProcess.setFont(new Font("宋体",Font.PLAIN,16));
    numberButton=new NumberButton[10];
    handleDigit=new HandleDigit(list,resultShow,showComputerProcess);
    for(int i=0;i<=9;i++){
        numberButton[i]=new NumberButton(i);
        numberButton[i].setFont(new Font("Arial",Font.BOLD,20));
        numberButton[i].addActionListener(handleDigit);
    }
    operationButton=new OperationButton[4];
    handleOperation=new HandleOperation(list,resultShow,
                    showComputerProcess,saveComputerProcess);
    String 运算符号[]={"+","-","*","/"};
    for(int i=0;i<4;i++){
        operationButton[i]=new OperationButton(运算符号[i]);
        operationButton[i].setFont(new Font("Arial",Font.BOLD,20));
        operationButton[i].addActionListener(handleOperation);
    }
    小数点操作=new JButton(".");
    handleDot=new HandleDot(list,resultShow,showComputerProcess);
    小数点操作.addActionListener(handleDot);
    正负号操作=new JButton("+/-");
    handlePOrN=new HandlePOrN(list,resultShow,showComputerProcess);
    正负号操作.addActionListener(handlePOrN);
    等号操作=new JButton("=");
    handleEquality=new HandleEquality(list,resultShow,
                            showComputerProcess,saveComputerProcess);
    等号操作.addActionListener(handleEquality);
    sin=new JButton("sin");
```

```java
         handleSin=new HandleSin(list,resultShow,
                       showComputerProcess,saveComputerProcess);
         sin.addActionListener(handleSin);
         退格操作=new JButton("退格");
         handleBack=new HandleBack(list,resultShow,showComputerProcess);
         退格操作.addActionListener(handleBack);
         清零操作=new JButton("C");
         handleClear=new HandleClear(list,resultShow,showComputerProcess);
         清零操作.addActionListener(handleClear);
         清零操作.setForeground(Color.red);
         退格操作.setForeground(Color.red);
         等号操作.setForeground(Color.red);
         sin.setForeground(Color.blue);
         正负号操作.setForeground(Color.blue);
         小数点操作.setForeground(Color.blue);
         panelLeft=new JPanel();
         panelRight=new JPanel();
         panelLeft.setLayout(new BorderLayout());
         JPanel centerInLeft=new JPanel();
         panelLeft.add(resultShow,BorderLayout.NORTH);
         panelLeft.add(centerInLeft,BorderLayout.CENTER);
         centerInLeft.setLayout(new GridLayout(4,5));
         centerInLeft.add(numberButton[1]);
         centerInLeft.add(numberButton[2]);
         centerInLeft.add(numberButton[3]);
         centerInLeft.add(operationButton[0]);
         centerInLeft.add(清零操作);
         centerInLeft.add(numberButton[4]);
         centerInLeft.add(numberButton[5]);
         centerInLeft.add(numberButton[6]);
         centerInLeft.add(operationButton[1]);
         centerInLeft.add(退格操作);
         centerInLeft.add(numberButton[7]);
         centerInLeft.add(numberButton[8]);
         centerInLeft.add(numberButton[9]);
         centerInLeft.add(operationButton[2]);
         centerInLeft.add(sin);
         centerInLeft.add(numberButton[0]);
         centerInLeft.add(正负号操作);
         centerInLeft.add(小数点操作);
         centerInLeft.add(operationButton[3]);
         centerInLeft.add(等号操作);
         panelRight.setLayout(new BorderLayout());
         panelRight.add(showComputerProcess,BorderLayout.NORTH);
         saveButton=new JButton("保存");
         copyButton=new JButton("复制");
         clearButton=new JButton("清除");
         saveButton.setToolTipText("保存计算过程到文件");
         copyButton.setToolTipText("复制选中的计算过程");
         clearButton.setToolTipText("清除计算过程");
         saveButton.addActionListener(this);
```

```java
        copyButton.addActionListener(this);
        clearButton.addActionListener(this);
        panelRight.add
        (new JScrollPane(saveComputerProcess),BorderLayout.CENTER);
        JPanel southInPanelRight=new JPanel();
        southInPanelRight.add(saveButton);
        southInPanelRight.add(copyButton);
        southInPanelRight.add(clearButton);
        panelRight.add(southInPanelRight,BorderLayout.SOUTH);
        JSplitPane split=
        new JSplitPane(JSplitPane.HORIZONTAL_SPLIT,panelLeft,panelRight);
        add(split,BorderLayout.CENTER);
        setDefaultCloseOperation(JFrame.EXIT_ON_CLOSE);
        setVisible(true);
        setBounds(100,50,528,258);
        validate();
    }
    public void actionPerformed(ActionEvent e){
        if(e.getSource()==copyButton)
           saveComputerProcess.copy();
        if(e.getSource()==clearButton)
           saveComputerProcess.setText(null);
        if(e.getSource()==saveButton){
            JFileChooser chooser=new JFileChooser();
            int state=chooser.showSaveDialog(null);
            File file=chooser.getSelectedFile();
            if(file!=null&&state==JFileChooser.APPROVE_OPTION){
              try{  String content=saveComputerProcess.getText();
                    StringReader read=new StringReader(content);
                    BufferedReader in=new BufferedReader(read);
                    FileWriter outOne=new FileWriter(file);
                    BufferedWriter out=new BufferedWriter(outOne);
                    String str=null;
                    while((str=in.readLine())!=null){
                       out.write(str);
                       out.newLine();
                    }
                    in.close();
                    out.close();
               }
               catch(IOException e1){}
            }
         }
    }
    public static void main(String args[]){
        new CalculatorWindow();
    }
}
```

2. NumberButton 类

NumberButton 类创建的数字按钮的效果如图 12-4 和图 12-5 所示。NumberButton 是 javax.swing 包中 JButton 组件的子类。所创建的对象是 CalculatorWindow 类中 NumberButton 型数组：numberButton 中的元素。

图 12-4 数字为 5 的数字按钮

图 12-5 运算符为 + 的运算符按钮

(1) 成员变量

number 成员变量的值确定所创建的数字按钮所含有的数字。

(2) 方法

NumberButton(int)构造方法。创建 NumberButton 对象时需使用该构造方法。

getNumber()方法。数字按钮调用该方法返回其含有的数字。

(3) NumberButton 类的代码（NumberButton.java）

```java
import java.awt.*;
import java.awt.event.*;
import javax.swing.*;
public class NumberButton extends JButton{
    int number;
    public NumberButton(int number){
        super(""+number);
        this.number=number;
        setForeground(Color.blue);
    }
    public int getNumber(){
        return number;
    }
}
```

3. OperationButton 类

OperationButton 类创建的运算符按钮的效果如图 12-5 所示。OperationButton 是 javax.swing 包中 JButton 组件的子类。所创建的对象是 CalculatorWindow 类中 OperationButton 型数组：operationButton 中的元素。

(1) 成员变量

operateSign 字符串确定所创建的运算符按钮所含有的运算符。

(2) 方法

OperationButton(String)构造方法。创建 OperationButton 对象时需使用该构造方法。

getOperateSign()方法。运算符按钮调用该方法返回其含有的运算符号。

(3) OperationButton 类的代码（OperationButton.java）

```java
import java.awt.*;
import java.awt.event.*;
import javax.swing.*;
public class OperationButton extends JButton{
    String operateSign;
```

```
    public OperationButton(String s){
        super(s);
        operateSign=s;
        setForeground(Color.red);
    }
    public String getOperateSign(){
        return operateSign;
    }
}
```

4. HandleDigit 类

HandleDigit 类创建的对象无效果图。HandleDigit 类实现了 ActionListener 接口,创建的对象 handleDigit 是 CalculatorWindow 窗口的成员之一。

(1) 成员变量

① list 成员变量是一个链表,是一个重要成员变量,用来存放第一个运算数、运算符号和第二个运算数的字符串表示。

② resultShow 成员变量是文本框,用来显示计算结果。

③ showComputerProcess 成员变量是文本框,用来显示当前的计算过程。

(2) 方法

① OperationButton(String)构造方法。创建 OperationButton 对象时需使用该构造方法。

② getOperateSign()方法。运算符按钮调用该方法返回其含有的运算符号。

(3) HandleDigit 类的代码(HandleDigit.java)

```
import java.util.LinkedList;
import javax.swing.*;
import java.awt.event.*;
public class HandleDigit implements ActionListener{
    LinkedList<String>list;
    JTextField resultShow;
    JTextField showComputerProcess;
    HandleDigit(LinkedList<String>list,JTextField t1,JTextField t2) {
        this.list=list;
        resultShow=t1;
        showComputerProcess=t2;
    }
    public void actionPerformed(ActionEvent e){
        NumberButton b=(NumberButton)e.getSource();
        if(list.size()==0) {
            int number=b.getNumber();
            list.add(""+number);
            resultShow.setText(""+number);
            showComputerProcess.setText(""+list.get(0));
        }
        else if(list.size()==1){
            int number=b.getNumber();
            String num=list.getFirst();
            String s=num.concat(""+number);
            list.set(0,s);
            resultShow.setText(s);
```

```
                showComputerProcess.setText(""+list.get(0));
            }
            else if(list.size()==2){
                int number=b.getNumber();
                list.add(""+number);
                resultShow.setText(""+number);
                showComputerProcess.setText
                 (""+list.get(0)+""+list.get(1)+""+list.get(2));
            }
            else if(list.size()==3) {
                int number=b.getNumber();
                String num=list.getLast();
                String s=num.concat(""+number);
                list.set(2,s);
                resultShow.setText(s);
                showComputerProcess.setText
                 (""+list.get(0)+""+list.get(1)+""+list.get(2));
            }
        }
    }
}
```

5. HandleOperation 类

HandleOperation 类实现了 ActionListener 接口,创建的对象 handleOperation 是 CalculatorWindow 窗口的成员之一。

(1) 成员变量

① list 成员变量是一个链表,用来存放第一个运算数、运算符号和第二个运算数的字符串。

② resultShow 成员变量是文本框,用来显示计算结果。

③ showComputerProcess 成员变量是文本框,用来显示当前的计算过程。

④ saveComputerProcess 成员变量是文本区,用来显示以往的计算过程。

(2) 方法

① HandleOperation (LinkedList<String>,JTextField,JTextField,JTextArea)是构造方法。

② actionPerformed(ActionEvent)方法是 HandleOperation 类实现的 ActionListener 接口中的方法。当用户单击运算符按钮时就会触发 ActionEvent 事件,actionPerformed(ActionEvent)方法将被调用执行,其操作是负责处理 list 链表中存储的运算符和必要的计算。

(3) HandleOperation 类的代码(HandleOperation.java)

```java
import java.util.LinkedList;
import javax.swing.*;
import java.awt.event.*;
public class HandleOperation implements ActionListener{
    LinkedList<String>list;
    JTextField resultShow,showComputerProcess;
    JTextArea saveComputerProcess;
    HandleOperation(LinkedList<String>list,JTextField t1,JTextField t2,JTextArea t3){
        this.list=list;
        resultShow=t1;
        showComputerProcess=t2;
        saveComputerProcess=t3;
    }
```

```java
        public void actionPerformed(ActionEvent e){
            OperationButton b=(OperationButton)e.getSource();
            if(list.size()==1){
                String fuhao=b.getOperateSign();
                list.add(fuhao);
                showComputerProcess.setText
                (""+list.get(0)+""+list.get(1));
            }
            else if(list.size()==2){
                String fuhao=b.getOperateSign();
                list.set(1,fuhao);
                showComputerProcess.setText
                (""+list.get(0)+""+list.get(1));
            }
            else if(list.size()==3){
                String numOne=list.getFirst();
                String numTwo=list.getLast();
                String 运算符号=list.get(1);
                String middleProcess=numOne+""+运算符号+numTwo;
                try{
                    double n1=Double.parseDouble(numOne);
                    double n2=Double.parseDouble(numTwo);
                    double result=0;
                    if(运算符号.equals("+"))
                        result=n1+n2;
                    else if(运算符号.equals("-"))
                        result=n1-n2;
                    else if(运算符号.equals("*"))
                        result=n1*n2;
                    else if(运算符号.equals("/"))
                        result=n1/n2;
                    String fuhao=b.getOperateSign();
                    list.clear();
                    list.add(""+result);
                    list.add(fuhao);
                    String pro=middleProcess+"="+result+""+list.get(1);
                    showComputerProcess.setText(pro);
                    saveComputerProcess.append
                    (" "+middleProcess+"="+result+"\n");
                    resultShow.setText(""+result);
                }
                catch(Exception ee){}
            }
        }
    }
```

6. HandleDot 类

HandleDot 类创建的对象无效果图。HandleDot 类实现了 ActionListener 接口,创建的对象 handleDot 是 CalculatorWindow 窗口的成员之一。

(1) 成员变量

① list 成员变量是一个链表,用来存放第一个运算数、运算符号和第二个运算数的字符串表示。

② resultShow 是文本框,用来显示计算结果。

③ showComputerProcess 是文本框,用来显示当前的计算过程。

(2) 方法

① HandleDot(LinkedList<String>,JTextField,JTextField)是构造方法。

② actionPerformed(ActionEvent)方法是 HandleDot 类实现的 ActionListener 接口中的方法。当用户单击"小数点操作"按钮时就会触发 ActionEvent 事件,actionPerformed(ActionEvent)方法将被调用执行,其操作是负责处理 list 链表中存储的运算数。

(3) HandleDot 类的代码(HandleDot.java)

```java
import java.util.LinkedList;
import javax.swing.*;
import java.awt.event.*;
public class HandleDot implements ActionListener{
    LinkedList<String>list;
    JTextField resultShow,showComputerProcess;
    HandleDot(LinkedList<String>list,JTextField t1,JTextField t2){
        this.list=list;
        resultShow=t1;
        showComputerProcess=t2;
    }
    public void actionPerformed(ActionEvent e){
        String dot=e.getActionCommand();
        if(list.size()==1){
            String num=list.getFirst();
            String s=null;
            if(num.indexOf(dot)==-1){
                s=num.concat(dot);
                list.set(0,s);
            }
            else
                s=num;
            list.set(0,s);
            resultShow.setText(s);
            showComputerProcess.setText(""+list.get(0));
        }
        else if(list.size()==3){
            String num=list.getLast();
            String s=null;
            if(num.indexOf(dot)==-1){
                s=num.concat(dot);
                list.set(2,s);
            }
            else
                s=num;
            resultShow.setText(s);
            showComputerProcess.setText
            (""+list.get(0)+""+list.get(1)+""+list.get(2));
        }
    }
}
```

7. HandlePOrN 类

HandlePOrN 类创建的对象无效果图。HandlePOrN 类实现了 ActionListener 接口,创建的对象 handlePOrN 是 CalculatorWindow 窗口的成员之一。

(1) 成员变量

① list 成员变量是一个链表,用来存放第一个运算数、运算符号和第二个运算数的字符串表示。

② resultShow 是文本框,用来显示计算结果。

③ showComputerProcess 是文本框,用来显示当前的计算过程。

(2) 方法

① HandlePOrN(LinkedList<String>,JTextField,JTextField)是构造方法。

② actionPerformed(ActionEvent)方法是 HandlePOrN 类实现的 ActionListener 接口中的方法。当用户单击"正负号操作"按钮时就会触发 ActionEvent 事件,actionPerformed(ActionEvent)方法将被调用执行,其操作是负责处理 list 链表中存储的运算数。

(3) HandlePOrN 类的代码(HandlePOrN.java)

```java
import java.util.LinkedList;
import javax.swing.*;
import java.awt.event.*;
public class HandlePOrN implements ActionListener{
    LinkedList<String>list;
    JTextField resultShow,showComputerProcess;
    HandlePOrN(LinkedList<String>list,JTextField t1,JTextField t2){
        this.list=list;
        resultShow=t1;
        showComputerProcess=t2;
    }
    public void actionPerformed(ActionEvent e){
        if(list.size()==1){
            String number1=list.getFirst();
            try {   double d=Double.parseDouble(number1);
                d=-1*d;
                String str=String.valueOf(d);
                list.set(0,str);
                resultShow.setText(str);
                showComputerProcess.setText(""+list.get(0));
            }
            catch(Exception ee){}
        }
        else if(list.size()==3){
            String number2=list.getLast();
            try {   double d=Double.parseDouble(number2);
                d=-1*d;
                String str=String.valueOf(d);
                list.set(2,str);
                resultShow.setText(str);
                showComputerProcess.setText
               (""+list.get(0)+""+list.get(1)+""+list.get(2));
            }
            catch(Exception ee){}
        }
    }
}
```

8. HandleEquality 类

HandleEquality 类创建的对象无效果图。HandleEquality 类实现了 ActionListener 接口,创建的对象 handleEquality 是 CalculatorWindow 窗口的成员之一。

(1) 成员变量

① list 成员变量是一个链表,用来存放第一个运算数、运算符号和第二个运算数的字符串表示。

② resultShow 是文本框,用来显示计算结果。

③ showComputerProcess 是文本框,用来显示当前的计算过程。

④ saveComputerProcess 是文本区,用来显示以往的计算过程。

(2) 方法

① HandleEquality(LinkedList<String>,JTextField,JTextField,JTextArea)是构造方法。

② actionPerformed(ActionEvent)方法是 HandleEquality 类实现的了 ActionListener 接口中的方法。当用户单击"等号操作"按钮时就会触发 ActionEvent 事件,actionPerformed(ActionEvent)方法将被调用执行,其操作是负责处理 list 链表中存储的运算数、运算符和必要的计算。

(3) HandleEquality 类的代码(HandleEquality.java)

```java
import java.util.LinkedList;
import javax.swing.*;
import java.awt.event.*;
public class HandleEquality implements ActionListener{
    LinkedList<String>list;
    JTextField resultShow,showComputerProcess;
    JTextArea saveComputerProcess;
    HandleEquality(LinkedList<String>list,JTextField t1,JTextField t2,JTextArea t3){
        this.list=list;
        resultShow=t1;
        showComputerProcess=t2;
        saveComputerProcess=t3;
    }
    public void actionPerformed(ActionEvent e){
        if(list.size()==1){
            String num=list.getFirst();
            resultShow.setText(""+num);
            showComputerProcess.setText(list.get(0));
        }
        if(list.size()==2){
            String num=list.getFirst();
            String 运算符号=list.get(1);
            try{ double n1=Double.parseDouble(num);
                double n2=Double.parseDouble(num);
                double result=0;
                if(运算符号.equals("+"))
                    result=n1+n2;
                else if(运算符号.equals("-"))
                    result=n1-n2;
                else if(运算符号.equals("*"))
                    result=n1*n2;
                else if(运算符号.equals("/"))
                    result=n1/n2;
```

```
                resultShow.setText(""+result);
                String proccess=num+""+运算符号+""+num+"="+result;
                showComputerProcess.setText(proccess);
                saveComputerProcess.append(" "+proccess+"\n");
                list.set(0,""+result);
            }
            catch(Exception ee){}
        }
        else if(list.size()==3){
            String numOne=list.getFirst();
            String 运算符号=list.get(1);
            String numTwo=list.getLast();
            try{  double n1=Double.parseDouble(numOne);
                double n2=Double.parseDouble(numTwo);
                double result=0;
                if(运算符号.equals("+"))
                    result=n1+n2;
                else if(运算符号.equals("-"))
                    result=n1-n2;
                else if(运算符号.equals("*"))
                    result=n1*n2;
                else if(运算符号.equals("/"))
                    result=n1/n2;
                resultShow.setText(""+result);
                String proccess=numOne+""+运算符号+""+numTwo+"="+result;
                showComputerProcess.setText(proccess);
                saveComputerProcess.append(" "+proccess+"\n");
                list.set(0,""+result);
                list.removeLast();              //移掉第 2 个运算数
                list.removeLast();              //移掉运算符号
            }
            catch(Exception ee){}
        }
    }
}
```

9. HandleSin 类

HandleSin 类创建的对象无效果图。HandleSin 类实现了 ActionListener 接口,创建的对象 handleSin 是 CalculatorWindow 窗口的成员之一。

(1) 成员变量

① list 成员变量是一个链表,用来存放第一个运算数、运算符号和第二个运算数的字符串表示。

② resultShow 是文本框,用来显示计算结果。

③ showComputerProcess 是文本框,用来显示当前的计算过程。

(2) 方法

① HandleSin(LinkedList<String>,JTextField,JTextField)是构造方法。

② actionPerformed(ActionEvent)方法是 HandleSin 类实现的 ActionListener 接口中的方法。当用户单击"sin"按钮时就会触发 ActionEvent 事件,actionPerformed(ActionEvent)方法将被调用执行,其操作是负责计算正弦函数的值。

(3) HandleSin 类的代码(HandleSin.java)

```java
import java.util.LinkedList;
import javax.swing.*;
import java.awt.event.*;
public class HandleSin implements ActionListener{
    LinkedList<String>list;
    JTextField resultShow,showComputerProcess;
    JTextArea saveComputerProcess;
    HandleSin(LinkedList<String>list,JTextField t1,JTextField t2,JTextArea t3){
        this.list=list;
        resultShow=t1;
        showComputerProcess=t2;
        saveComputerProcess=t3;
    }
    public void actionPerformed(ActionEvent e){
        if(list.size()==1||list.size()==2){
            String numOne=list.getFirst();
            try{  double x=Double.parseDouble(numOne);
                double result=Math.sin(x);
                String str=String.valueOf(result);
                list.set(0,str);
                resultShow.setText(str);
                String proccess="sin("+numOne+")="+result;
                showComputerProcess.setText(proccess);
                saveComputerProcess.append(" "+proccess+"\n");
                if(list.size()==2)
                    list.removeLast();              //移掉运算符号
            }
            catch(Exception ee){}
        }
        else if(list.size()==3){
            String numTwo=list.getLast();
            try{  double x=Double.parseDouble(numTwo);
                double result=Math.sin(x);
                String str=String.valueOf(result);
                list.set(0,str);
                resultShow.setText(str);
                String proccess="sin("+numTwo+")="+result;
                showComputerProcess.setText(proccess);
                saveComputerProcess.append(" "+proccess+"\n");
                list.removeLast();                  //移掉第2个运算数
                list.removeLast();                  //移掉运算符号
            }
            catch(Exception ee){}
        }
    }
}
```

10. HandleBack 类

HandleBack 类创建的对象无效果图。HandleBack 类实现了 ActionListener 接口,创建的对象 handleBack

是 CalculatorWindow 窗口的成员之一。

（1）成员变量

① list 成员变量是一个链表，用来存放第一个运算数、运算符号和第二个运算数的字符串表示。

② resultShow 是文本框，用来显示计算结果。

③ showComputerProcess 是文本框，用来显示当前的计算过程。

（2）方法

① HandleBack(LinkedList<String>,JTextField,JTextField)是构造方法。

② actionPerformed(ActionEvent)方法是 HandleBack 类实现的 ActionListener 接口中的方法。当用户单击"退格操作"按钮时就会触发 ActionEvent 事件，actionPerformed(ActionEvent)方法将被调用执行，其操作是负责处理 list 链表中存储的运算数。

（3）HandleBack 类的代码（HandleBack.java）

```java
import java.util.LinkedList;
import javax.swing.*;
import java.awt.event.*;
public class HandleBack implements ActionListener{
    LinkedList<String>list;
    JTextField resultShow,showComputerProcess;
    HandleBack(LinkedList<String>list,JTextField t1,JTextField t2){
        this.list=list;
        resultShow=t1;
        showComputerProcess=t2;
    }
    public void actionPerformed(ActionEvent e){
        if(list.size()==1){
            String num=(String)list.getFirst();
            if(num.length()>=1){
                num=num.substring(0,num.length()-1);
                list.set(0,num);
                resultShow.setText(num);
                showComputerProcess.setText(""+num);
            }
            else{
                list.removeLast();
                resultShow.setText("0");
                showComputerProcess.setText("0");
            }
        }
        else if(list.size()==3){
            String num=(String)list.getLast();
            if(num.length()>=1){
                num=num.substring(0,num.length()-1);
                list.set(2,num);
                resultShow.setText(num);
                showComputerProcess.setText(num);
            }
            else{
                list.removeLast();
```

```
                    resultShow.setText("0");
                    showComputerProcess.setText("0");
            }
        }
    }
}
```

11. HandleClear 类

HandleClear 类创建的对象无效果图。HandleClear 类实现了 ActionListener 接口,创建的对象 handleClear 是 CalculatorWindow 窗口的成员之一。

(1) 成员变量

① list 成员变量是一个链表,用来存放第一个运算数、运算符号和第二个运算数的字符串表示。

② resultShow 是文本框,用来显示计算结果。

③ showComputerProcess 是文本框,用来显示当前的计算过程。

(2) 方法

① HandleClear(LinkedList<String>,JTextField,JTextField)是构造方法。

② actionPerformed(ActionEvent)方法是 HandleClear 类实现的 ActionListener 接口中的方法。当用户单击"清零操作"按钮时就会触发 ActionEvent 事件,actionPerformed(ActionEvent)方法将被调用执行,其操作是清除 list 链表中存储的运算数和操作数,设置 resultShow 中显示的数字为 0,清除 showComputerProcess 中显示的计算过程。

(3) HandleClear 类的代码(HandleClear.java)

```java
import java.util.LinkedList;
import javax.swing.*;
import java.awt.event.*;
public class HandleClear implements ActionListener{
    LinkedList<String>list;
    JTextField resultShow,showComputerProcess;
    HandleClear(LinkedList<String>list,JTextField t1,JTextField t2){
        this.list=list;
        resultShow=t1;
        showComputerProcess=t2;
    }
    public void actionPerformed(ActionEvent e){
        resultShow.setText("0");
        list.clear();
        showComputerProcess.setText(null);
    }
}
```

12.2.4 代码调试

将程序需要的 11 个 Java 源文件:CalculatorWindow.java,NumberButton.java,OperationButton.java, HandleDigit.java,HandleOperation.java,HandleDot.java,HandlePositiveOrNegative.java,HandleEquality. java,HandleSin.java,HandleBack.java 和 HandleClear.java

保存在同一目录中,如 D:\ch12 中。分别编译这 11 个 Java 源文件,或"javac *.java"编译全部的源文件,然后运行主类,即运行 CalculatorWindow 类。

12.2.5 知识补充和代码改进

1. 知识补充(链表)

如果需要处理一些类型相同的数据,人们习惯上使用数组这种数据结构,但数组在使用之前必须定义其元素的个数,即数组的大小,而且不能轻易改变数组的大小,因为数组改变大小就意味着放弃原有的全部单元,这是我们无法容忍的。有时可能给数组分配了太多的单元而浪费了宝贵的内存资源,糟糕的一方面是,程序运行时需要处理的数据可能多于数组的单元。当需要动态地减少或增加数据项时,可以使用链表这种数据结构。

链表是由若干个称作节点的对象组成的一种数据结构,每个节点含有一个数据和下一个节点的引用(单链表),或含有一个数据并含有上一个节点的引用和下一个节点的引用(双链表,如图 12-6 所示)。

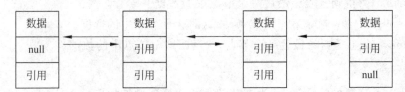

图 12-6 双链表示

java.util 包中的 LinkedList<E>泛型类创建的对象以链表结构存储数据,习惯上称 LinkedList 类创建的对象为链表对象。例如:

```
LinkedList<String>mylist=new LinkedList<String>();
```

创建一个空双链表。

使用 LinkedList<E>泛型类声明创建链表时,必须要指定 E 的具体类型,然后链表就可以使用 add(E obj)方法向链表依次增加节点。例如,上述链表 mylist 使用 add 方法添加节点,节点中的数据必须是 String 对象,如下列片代码所示意:

```
mylist.add("How");
mylist.add("Are");
mylist.add("You");
mylist.add("Java");
```

这时,链表 mylist 就有了 4 个节点,节点是自动链接在一起的,不需要我们去做链接,也就是说,不需要我们去操作安排节点中所存放的下一个或上一个节点的引用。

以下是 LinkedList<E>泛型类的常用方法。

① public boolean add(E element) 向链表末尾添加一个新的节点,该节点中的数据是参数 elememt 指定的数据。

② public void add(int index ,E element) 向链表的指定位置添加一个新的节点,该节点中的数据是参数 elememt 指定的数据。

③ public void clear() 删除链表的所有节点,使当前链表成为空链表。

④ public E remove(int index) 删除指定位置上的节点。

⑤ public boolean remove(E element) 删除首次出现含有数据 elemen 的节点。

⑥ public E get(int index) 得到链表中指定位置处节点中的数据。

⑦ public int indexOf(E element) 返回含有数据 element 的节点在链表中首次出现的位置,如果链表中无此节点则返回-1。

⑧ public int lastIndexOf(E element) 返回含有数据 element 的节点在链表中最后出现的位置,如果链表中无此节点则返回-1。

⑨ public E set(int index，E element) 将当前链表 index 位置节点中的数据替换为参数 element 指定的数据。并返回被替换的数据。

⑩ public int size() 返回链表的长度，即节点的个数。

⑪ public boolean contains(Object element) 判断链表节点中是否有节点含有数据 element。

以下是 LinkedList<E>泛型类本身新增加的一些常用方法。

① public void addFirst(E element)向链表的头添加新节点，该节点中的数据是参数 elememt 指定的数据。

② public void addLast(E element)向链表的末尾添加新节点，该节点中的数据是参数 elememt 指定的数据。

③ public E getFirst() 得到链表中第一个节点中的数据。

④ public E getLast() 得到链表中最后一个节点中的数据。

⑤ public E removeFirst() 删除第一个节点，并返回这个节点中的数据。

⑥ public E removeLast() 删除最后一个节点，并返回这个节点中的数据。

2. 代码改进

① 参考 Windows 系统提供的计算器，为本节编写的计算器增加相应的功能。

② 改进代码，使得程序在保存到计算过程和结果文件的同时，也把当前时间保存到该文件。

12.3　课外读物

扫描二维码即可观看学习。

参 考 文 献

[1] 埃克尔. Java 编程思想[M]. 4 版. 北京：机械工业出版社，2007.
[2] 霍斯特曼，科内尔. Java 核心技术(卷 1)基础知识[M]. 9 版. 北京：机械工业出版社，2014.
[3] 塞若，贝茨. Head First Java(中文版)[M]. 北京：中国电力出版社，2007.